普通高等教育"十三五"规划教材

精密和超精密加工技术

管　文　等编著

机械工业出版社

本书以精密和超精密加工技术的最新研究成果为主，重点介绍各种精密和超精密加工技术的原理、特点及应用。具体内容包括：精密和超精密加工技术概述、超精密切削加工和金刚石刀具、精密和超精密磨削加工、精密和超精密加工机床、研磨与抛光、超精密特种加工技术、超精密加工的影响因素和纳米技术。

本书可作为机械工程类各专业研究生和本科生的教材，也可供相关领域的科研人员参考。

图书在版编目（CIP）数据

精密和超精密加工技术/管文等编著．—北京：机械工业出版社，2018.12（2024.12 重印）

普通高等教育“十三五”规划教材

ISBN 978-7-111-61557-6

Ⅰ.①精… Ⅱ.①管… Ⅲ.①精密切削—高等学校—教材 ②超精加工—高等学校—教材 Ⅳ.①TG506

中国版本图书馆 CIP 数据核字（2018）第 299666 号

机械工业出版社（北京市百万庄大街 22 号　邮政编码 100037）

策划编辑：舒　恬　责任编辑：舒　恬　王勇哲　任正一

责任校对：王　延　封面设计：张　静

责任印制：李　昂

北京捷迅佳彩印刷有限公司印刷

2024 年 12 月第 1 版第 2 次印刷

184mm×260mm · 12.75 印张 · 310 千字

标准书号：ISBN 978-7-111-61557-6

定价：34.80 元

凡购本书，如有缺页、倒页、脱页，由本社发行部调换

电话服务　　　　　　　　　　网络服务

服务咨询热线：010-88379833　机 工 官 网：www.cmpbook.com

读者购书热线：010-68326294　机 工 官 博：weibo.com/cmp1952

教育服务网：www.cmpedu.com

金 书 网：www.golden-book.com

前　言

FOREWORD

近年来，精密和超精密加工的新技术发展迅猛，精密和超精密加工技术已经成为发展尖端技术产品不可缺少的关键性加工手段。无论是国防工业，还是民用工业，这种先进的加工技术都有了无可替代的重要地位。精密和超精密加工技术水平也是衡量一个国家制造工业水平的重要标准之一。

精密和超精密加工技术所涉及的内容广泛，学科跨度大，故编写难度大，导致相关教材非常稀缺。目前市场上存在的版本内容陈旧，因此迫切需要增加了相关技术最新进展的教材来填补空缺。

本书以精密和超精密加工技术的最新研究成果为主，重点介绍各种精密和超精密加工技术的原理、特点及应用。针对精密和超精密加工技术涉及内容广泛及学科跨度大的特点，本书编写时尽量保持内容深入浅出，以科普的叙述形式力图使所有工科学生都能顺利掌握。

本书第一章由管文、吴卫东和汪三飞编写，第二章由管文、詹月林和王平编写，第三章由吴乃领、吴从玉和张晨编写，第四章由管文、蒋穹和马标编写，第五章由管文、张亚坤和吕杰编写，第六章由袁健、徐锋和吴元强编写，第七、八章由管文和周海编写。

本书参考了大量国内外专家学者的最新科研成果和图片资料，在此向这些专家学者致以最诚挚的谢意。同时，本书的编写也得到了国家自然科学基金项目（项目编号：51675457、11702240）和江苏省品牌专业建设项目（项目编号：PPZY2015 B123）的资助，在此表示衷心感谢。

编　者

目　录

CONTENTS

第一章　精密和超精密加工技术概述

第一节　精密和超精密加工技术的发展与现状

一、精密和超精密加工技术的发展

精密和超精密加工技术的起源从一定意义上可以上溯到原始社会：当原始人类学会了制作具有一定形状且边缘锋利的石器工具时，可以认为就已出现了最原始的手工研磨加工工艺；青铜器时代人类制作了各类表面光滑的铜镜，而这种制作方式运用的就是研磨及抛光工艺。然而，真正意义上的精密加工到了近代才出现，其中最典型的例子就是精密镗床的发明。1769 年瓦特取得实用蒸汽机专利后，气缸加工精度的高低就成了蒸汽机能否提高效率并得到实际应用的关键问题。1774 年英国人威尔金森发明了炮筒镗床，可用于加工瓦特蒸汽机的气缸体。1776 年他又制造了一台更为精确的气缸镗床，加工直径为 75in（1in = 2.54cm）的气缸，误差还不到一个硬币的厚度。加工精度的提高促使了蒸汽机的大规模应用，从而推动了第一次工业革命的发展。

20 世纪 60 年代初期，随着航天、宇航事业的发展，精密和超精密加工技术首先在美国被提出，并因得到了政府和军方的财政支持而得以迅速发展。到了 20 世纪 70 年代，日本也成立了超精密加工技术委员会并制定了相应发展规划，将该技术列入高新技术产业，经过多年的发展，日本在民用光学、电子及信息产品等产业中已逐渐占领世界领先地位。

近年来，美国开始实施“微米和纳米级技术”国家关键技术计划，国防部也成立了特别委员会，统一协调研究工作。美国目前有 30 多家公司参与研制和生产各类超精密加工机床，如劳伦斯利弗莫尔国家实验室（LLNL）、摩尔（Moore）公司等在国际超精密加工技术领域久负盛名。同时利用这些超精密加工设备进行了陶瓷、硬质合金、玻璃和塑料等材料的不同形状和种类零件的超精密加工，应用于航空、航天、半导体、能源、医疗器械等领域。日本现有 20 多家超精密加工机床研制公司，重点开发民用产品所需的超精密加工设备，并成批生产了多品种商品化的超精密加工机床，而日本在相机、电视、复印机、投影仪等民用光学行业的快速发展与超精密加工技术有着直接的关系。英国从 20 世纪 60 年代起开始研究超精密加工技术，现已成立了国家纳米技术战略委员会，正在执行国家纳米技术研究计划，此外，德国和瑞士也以生产精密加工设备闻名于世。1992 年后，欧洲实施了一系列的联合研究与发展计划，加强并推动了精密和超精密加工技术的发展。

国内真正系统地提出超精密加工技术的概念是在 20 世纪 80 年代到 90 年代初这段时间，由于航空、航天等军工行业的发展对零部件的加工精度和表面质量都提出了更高的要求，这些军工行业从而投入了资金支持行业内的研究所和高校开始进行超精密加工技术基础研究。由于当时超精密加工技术属于军用技术，无论在设备还是工艺等方面，国外都实施了技术封锁，所以国内超精密加工技术的开展基本都是从超精密加工设备的研究开始。由于组成超精密加工设备的基础是超精密元部件，包括空气静压主轴及导轨、液体静压主轴及导轨等，所以各单位也正是以超精密基础元部件及超精密切削加工用的天然金刚石刀具等为突破口，并很快就取得了一些进展。哈尔滨工业大学、北京航空精密机械研究所等单位陆续研制出了超精密主轴及导轨等元部件，并进行了天然金刚石超精密切削刀具刃磨机理及工艺的研究，同时陆续搭建了一些结构功能简单的超精密车床、超精密镗床等超精密加工设备，开始进行超精密切削工艺实验。

非球面曲面超精密加工设备的成功研制是国内超精密加工技术发展的里程碑。非球面光学零件由于具有独特的光学特性，在航空、航天、兵器以及民用光学等行业开始得到应用，从而简化了相关行业的产品结构并提高了产品性能。当时加工设备只有美国、日本及西欧的少数国家能够生产，国内引进受到严格限制而且引进费用高昂，国家从“九五”时期就开始投入人力物力支持研发超精密加工设备。到“九五”末期，北京航空精密机械研究所、哈尔滨工业大学、北京兴华机械厂、国防科技大学等单位陆续成功研制出了代表当时超精密加工最高技术水平的非球面超精密切削加工设备，彻底打破了国外的技术封锁。之后其他各类超精密加工设备，如超精密磨削设备、小计算机数控磨头抛光设备、磁流变抛光设备、离子束抛光设备、大口径非球面超精密加工设备（见图 1-1）、自由曲面多轴超精密加工设备、压印模辊超精密加工设备等，也陆续成功研制，缩小了国内外超精密加工技术的差距。同时由于有了超精密加工设备的支撑，我国在超精密加工工艺研究方面也有了很大进展，如 ELID 超精密镜面磨削工艺、磁流变抛光工艺、大径光学透镜及反射镜超精密研抛及测量工艺、自由曲面的超精密加工及测量工艺、光学薄膜磨辊超精密加工工艺等，超精密加工技术的应用领域也从军工行业转向了民用行业。

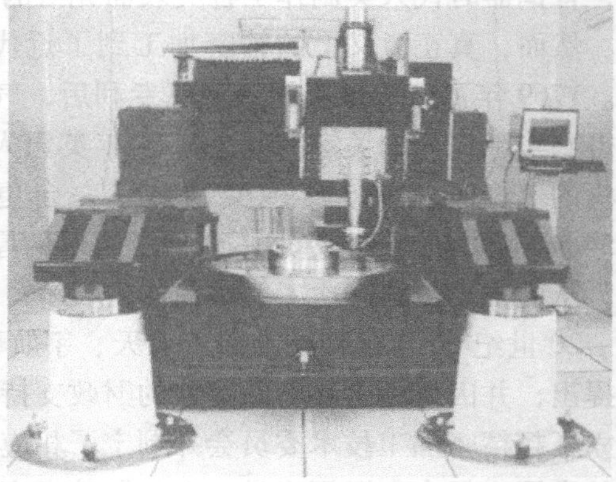

图 1-1 国内第一台大型（ϕ1000mm）光学元件金刚石超精密切削加工设备（LODTM）

二、精密和超精密加工技术的现状

目前，在工业发达的国家中，一般工厂能稳定掌握的加工精度是 1μm。与此相应，通常将加工精度在 0.1~1μm，加工表面粗糙度 Ra 值在 0.02~0.1μm 之间的加工方法称为精密加工；而将加工精度高于 0.1μm，加工表面粗糙度 Ra 值小于 0.01μm 的加工方法称为超精密加工。

现代机械工业之所以要致力于提高加工精度，其主要原因在于：①提高制造精度后可提高产品的性能和质量，提高产品的稳定性和可靠性；②促进产品小型化；③增强零件的互换性，提高装配生产率，并促进自动化装配。

精密和超精密加工目前包含三个领域：

1）超精密切削，如超精密金刚石刀具切削，可加工各种镜面，它成功地解决了高精度陀螺仪、激光反射镜和某些大型反射镜的加工难题。

2）精密和超精密磨削、研磨和抛光，如大规模集成电路基片的加工和高精度硬磁盘等的加工。

3）精密特种加工，如电子束、离子束加工。美国生产的超大规模集成电路最小线宽现已达到0.1μm，而在实验室中线宽已可达0.01μm。

随着时代的进步，超精密加工技术不断发展，其加工精度也不断提高，目前已经进入到了纳米级制造阶段。纳米级制造技术是目前超精密加工技术的巅峰，进行相关研究需要雄厚的技术基础和物质基础条件作为保障。目前，美国、日本和欧洲一些国家以及我国都在进行一些研究项目，包括聚焦电子束曝光、原子力显微镜纳米加工技术等，这些加工工艺可以实现分子或原子级的移动，从而可以在硅、砷化镓等电子材料以及石英、陶瓷、金属、非金属材料上加工出纳米级的线条和图形，最终形成所需的纳米级结构，为微电子和微机电系统的发展提供技术支持。

第二节 精密和超精密加工技术的作用

一、精密和超精密加工技术可促进现代基础科学和应用基础科学的发展

量子力学和相对论是近代物理学和其他基础科学的核心，在20世纪30年代就已经建立，但是其中一些理论还未得到实验验证，例如爱因斯坦的广义相对论中的两个预言，即重力场弯曲效应和惯性系拖曳效应，这些理论在天文学、空间探测等方面有着重要的指导意义。例如航天器围绕地球旋转，在牛顿的宇宙模型中指针会指向同一方向，而在爱因斯坦的模型中，由于地球对周围时空的扭曲和拖拽，陀螺仪指针会倾斜一个非常小的角度，这就是所谓的重力场弯曲效应和惯性系拖曳效应，这两种现象十分微弱，通过实验室验证是不可想象的。

美国航空航天局（NASA）为了验证爱因斯坦广义相对论的上述两项预言，从1963年就开始计划，但直到2004年才发射了一个利用高精度陀螺仪的测量装置——引力探测器，用于检测地球重力对周围时空的影响。其中陀螺仪的核心部件——石英转子（ϕ38.1mm）的真球度达到了7.6nm，若将该转子放大到地球的尺寸，则相应的要求地球表面波峰波谷的误差仅为2.4m，如此高的加工精度可以说将超精密加工技术发挥到了极限，最终陀螺精度达到了0.001角秒/年。

20世纪80年代以前，太赫兹（THz）波段（介于微波与红外之间）的研究结果和数据非常少，主要是因为受到有效太赫兹产生源和灵敏探测器的限制。由于20世纪80年代一系列新技术、新材料、新工艺的蓬勃发展，太赫兹技术也随之迅速发展。近年来，由于太赫兹的独特性能将给宽带通信、雷达、电子对抗、电磁武器、天文学、医学成像、无损检测、安全检查等领域带来深远的影响，太赫兹基础及应用基础技术已经逐渐成为研究热点。

太赫兹技术在航空领域的重要应用是太赫兹雷达，其可用于隐身飞行器的探测，其中束控元件是太赫兹探测系统的重要功能部件，其透镜主要采用硅基远红外透射材料，反射元件面形有抛物面、椭球面、离轴非球面以及赋形曲面等，采用铝等金属基材料。我国正在研究的主反射元件尺寸已有ϕ300mm、ϕ800mm、ϕ1000mm等，面形精度要求已达微米级，表面质量要求为镜面，并且要求零件精度质量具有良好的稳定性。我国中期发展的太赫兹系统拟采用ϕ4~5m的主镜，远期主镜直径将达30m或更大，太赫兹系统束控主反射元件面形也将采用主动控制的拼接式平面、离轴非球面等形状。基于上述要求，需要大型单点金刚石超精密车削设备、复杂曲面超精密加工工艺技术、大型复杂曲面的高精度三坐标测量技术等

支撑。

二、精密和超精密加工技术是现代高新技术产业发展的基础

国家目前非常重视交通、能源、信息、生物医药等高新技术产业的发展，但是目前国内还没有掌握这些产业的核心技术，关键设备或零部件仍然依赖进口。如高性能轴承是飞机发动机、高铁、风电等产品的关键部件，但由于目前国内材料、工艺等方面的原因，其使用寿命远远不能满足要求，而其他一些承受高频载荷的部件同样面临这些问题。近年来国内开始研究的抗疲劳制造技术则以被加工件的抗疲劳强度及疲劳寿命为判据，其中的核心技术之一就是精密和超精密加工工艺，可以通过提高表面质量、改善表面应力状态，从而提高零件的疲劳寿命，这不仅要求具有超精密加工设备及工艺，而且还需要研制材料及零部件疲劳寿命的精密测试设备（见图 1-2）。

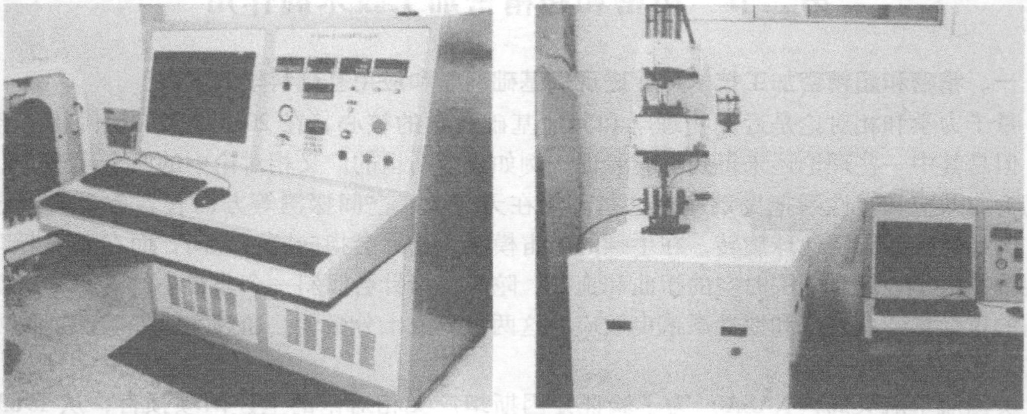

图 1-2　滚动接触疲劳寿命测试设备

虽然新能源产业（如太阳能）在国内发展很快，但其核心技术还是由国外掌握，如硅片切割、研磨、抛光、刻划设备及高倍聚光菲涅尔透镜模具超精密加工设备等，与国外还存在较大差距。信息产业的发展推动了芯片、存储器等的发展，随着存储密度越来越大，对磁盘的表面粗糙度、相应的读写设备的悬浮高度及磁头的上下跳动量的要求大大提高，目前国外已经可以把磁头、磁盘的相对间隙控制在最高 1nm 左右。在医疗器械行业，超精密加工技术也起着巨大的作用，如采用钛合金或其他贵金属材料制造的人造关节，这种高精度零件在表面处理上对清洁度、光整度和表面粗糙度提出了极高要求，需要进行超精密研抛，其形状还要根据个人的身体结构定制，在国外相关费用高昂，而国内无论是在使用寿命还是安全性等方面上都与国外水平存在较大差距。对于其他如微型内窥镜中的微小透镜及器件、心脏搭桥及血管扩张器、医用微注射头阵列等精密器件，现在国内还无法生产。

三、精密和超精密加工技术是现代高技术战争的重要技术支撑

超精密加工技术对国防武器装备的发展产生了重大影响，掌握超精密加工技术并具备相应的生产能力是国防工业迈入现代国防科技和武器装备尖端技术领域的必要手段，而在 20 世纪 90 年代初，美国就已将其列为 21 项美国国防关键技术之一。

超精密加工技术的发展还对飞机、导弹等惯性器件的发展做出了突出贡献。美国在 1962 年就研制成功了激光陀螺，但因未突破硬脆材料的陀螺腔体和反射镜的超精密加工技

术，导致激光陀螺在飞机上的应用整整延迟了20年。直到超精密车削、磨削、研磨以及离子束抛光等工艺相继出现突破，激光陀螺才开始投入批量生产，并将陀螺性能指标提高了两个数量级。半球谐振陀螺仪中，半球谐振子采用了超精密振动切削工艺而达到了精度和性能指标。激光加工和离子刻蚀等超精密加工技术是制造硅微型惯性传感器的重要工艺，而且将对飞机和导弹惯性系统的小型化产生重要作用。采用超精密铣削工艺及超精密研抛工艺可以提高惯性传感器中挠性件的精度和尺寸稳定性。此外，飞控系统中液压零件采用的超精密磨削及研磨抛光、超精密清洗工艺，对提高飞机的可靠性、可维修性和寿命起到了至关重要的作用。

发动机喷嘴零件（如旋流槽、微小孔等特征）的精密加工与检测技术、发动机叶片型面及进排气边的精密加工与检测技术、整体叶盘的精密加工与检测技术等的发展为航空发动机零部件的加工与检测提供了可靠保证，推动了航空发动机性能的提升。图1-3所示为发动机零部件专用五轴非接触扫描精密测量机。

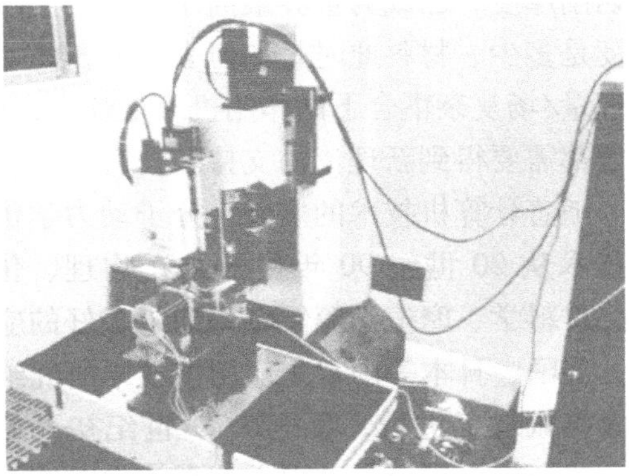

图1-3 发动机零部件专用五轴非接触扫描精密测量机

超精密加工技术使导弹关键元器件的精度和质量产生了飞跃式进步，进而大大提高了导弹的命中率。例如导弹头罩的形状由球面向适应空气动力学的复杂形状发展，材料由红外材料向蓝宝石乃至金刚石发展，同时这也对超精密加工设备和超精密加工工艺提出了新的要求。

四、精密和超精密加工技术是衡量一个国家制造水平高低的重要标准

制造技术不断追求的目标是质量和效率，其中质量就是精度和性能，同时也是超精密加工技术水平的评价指标。前面提到的美国、日本、德国、瑞士等国家拥有高水平的精密和超精密加工技术，同时这些国家的制造业水平也在全球处于领先地位。我国近年来由于国家和政府的高度重视及人力物力的大量投入，制造业已经有了长足进步，但是目前我国还只能称作制造大国，而为了向制造强国转变，必须奋力提高精密和超精密加工技术的水平。

超精密加工及纳米制造技术体现了一个国家制造业的综合实力。纳米机械加工由于具有效率高、可靠性好、成本低等特点，被认为是最有发展潜力的纳米精度制造方法之一，但由于材料去除处于纳米尺度，传统的加工理论不再完全适用，其发展受到了一定的限制。近年来我国科技工作者经过不断努力已经在该领域取得了突破。2013年，世界制造领域的最高学术组织——国际生产工程科学院（CIRP）公布了于2012年8月开展的历时一年的国际精密制造技术对比结果，其微工程工作委员会对通过初选的世界各地11个研究小组提出了具体的对比样件及指标，各研究小组完成指定的样件加工后隐去样件来源信息，由德国物理技术研究院进行测量和评估，主要内容包括加工精度、表面质量、微小尺度、复杂形状等，最终仅有两个研究小组的加工试件满足全部5项评价指标，而我国天津大学的纳米制造技术研究小组便是其中之一，这在一定程度上也反映了我国近年来在这方面取得的进步。

第三节 精密和超精密加工技术发展趋势

一、超精密加工技术基础理论和实验还需进一步发展

超精密加工技术基础理论的重要性，就在于只有了解并掌握超精密加工过程的基本规律和现象的描述后，才能驾驭这一过程，取得预期结果。例如在20世纪90年代初，日本学者用金刚石车刀在LLNL的DTM3上加工出了最薄的连续切屑的照片，当时被认为达到了1nm的切削厚度，已成为世界最高水平，并至今无人突破（见图1-4）。那么超精密切削的极限尺度是多少、材料此时是如何去除的，此外超精密加工工艺系统在力、热、电、磁、气等多物理量/场复杂耦合下的作用机理是什么，此时系统的动态特性、动态精度及稳定性如何保证等都需要得到新理论的支持。

随着计算机技术的发展，分子动力学仿真技术从20世纪90年代开始在物理、化学、材料学、摩擦学等领域得到了很好的应用，美国、日本等国首先应用该技术研究纳米级机械加工过程，我国从21世纪初开始在一些高校应用分子动力学仿真技术对纳米切削及磨削过程进行研究，目前已可以应用该技术描述原子尺寸、瞬态的切削过程，在一定程度上反映了材料的微观去除机理，但这一切还有待于实验验证。

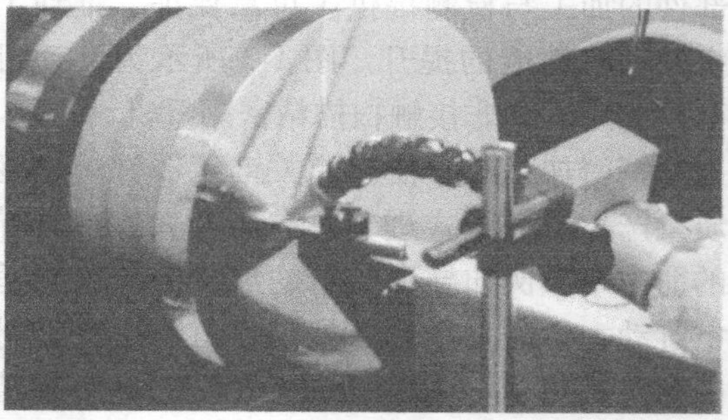

图1-4 单点金刚石超精密切削加工

二、被加工材料和工艺方法也在不断扩展

钛合金是航空最常用的材料之一，氢作为有害杂质元素对钛合金的使用性能有极其不利的影响，如会引起钛合金氢脆、应力腐蚀及延迟断裂等，但是近年来研究表明通过合理有效地控制渗氢、相变及除氢等过程，获得的钛合金组织结构会发生变化，从而可以改善其加工性能，提高加工表面质量和效率。同样，通常认为黑色金属是无法利用天然金刚石进行超精密切削加工的，各国科技工作者多年来也一直在进行各种工艺研究，如利用低温流体（液氮或二氧化碳）冷却切削区进行低温冷却车削、采用超声振动切削黑色金属、采用金刚石涂层刀具、采用离子渗氮和气体渗氮工艺对模具钢进行处理等，但上述方法到目前为止还无法进行工程化应用。近年来通过离子注入辅助方式改变被加工材料表层的可加工性能，实现了硅等硬脆材料的复杂形状高效超精密切削。

抗疲劳制造技术的发展为超精密加工技术提出了新的发展方向，超硬材料的精密加工工艺要求控制表层及亚表层的损伤、组织结构及应力状态等参数，如航空发动机轴承材料M50NiL，其表面处理后硬度超过HRC70。随着单晶涡轮叶盘和单晶涡轮叶片在航空发动机上的应用，被加工材料不允许存在重融层和变质层，对精密加工工艺提出了更高要求。随着导弹马赫数的增加，要求头罩材料的抗耐磨性提高，形状也更为多样，对超精密加工设备、工艺及检测技术都提出了新的要求。

三、微纳结构功能表面的超精密加工技术

微结构功能表面具有特定的拓扑形状，结构尺寸一般为 10～100μm，面形精度小于0. 1μm，表面微结构具有纹理结构规则、深宽比高、几何特性确定等特点，如凹槽阵列、微透镜阵列、金字塔阵列结构等，这些表面微结构使得元件具有某些特定的功能，可以传递材料的物理、化学性能等，如黏附性、摩擦性、润滑性、耐磨损性，或者具备特定的光学性能等。在航空、航天飞行器宏观表面加工出微纳结构，形成的功能性表面不仅可以减小飞行器的风阻、摩阻，还可以避免结冰层的形成，提高空气动力学和热力学性能，从而达到增速、增程、降噪等目的，同时表面特定的微结构特征还能起到隐身功能，增强突防能力。

在民用方面最典型的例子就是在表面增加了一些微结构的游泳运动员的泳衣，俗称鲨鱼皮泳衣，这种泳衣使运动员的成绩有了大幅度的提高，因此国际泳联不得不禁止使用这种高科技的泳衣。此外，微结构功能表面在光学系统、显示设备、聚光光伏产业、交通标志标牌、照明等领域也有着广泛应用，如 LCD 显示器的背光模组的各种光学膜片、背光模组关键件——导光板、扩散板、增光膜等、聚光光伏太阳能 CPV 系统的菲涅尔透镜、道路标志用的微结构光学膜片以及新一代 LED 照明用的高效配光结构等。

在未来，零部件的设计与制造过程将会增加一项——功能表面结构的设计与制造，通过在零件表面设计和加工不同形状的微结构，提高零部件力学、光学、电磁学等性能。这将是微纳制造的重要应用领域，在 2006 年成立的国际纳米制造学会，经专家讨论，认同了纳米制造中的核心技术将从目前的 MEMS 技术逐步转向超精密加工技术这一趋势。

四、超精密加工开始追求高效

超精密加工技术在发展之初是为了保证一些关键零部件的最终精度，所以当初并不是以加工效率为目标，更多关注的是精度和表面质量，例如一些光学元件最初是以“年”为加工周期。然而随着零件加工尺寸的进一步增大和数量的不断增多，目前对超精密加工的效率也提出了要求。例如为了不断提高对于天体的观察范围和清晰度，需要不断加大天文望远镜的口径，这反映了同样存在的天文版摩尔定律，即每隔若干年，光学望远镜的口径将增大一倍。如建于 1917 年位于美国威尔逊山天文台的 Hooker 望远镜的口径为 2. 5m，是当年全世界最大的天文望远镜；在 1948 年被 Hale 望远镜取代，其口径达到了 5m；而 1992 年新建成的 Keck 望远镜的口径达到了 10m，目前仍在发挥着巨大的作用。目前正在计划制造的巨大天文望远镜 OWL，其主镜口径达到了 100m，由 3048 块六边形球面反射镜组成，次镜由 216 块六边形平面反射镜组成，总重 1～1. 5 万吨，按照现有的加工工艺，可能需要上百年的时间才能完成。此外，激光核聚变点火装置（美国国家点火装置，NIF）需要 7000 多块边长 400mm 的 KDP 晶体，如果没有高效的超精密加工工艺，其加工时间也无法想象。为此需要不断开发新的超精密加工设备和超精密加工工艺来满足高效超精密加工的要求。

五、超精密加工技术将向极致方向发展

科技的不断进步，对超精密加工技术提出了新的要求，如要求极大零件的极高精度、极小零件及其特征的极高精度、极复杂环境下的极高精度、极复杂结构的极高精度等。

欧洲南方天文台正在研制的超大天文望远镜 VLT 反射镜为一块直径 8. 2m、厚 200mm 的零膨胀玻璃，经过减重后重量仍然达到了 21t。法国 REOSC 公司负责加工，采用了铣磨、小磨头抛光等加工工艺，加工周期为 8～9 个月，最终满足了设计要求。目前许多新的超精密加工工艺，如应力盘抛光、磁流变抛光、离子束抛光等的出现为大镜加工提供了技术支撑。

前面提到的微纳结构功能表面结构，尺寸可以缩小到几个微米，如微惯性传感器中敏感元件挠性臂的特征尺寸为9μm，而其尺寸精度要求为±1μm。

美国国家标准计量局研制的纳米三坐标测量机（分子测量机）是实现在极复杂环境下的极高精度测量的典型例子，该仪器测量精度达到了1nm，对环境要求极其严格，最内层壳温度需要控制在17±0.01℃，次层壳采用主动隔振、高真空层（工作环境保持1.0×10^{-5} Pa），最外层壳用于噪声隔离，最后将整体结构安装在空气弹簧上进行被动隔振。自由曲面光学曲面精度要求高、形状复杂，其中有的曲面形状甚至无法用方程表示（如赋值曲面），但由于其具有卓越的光学性能，其应用范围近年来不断扩大。自由曲面光学零件的设计、制造及检测等技术还有待于进一步发展。

六、超精密加工技术将向超精密制造技术发展

超精密加工技术在以前往往是用在零件的最终工序或者某几个工序中，但目前在一些领域中，某些零部件的整个制造过程或整个产品的研制过程都要用到超精密技术，包括超精密加工、超精密装配调试以及超精密检测等，最典型的例子就是美国国家点火装置（NIF）。为了解决人类的能源危机问题，各国都在研究新的能源技术，其中利用氚的聚变反应产生巨大能源，可供利用，而且不产生任何放射性污染，这就是美国国家点火工程。我国也开始了这方面的研究，称为神光工程。NIF整个系统约有两个足球场的大小，共有192束强激光进入直径10m的靶室，最终将能量集中在直径为2mm的靶丸上，所以激光反射镜的数量要求极多（7000多片）、精度和表面粗糙度的要求极高（否则强激光会烧毁镜片）、传输路径调试安装精度的要求极高、工作环境控制的要求极高。对靶室的加工难点在于其深径比大、截面不定，可采用放电加工、飞秒激光加工、聚焦离子束加工等工艺；而对于靶丸，其加工难度也很高，其直径为2mm，壁厚仅为160μm，其中充气小孔的直径为5μm，并带有一直径12μm、深4μm的沉孔。对微孔采用原子力显微镜进行超精密加工。系统各路激光空间几何位置的对称性误差要求小于1%，激光到达表面的时间一致性误差要求小于30fs，还有激光能量强度的一致性误差要求小于1%等。如此复杂的高精度系统，无论是组成的零部件加工过程，还是整体系统的装配调试过程，都体现了超精密制造技术。

结 束 语

大到天体望远镜的透镜的加工，小到大规模集成电路等微纳米尺寸及特征零件的制造，超精密加工技术从发展之初不断面临着挑战。当前精密和超精密加工技术在不断研究新理论、新工艺以及新方法的同时，正向着高效、极致等方向发展，贯穿零部件的整个制造过程或整个产品的研制过程，并向着精密和超精密制造技术发展。随着国内精密和超精密技术的不断发展和进步，我国必将实现从制造大国向制造强国的飞跃。

思 考 题

1. 精密和超精密加工技术的加工精度范围分别为多少？超精密加工包括哪些领域？
2. 简述精密和超精密加工技术的重要性。
3. 简述精密和超精密加工技术的发展方向。

第二章 超精密切削加工和金刚石刀具

第一节 超精密车削技术与金刚石刀具

一、超精密车削技术

超精密车削技术也称“单点金刚石切削”（Single Point Diamond Turning，SPDT）技术，1962年起源于美国联合碳化物公司，该技术利用天然金刚石作为切削刀具、以空气轴承作为主轴的超精密车床，成功将电解铜直接车削到镜面。目前光学上定义的超精密车削技术是指加工精度高于0.1μm、表面粗糙度 Ra 值小于0.01μm，所用机床的分辨率和重复性高于0.01μm的车削技术。但这个界限随着车削技术的进步在不断变化，今天的超精密车削可能就只是明天的一般车削。

超精密车削技术采用微量切削就可以获得光滑而加工变质层较少的表面，其最小切削厚度取决于金刚石刀具的切削刃钝圆半径。切削刃钝圆半径越小，则最小切削厚度越小。因此，具有纳米级刃口锋利度的超精密车削刀具的设计与制造是实现超精密车削的关键技术之一。超精密车削用刀具材料目前均采用天然单晶金刚石。国外金刚石刀具制造厂商主要有英国的康图公司和日本的大阪钻石工业株式会社。目前国外高精度圆弧刃金刚石刀具的刃磨水平最高已达到数纳米。而国内尚不能制造出高精度的圆弧刃金刚石刀具，切削刃钝圆半径只能达到0.1~0.3μm，生产中使用的高精度圆弧刃刀具均依赖于进口，价格昂贵。

二、金刚石刀具

1. *金刚石刀具材料种类*

金刚石刀具材料种类主要有单晶金刚石、聚晶金刚石（PCD）、聚晶金刚石复合片（PDC）、化学气相沉积（CVD）涂层金刚石等。影响加工工件表面质量的因素除机床、工件和夹具之外，就是刀具。金刚石刀具的几何参数、刃磨质量和加工过程刀刃磨损破损及安装等因素将直接影响工件的表面质量。

2. *金刚石刀具材料性能*

单晶金刚石晶体具有自然界最高的硬度、刚度、折射率和导热系数以及极高的抗磨损性、抗腐蚀性及化学稳定性。金刚石刀具材料与硬质合金材料的性能对比见表2-1。

单晶金刚石分天然和人工合成两种，单晶金刚石是单一碳原子的结晶体，其晶体结构属原子密度最高的等轴面心立方晶系，碳原子都以 SP^3 杂化轨道与4个碳原子形成共价键而构成正四面体结构。碳原子之间具有极强的结合力、稳定性和方向性。聚晶金刚石（PCD）结构是取向不一的细晶粒金刚石加入一定量结合剂烧结而成，相比单晶金刚石，其硬度和耐磨性低，而且PCD烧结体表现各向同性，使得聚晶金刚石（PCD）刀具不易沿单一解理面破裂。聚晶金刚石复合片（PDC）是由硬质合金基底、中间的锆层（厚度约0.01~0.5mm）及加钴或镍（约10%）的金刚石微粒层（晶粒尺寸2~8μm）在超高温、超高压下烧结而成的。PDC 刀具在韧性和可焊性方面均有所提高，钴层也提高了结构的机械强度和密度，补偿了金刚石层和硬质合金之间的热性能差异，使刀具的热稳定性和强度增强。化学气相沉积（CVD）金刚石是纯金刚石的多晶结构，不含金属结合剂，成本造价低于 PCD，是性能最接近天然金刚石的刀具材料。CVD 金刚石均匀涂层可应用在复杂形状上。

表 2-1 金刚石刀具材料与硬质合金材料的性能对比

材料类型	单晶金刚石	聚晶金刚石	化学气相沉积金刚石	硬质合金 K 类（WC+Co）
质量密度/$g \cdot cm^{-3}$	3.52	4.1	3.51	14~15
弹性模量 E/GPa	1050	800	1180	610~640
断裂韧性值/$MPa \cdot m^{1/2}$	3.4	6.9	5.5	10~15
抗弯强度/GPa	0.21~0.49	1~2	0.21~0.49	1.2~2.1
抗压强度/GPa	8.68	7.4	16	3.50~6.0
硬度性值/HV	10000	8000	9000	1350~1550
热导率/$W \cdot m^{-1} \cdot K^{-1}$	1000~2000	500	750~1500	80~110
线胀系数 $\alpha/10^{-6} \cdot K^{-1}$	2.2~5.0	4.0	3.7	4.5~5.5
热稳定性/℃	700~800	700~800	700~800	800~900

通过对比可以得知，韧性差和热稳定性低是单晶金刚石刀具最大缺点，在 700~800℃时会与铁族元素发生化学反应，石墨化，一般不适于加工钢铁等黑色金属，而多用于加工 Cu、Al、Pb、Au、Ag、Pt 等韧性有色金属及塑料、有机玻璃等非金属硬脆材料。金刚石刀具在切削黑色金属（如钢材）时磨损严重，因此在黑色金属的超精密切削加工中也可以采用高性能陶瓷刀具、TiN 刀具、CBN 刀具以及金刚石涂层的硬质合金刀具，但由于其加工表面质量不如天然金刚石好，仅用于表面质量不十分严格的场合。因此，未来的发展趋势是采用金刚石刀具材料表面改性或复合切削技术（如低温切削技术、超声波振动切削技术等）来减小金刚石刀具在切削黑色金属时的磨损。

第二节 单晶金刚石刀具切削有色金属

由于金刚石材料的特殊性，其切削有色金属磨损规律除服从常规金属切削一般规律外，还有一定特殊性。经精细研磨后单晶金刚石刀具，切削刃的刃口圆弧半径可达 0.010~0.002μm。利用单晶金刚石刀具进行超精密切削加工，在符合条件的机床和环境条件下，可加工出超光滑表面，其表面粗糙度 Ra 可达 0.02~0.005μm，精度可达误差小于 0.01μm。影响单晶金刚石刀具切削有色金属的因素主要有切削速度、进给量、背吃刀量、积屑瘤、切削液及刀刃形状等。

1. *切削速度的影响*

由于金刚石硬度高，耐磨性好，热传导系数高，与有色金属间的摩擦系数小，切削过程温度低，耐用度高，切削过程可选取 1000~2000m/min 的高速切削，在保证其他切削条件的情况下，切削速度的高低对金刚石刀具的磨损大小的影响较小。

2. *切削速度、刀刃质量、进给量、背吃刀量对积屑瘤生成的影响*

金刚石刀具切削有色金属加工过程中，产生的积屑瘤对加工工件表面质量和金刚石刀具影响极大，而影响积屑瘤生成的因素主要有切削速度、进给量、背吃刀量、切削液等。当切削速度较低时，积屑瘤高度最高，随着切削速度的增加，积屑瘤高度趋于不稳定且减小，同时刀刃的微观缺陷对积屑瘤高度的影响很大；在选定相同切削条件的情况下，完整刃与微小崩刃的刀刃积屑瘤高度分别在 5μm、18μm 左右；随着金刚石刀具进给量、背吃刀量的增加，积屑瘤高度先减小后增加。

3. 积屑瘤的影响

通过金相显微观察，超精密切削有色金属时产生的积屑瘤呈鼻形，凸出在刀刃前，而积屑瘤代替刀刃进行切削，其微切削模型如图 2-1 所示。积屑瘤前端圆弧半径大于金刚石刀具刃口半径，切削过程中积屑瘤起切削作用，使切削厚度增加。积屑瘤与切屑间的摩擦系数大于金刚石与切屑的系数，从而导致切削力增加，摩擦力增大，工件表面粗糙度增大。所以，积屑瘤高时切削力也大，积屑瘤小时切削力也相应地减小，积屑瘤的大小直接影响表面粗糙度。

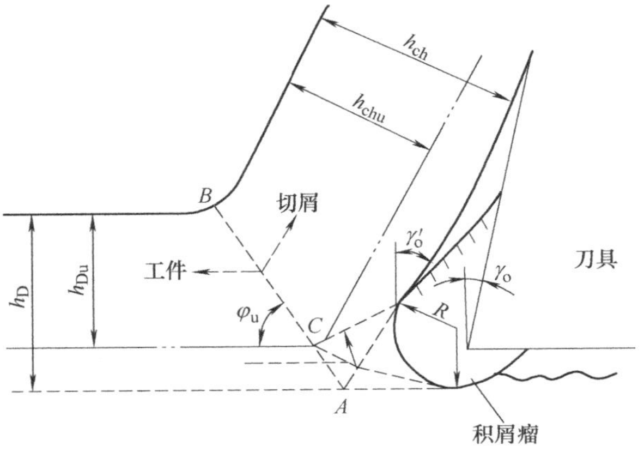

图 2-1　金刚石刀具微切削模型

4. 切削力的影响

金刚石刀具切削有色金属时，切削力的变化规律与常规切削是不同的，PDC 刀具切削参数对切削力和表面粗糙度的影响如下：切削高硅铝合金时，背吃刀量、进给量、切削速度对切削力的影响如图 2-2 所示。研究得出，切削力随着背吃刀量、进给量增大而增大，主切削力 F_z 变化幅度最大，径向力 F_y 次之，轴向力 F_x 最小；相反，切削力随切削速度增大而减小，主切削力 F_z 变化幅度最大，径向力 F_y 次之，轴向力 F_x 最小。

5. 金刚石刀具的磨损形态

如图 2-3 所示，金刚石刀具在超精密切削有色金属的加工过程中，刀具的前刀面磨损、后刀面磨损与刃口崩裂是金刚石刀具的主要磨损形态。

6. 金刚石刀具的磨损机理

众多学者研究金刚石刀具磨损机理，提出了热磨损、化学磨损、扩散磨损、石墨化磨损、磨粒磨损、氧化磨损、黏结磨损以及微切屑和微裂纹等机理。金刚石刀具在超精密切削有色金属或非金属材料的加工过程中，其磨损机理可分为宏观磨损和微观磨损。宏观磨损过程中前期磨损快，正常磨损过程中磨损量小，宏观磨损多以机械磨损为主。金刚石刀具切削铝、铜等有色金属时，会出现刀刃变钝和后刃面磨损及月牙坑等磨损形态，反映出工件材料、金刚石的晶体取向对其抗磨性有直接影响（见图 2-4）。单晶金刚石超精密切削磨损规律中，沟槽磨损和缺口破损是刀具的主要磨损模式，刀具磨损变化过程为后刀面沟槽磨损扩展到前刀面缺口破损，切削模式也由延性去除转变为脆性去除。进行交替切削的硬质 SiC 颗粒和铝合金基体，其交变应力以及 SiC 增强颗粒对切削刃的高频冲击力使刀具发生崩刃和剥落；切削区的高温高压及增强颗粒的微切削作用使刀具发生磨粒磨损。金刚石刀具切削单晶

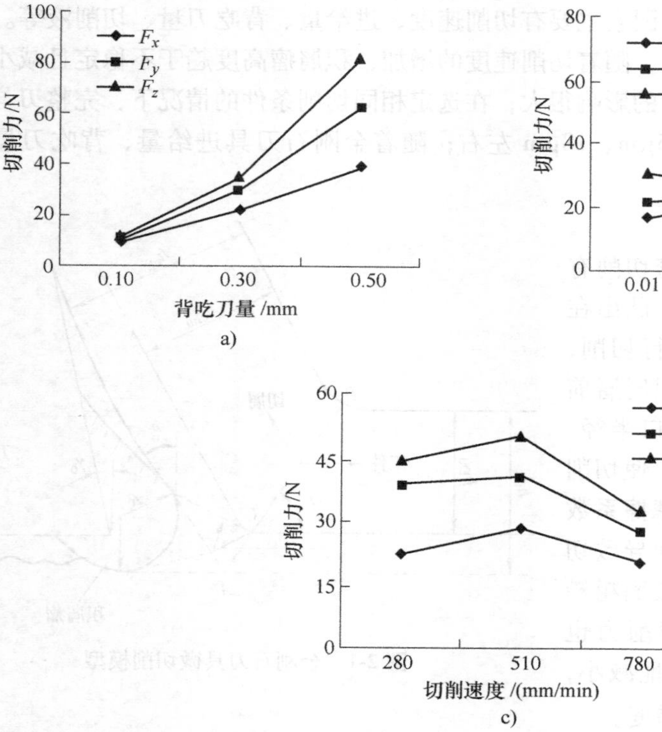

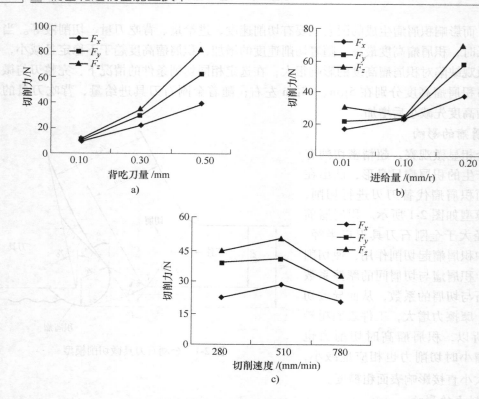

图 2-2 背吃刀量、进给量、切削速度对切削力的影响

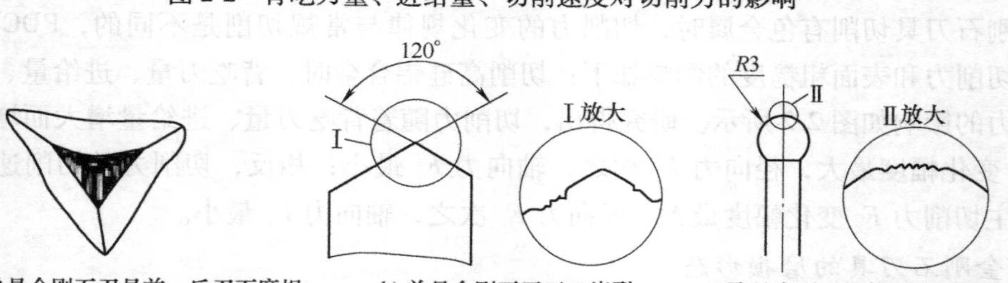

a) 单晶金刚石刀具前、后刀面磨损　b) 单晶金刚石刀刃口崩裂　c) 聚晶金刚石轮毂刀刃口崩裂

图 2-3 金刚石刀具的磨损形态

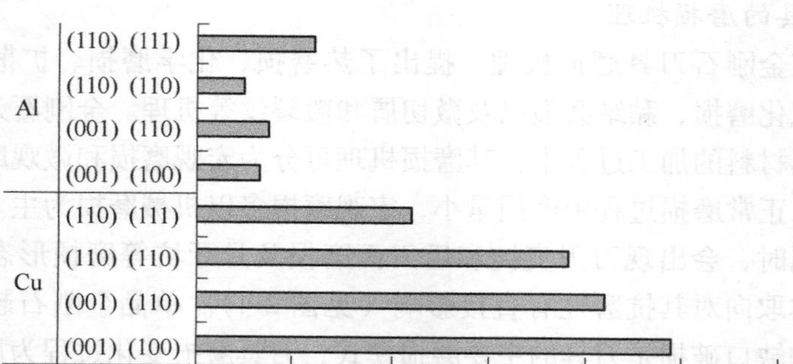

图 2-4 加工 Cu、Al 工件 50km 后金刚石刀具月牙坑磨损

硅的过程中，切削区域的高温高压导致金刚石刀具发生碳原子扩散磨损；切削过程中有碳化硅和类金刚石两种超硬微颗粒形成，而随着切削长度的增加，超硬微颗粒仍然存在；碳化硅和类金刚石超硬微颗粒在金刚石刀具后刀面刻画和耕犁，产生沟槽磨损。金刚石刀具的磨损本质是微观解理的积累，微观解理取决于金刚石刀具的微观强度，而其微观强度与晶体结构中晶面方向有直接关系。

单晶金刚石韧性差，晶体结构各向异性，不同晶面或同一晶面不同方向的晶体硬度不同，所以选择合适的晶面方向是单晶金刚石刀具刃磨和刀具设计时应注意的问题。

第三节　单点金刚石超精密切削 KDP 晶体

KDP（KH_2PO_4）晶体是 20 世纪 40 年代发现的一种性能优良的非线性光学材料。由于同时具有较大的非线性光学系数、较宽的透光波段、较高的激光损伤阈值、优良的光学均匀性和易于生长大尺寸的单晶体等五大优点，所以 KDP 晶体目前是大型固体激光器和强激光武器等现代高科技领域中唯一能被用作激光变频器、电光调制器和光快速开关等元件的光学晶体材料。KDP 晶体的实物外形如图 2-5 所示。

KDP 晶体在集上述优良光学性能于一身的同时，又具有质软、脆性高、易潮解和易开裂等一系列不利于光学元件加工的不足之处，这使得 KDP 晶体在采用研磨、抛光（如 ELID 磨削、浴法抛光和磁流变抛光等）的加工方法时，很容易让加工过程中使用的磨料嵌入 KDP 晶体表面，并且很难通过精密抛光的方法将杂质从晶体表面去除，而这些杂质或缺陷又将严重降低 KDP 晶体的激光损伤阈值。对于大型固体激光器和强激光武器等激光装置来说，这些加工方法带来的致命缺陷显然是无法接受的。在这种加工技术障碍面前，KDP 晶体单点金刚石切削（SPDT）加工技术于 20 世纪 80 年代初开始逐步发展起来。采用 SPDT 技术加工大口径 KDP 晶体元件，不仅可以克服上述研磨、抛光方法存在的缺陷，还可以减轻塌边现象并有效保证加工表面与晶轴的精确定向。

图 2-5　KDP 晶体的实物外形

由于 KDP 晶体光学性能优异，尤其是其具有其他光学晶体材料所没有的能生长出大口径晶体的突出特性，使得它的超精密切削加工，在激光惯性约束核聚变装置对大口径光学变频、调制元件的迫切需求下，获得了世界各国的广泛关注。但是，应用 KDP 晶体光学元件的光路系统（如激光惯性约束核聚变装置等）对这些元件的要求都十分苛刻（如表面粗糙度 $R_{MS} \leqslant 5nm$，激光损伤阈值$>15J/(cm^2 \cdot ns)$），加之 KDP 晶体本身就是一种软、脆、易开裂的典型难加工材料，因此尽管很多国家都已投入了大量的人力、物力和财力去对其加工方法开展广泛研究，但目前能够加工出符合各项技术要求的大口径光学元件的国家也只有美国、日本和法国等极少数国家。

一、国外单点金刚石超精密切削 KDP 晶体的研究

国外一些发达国家如美国、法国等对核能的开发应用最早，这就促使他们很早地步入了对 KDP 晶体 SPDT 加工技术的探索与研究，加之他们实验设备先进、资金投入大，因此目前这些发达国家在 KDP 晶体的 SPDT 加工与应用方面均处于国际领先地位。1994 年 11 月，

美国正式宣布并签发了被称为“国家点火装置（NIF）”的激光核聚变计划，而美国专家一致认为大尺寸、高表面质量的 KDP 晶体元件的切削加工将是研制 NIF 的瓶颈环节。为了降低切削过程中产生的波纹状刀痕所带来小尺度相位调制的不良影响，1986 年美国劳伦斯利弗莫尔国家实验室（LLNL）的 Baruch、Fuchs 等人在 PNEUMO 的精密机床上对 KDP 晶体进行了 SPDT 超精密切削加工的实验研究。实验设定在主轴转速 $n=500\text{r/min}$、进给速度 $v_f=3.8\text{mm/min}$、背吃刀量 $a_p=0.5\mu\text{m}$、刀具前角 $\gamma_o=-45°$ 及刀尖圆弧半径 $r=7.6\text{mm}$ 的条件下进行，加工得到了表面粗糙度 $R_{MS}=0.8\text{nm}$，面形精度 $PV=3.6\text{nm}$ 的超光滑表面。研究还发现，选用较小背吃刀量且刀具前角 $\gamma_o=-45°$ 的刀具进行切削加工，可以使晶体亚表层损伤降到最小，而选用较小进给量和较大刀尖圆弧半径进行加工，则更容易得到超光滑的加工表面。法国于 1998 年提出了“兆焦耳激光器（LMJ）”计划，认为计划方案中共有十大关键问题有待解决，并把大尺寸 KDP 晶体的生长与加工技术放在首位。为研究各种因素对 KDP 晶体超精密切削加工表面粗糙度的影响效果，法国学者 Philippe Lahwye 等人于 1999 年在美国劳伦斯利弗莫尔国家实验室（LLNL）采用 SPDT 技术对 KDP 晶体进行了超精密切削加工实验，并利用实验和优化设计的方法优选出了 SPDT 的加工工艺参数。最终在尺寸为 100mm×100mm 的 KDP 晶体工件上加工获得了表面粗糙度 $R_{MS}=1.1\text{nm}$ 的超光滑加工表面。

日本在利用超精密磨床对 KDP 晶体进行超精密磨削加工方面的研究比较深入，最终通过加工实验获得了表面粗糙度 $R_{MS}=1.93\text{nm}$ 的超光滑加工表面，并得出“KDP 晶体光学元件的激光损伤阈值将随其表面粗糙度的减小而增大”的结论。然而由于 KDP 晶体材料的软脆性，加工过程中的砂轮磨粒极易嵌入到工件表面而严重影响其光学性能。因此，近年来日本对大尺寸 KDP 晶体超精密加工的研究也更多地转向 SPDT 技术。日本学者 Yoshiharu 等人于 1998 年采用 SPDT 技术加工 KDP 晶体，在切削参数定为金刚石刀具前角 $\gamma_o=-25°$、切削速度 $v=500\text{m/min}$、进给量 $f=2\mu\text{m/r}$、背吃刀量 $a_p=1\mu\text{m}$ 时，加工出了表面粗糙度 $RMS=1.09\text{nm}$ 的超光滑表面。

二、国内单点金刚石超精密切削 KDP 晶体的研究

尽管我国在 KDP 晶体生长技术方面的研究处于国际领先地位，近年来也在 KDP 晶体超精密加工领域开展了大量研究工作，但由于在超精密切削加工方面的研究起步较晚，加之国外对我国实行技术保密，因此我国在该领域的研究水平亟待加强，与上述发达国家相比尚有不小差距。

哈尔滨工业大学于 2005 年前后就 KDP 晶体材料超精密切削加工过程中，冷却液对工件表面质量的影响做过深入研究，首先从理论上分析了冷却液对工件表面质量的影响，总结了金属离子杂质对 KDP 晶体表面的吸附机理，据此选择了适当的添加剂，并通过实验验证了理论的正确性和冷却液的实用性，通过研究获得了如下结论：KDP 晶体干切和湿切方式的 SPDT 加工结果表明，使用冷却液可以减小切削力及其波动幅度，削弱各向异性引起的谐波，稳定切削过程，并显著改善 KDP 晶体的加工表面质量。

我国在光学和激光领域投入最大的两个方向是“惯性约束核聚变（ICF）”和“强激光武器”，两者都需要数量众多的高精度、大口径光学元件（包括 K9 光学玻璃、KDP 晶体和石英等材料的光学元件），而这些光学元件的超精密切削加工则已成为激光聚变和激光武器进一步发展的最大瓶颈。我国强激光武器的研究开始于 20 世纪 60 年代，为了开展更深层次的 ICF 研究，“神光-Ⅳ”激光装置的研制计划已于 2010 年前后被提出。在“神光-Ⅰ”到

“神光-Ⅳ”这一系列激光装置对高质量 KDP 晶体元件的需求拉动下，不少科技工作者都在对 KDP 晶体元件的加工工艺进行深入研究。中国工程物理研究院使用从俄罗斯进口的 MO-6000PL 型 SPDT 超精密机床，采用 SPDT 超精密切削加工技术对大口径 KDP 晶体工件进行切削实验研究时，获得了表面粗糙度 $RMS=3\sim8\text{nm}$ 的光滑表面，同时对主轴误差、加工后的面型误差、小尺度波纹和表面粗糙度等也进行了详细分析并取得了突破性进展，重点解决了面型误差和小尺度波纹两大难题。

三、单点金刚石超精密切削 KDP 晶体的研究方向

虽然各国学者对 KDP 晶体 SPDT 超精密切削加工技术的研究已经取得了不少成果，但目前能对大口径、高质量 KDP 晶体光学元件实现量产化的国家仍是寥寥无几。综合目前国内外的研究发展及现状，今后对 SPDT 加工 KDP 晶体的研究工作具有以下几个趋势：

1）用于强激光装置的大口径 KDP 晶体光学元件，对其面型精度、表面粗糙度和表面波纹度等的要求十分苛刻，但目前对这些要求的实现及在稳定性的控制方面，却还存在很大不足。因此，对大口径 KDP 晶体光学元件高质量的表面微观形貌的获得及稳定性的控制，将是今后 SPDT 超精密切削 KDP 晶体的一大研究重点。

2）由于 KDP 晶体生产成本高昂，而对用其制造的光学元件又要求极高（必须是同时具有高表面微观形貌与优异表层力学性能），因此，为了大大降低废品率、显著提高社会经济效益，通过建立 KDP 晶体 SPDT 切削加工的表面质量预测模型来实现加工前切削参数的优选，以便在加工制造前准确预测并控制工件表面的完整性，这也将是今后研究的又一大重点。

3）研究 KDP 晶体的 SPDT 加工技术不能一直停留在实验室阶段，其最终目的是实现 KDP 晶体光学元件高质、高效、稳定地批量生产，以满足核能开发应用及强激光武器制造的需求。但目前即使处于国际领先地位的美国等发达国家在这方面也有待提高，其他国家则更是差距甚远。

因此，KDP 晶体的 SPDT 切削加工高质、高效及稳定地量产化生产将是今后很长一段时间的研究方向。

第四节　单晶金刚石刀具超精密切削氟化钙

氟化钙（CaF_2）晶体由于其在深紫外波段具有高透过率、低双折射率等优异性能从而成为深紫外光刻机光刻物镜系统所必需的光学材料之一。相比常规的光学材料（K9、熔石英等），CaF_2晶体为典型的单晶软脆材料，具有质地软、温度膨胀系数大、脆性高和各向异性等材料特性，使它在传统光学研磨、抛光加工中，晶体表面易嵌入抛光粉和产生划痕，从而导致表面质量难以满足光刻物镜系统的极限衍射成像要求，因此，传统光学加工的 CaF_2 晶体难以满足深紫外光刻物镜的表面质量要求。超精密切削技术可以代替传统光学研抛工艺，为后续的磁流变、离子束高精度修形工序做粗加工准备。对 CaF_2晶体的超精密切削技术有如下要求：①实现 CaF_2晶体延性域切削，使工件表面光滑，粗糙度达到纳米级，面型精度进入干涉仪测量范围；②在大口径 CaF_2晶体切削过程中，避免刀具磨损对切削表面质量的影响，得到具有全口径一致性的超光滑切削表面。

一、单晶金刚石刀具超精密切削氟化钙

CaF_2晶体超精密切削实验在 Toshiba（UGL-100C）超精密车床上进行，该车床的主要参数：3个线性运动轴（X、Y、Z）的进给分辨率为 10nm，最大进给速度为 450mm/min；C 轴为主轴模式时，最大转速为 1500r/min。切削实验示意图如图 2-6 所示，工件 CaF_2 晶体通过热熔胶粘贴于铝盘上，铝盘通过真空吸盘安装于车床主轴上，三维动态测力仪（Kistler 9256A1）安装在金刚石刀架下面，测力仪所测力信号通过 Kislter5055 信号器放大，然后通过 Sony PC204Ax 记录，最后切削力数据传输到计算机上进行在线显示和分析。采用光学显微镜对金刚石刀具和工件切削表面的微观形貌进行观测；用白光干涉仪对工件切削表面粗糙度进行测量。

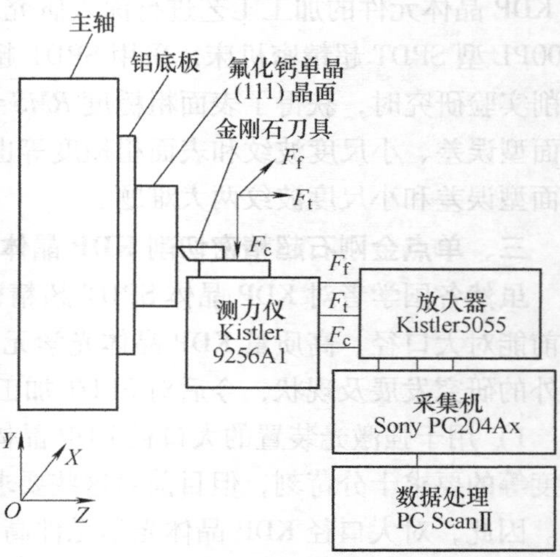

图 2-6 CaF_2晶体超精密切削示意图

工件 CaF_2 晶体（由中非人工晶体研究院提供）为紫外级，它的主要材料特性及其跟金刚石刀具的对比见表 2-2，从表中可以看出，相比于金刚石刀具，CaF_2晶体的机械特性为软脆晶体，且其热导率低、热膨胀系数大，因此对超精密加工过程提出了严格的工艺要求。实验工件通过 XRD 射线仪定向于（111）晶面，样品尺寸为 ϕ50mm×10mm，预先通过传统的研磨、抛光工艺加工工件毛坯，为超精密切削实验提供表面光滑一致的样品。

表 2-2 CaF_2晶体与金刚石刀具的材料特性对比

材料特性	CaF_2晶体	金刚石刀具
晶体结构	萤石型	钻石型
努氏硬度/(kg/mm²)	158.3	5700~10400
断裂韧性/(MPa·m$^{1/2}$)	0.5	2.0
弹性模量/GPa	110	1100
热导率/(W/(m·K))	39（250）	2800（250）
热膨胀系数/$10^{-6}K^{-1}$	18.9（250）	1.25（250）

采用的刀具是天然金刚石圆弧刀具，主要参数：刀尖圆弧半径为 1mm，前角为 0°，后角为 7°，新刀具刀刃的 SEM 微观形貌如图 2-7 所示。

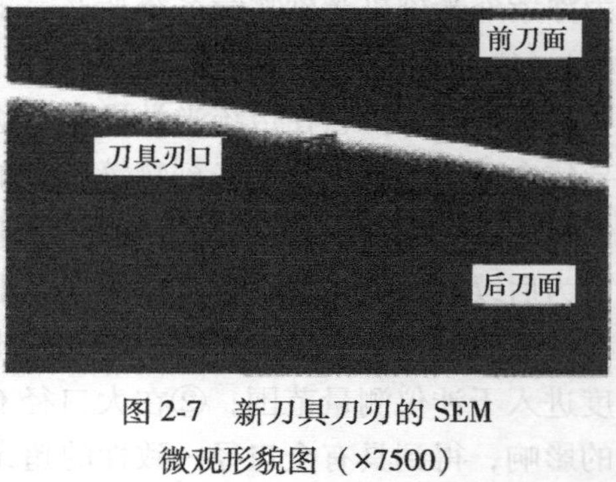

图 2-7 新刀具刀刃的 SEM 微观形貌图（×7500）

根据日本学者 Yan 等对 CaF_2晶体延性域切削工艺参数优化的研究，得出 CaF_2晶体实现延性域切削的最小临界切削厚度为 115nm，当最大未变形切削厚度 d_{max} 小于此临界值时，切削过程一般为延性域切削。圆弧刀具最大未变形切削厚度的计算公式为

$$d_{max} = R - \sqrt{R^2 + f^2 - 2f\sqrt{2Ra_p - a_p^2}} \tag{2-1}$$

式中，R 是刀尖圆弧半径；a_p是背吃刀量；f 是进给量。

切削参数：$a_p = 1\mu m$，$f = 1\mu m/r$，主轴转速 $n = 1000r/min$，切削液为航空煤油。根据式（2-1）得 $d_{max} = 44nm$，所选参数满足 CaF_2晶体实现延性域切削的条件。

二、切削过程的刀具形貌变化

图 2-8 为经历不同切削路程长度后刀具前刀面和后刀面的微观形貌图。图 2-8a 为未切削时新刀具的微观形貌，随着切削路程增加，当切削路程长度达到 $L = 3.535km$ 时，后刀面开始出现沟槽磨损，而前刀面无任何磨损发生，如图 2-8b 所示。当切削路程长度进一步增大到 21.21km 时，后刀面的磨损带长度增大到约 10μm，同时前刀面开始出现缺口破损，如图 2-8c 所示。当前刀面开始出现缺口破损后，随着切削路程长度进一步增加，后刀面磨损带长度、宽度和前刀面缺口破损的增大速度显著提高，当切削路程长度达到 27.573km 时，后刀面的磨损带长度增大到约 30μm，而前刀面缺口破损半径增大到约 3μm。

对上面的刀具形貌演变过程进行分析，可以得到如下结论：CaF_2晶体超精密切削过程的刀具磨损可以分为两个主要阶段：开始阶段主要为后刀面沟槽磨损，随着后刀面磨损带长度增加到一定程度后，前刀面开始出现缺口破损；第二阶段为后刀面沟槽磨损和前刀面缺口破损同时发生，刀具磨损和破损速度快速增大。

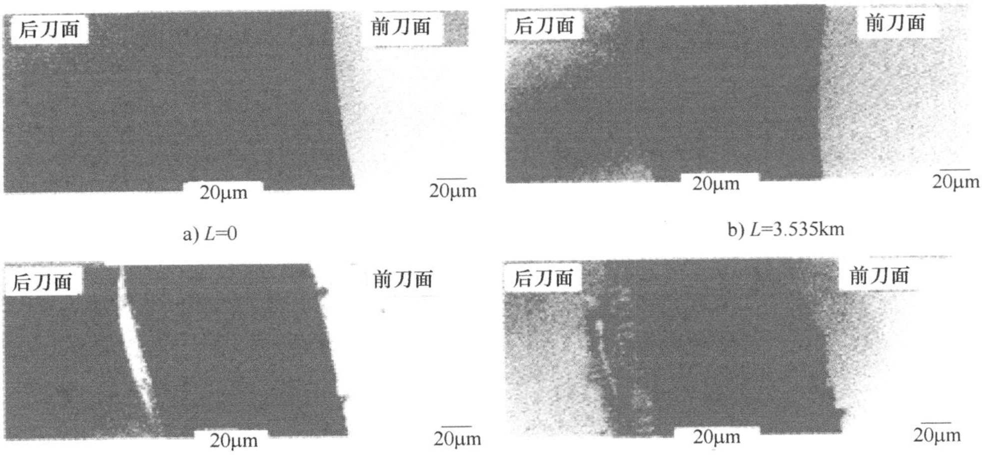

a) L=0　b) L=3.535km

c) L=21.21km　d) L=27.573km

图 2-8　不同切削路程下的刀具微观形貌

通过刀具磨损形貌，结合 CaF_2晶体的脆性材料特性，对 CaF_2晶体刀具磨损机理进行分析：在延性域切削 CaF_2晶体的初始阶段，刀具后刀面与工件紧密接触，摩擦使刀具后刀面碳元素扩散，扩散的碳元素在切削区域高温高压催化下极易发生团聚和重结晶，从而形成高硬度的类金刚石碳结构，对刀具后刀面发生刻划和耕犁，导致切削初期刀具后刀面沟槽磨损；随着切削路程的增长，当后刀面磨损带长度增加到一定程度时，就会使 CaF_2晶体切削模式从延性去除转变为脆性去除，切削模式的转变导致切削力幅值和波动增大、致使刀具前刀面发生微坑破损，产生微小金刚石碎片，这些碎片对刀具后刀面的刻划和耕犁加剧了后刀面的沟槽磨损。同时随着刀具磨损的加剧，切削模式进一步向脆性去除转变，进而导致前刀面发生微坑破损的尺寸增大，产生的金刚石碎片数量增加、尺寸增大，进而导致严重的刀具磨损和破损。

三、刀具磨损对切削过程的影响

从上述磨损机理分析可以看出：后刀面沟槽磨损的加大导致切削模式开始从延性去除向脆性去除转变，同时脆性去除导致前刀面破损的发生，进而加剧了刀具磨损和表面破损的发生。下面通过切削过程工件表面微观形貌、粗糙度和切削力的变化来分析刀具磨损对切削过程的影响。

1. 刀具磨损对切削表面的影响

图 2-9 为不同切削路程下的工件切削表面微观形貌图。图 2-9a 为初始切削时的延性域切削模式，切削的表面为超光滑表面；图 2-9b 所示为切削路程长度 $L=14.14$km 后的工件表面微观形貌，切削模式仍为延性域，但由于刀具后刀面存在长度大于 5μm 的沟槽带，导致切削纹路比较明显；图 2-9c 所示为切削路程长度 $L=21.21$km 后的切削表面微观形貌，表面出现破损点，表示切削模式开始向脆性去除转变；图 2-9d 所示为切削路程长度 $L=27.573$km 后的工件表面的微观形貌，整个表面充满破损点，表示切削模式为完全脆性去除。从图 2-9 可以看出，不同切削路程下的切削表面微观形貌反映了刀具磨损对切削模式转变的影响。图 2-10 为切削表面的表面粗糙度在不同切削路程的变化曲线图，从图 2-10 可见，切削表面粗糙度变化曲线随切削路程长度而上升。

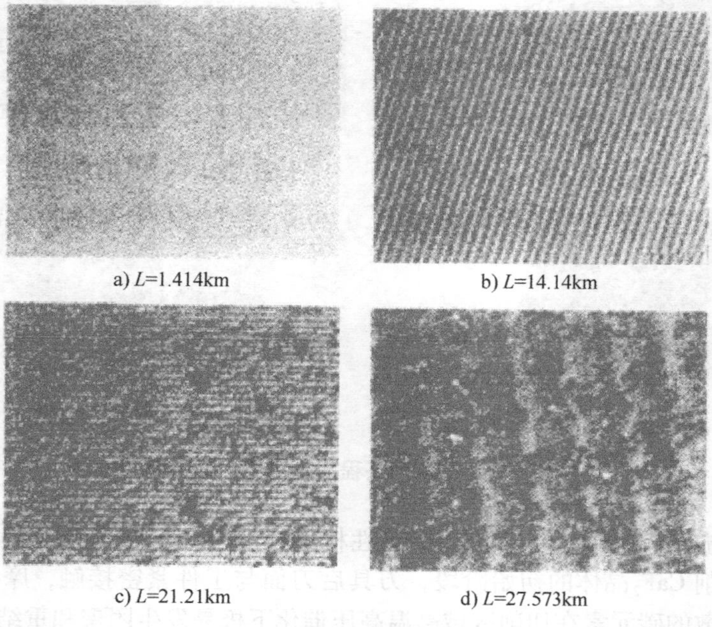

a) L=1.414km　b) L=14.14km　c) L=21.21km　d) L=27.573km

图 2-9 不同切削路程下的工件表面微观形貌（×500）

2. 刀具磨损对切削力的影响

在不同切削路程长度下测得的切削力如图 2-11 所示。图 2-11a 所示为切削初期，切削法向力 F_t 大于切向力 F_c，当切削路程增长到 $L=21.21$km，刀具前刀面发生缺口破损时，切削

力的切向力 F_c 开始变大，大小跟法向力 F_t 相近，如图 2-11b 所示；随着切削路程进一步增长到 $L=27.573\text{km}$ 时，切向力 F_c 急剧增大，如图 2-11c 所示。造成这种现象的原因如下：由于前刀面的破损对切向力 F_c 的影响比较大，而后刀面的沟槽磨损因为纵向微刻槽，所以法向力 F_t 变化不大。脆性材料延性域切削的主要特征：在实现脆性材料延性域切削时，切削的法向力 F_t 大于切向力 F_c。从切削力的大小变化能够看出，刀具磨损是导致切削模式转变的关键因素，在切削的初期，即延性域切削时，法向力 F_t 大于切向力 F_c；刀具严重磨损后，法向力 F_t 小于切向力 F_c。

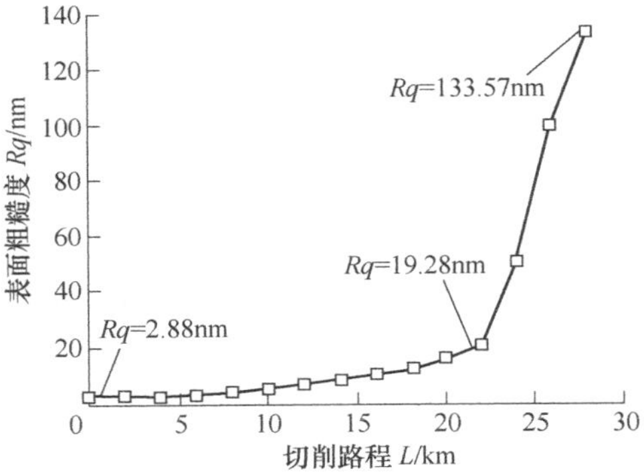

图 2-10　不同切削路程下的工件表面粗糙度变化曲线

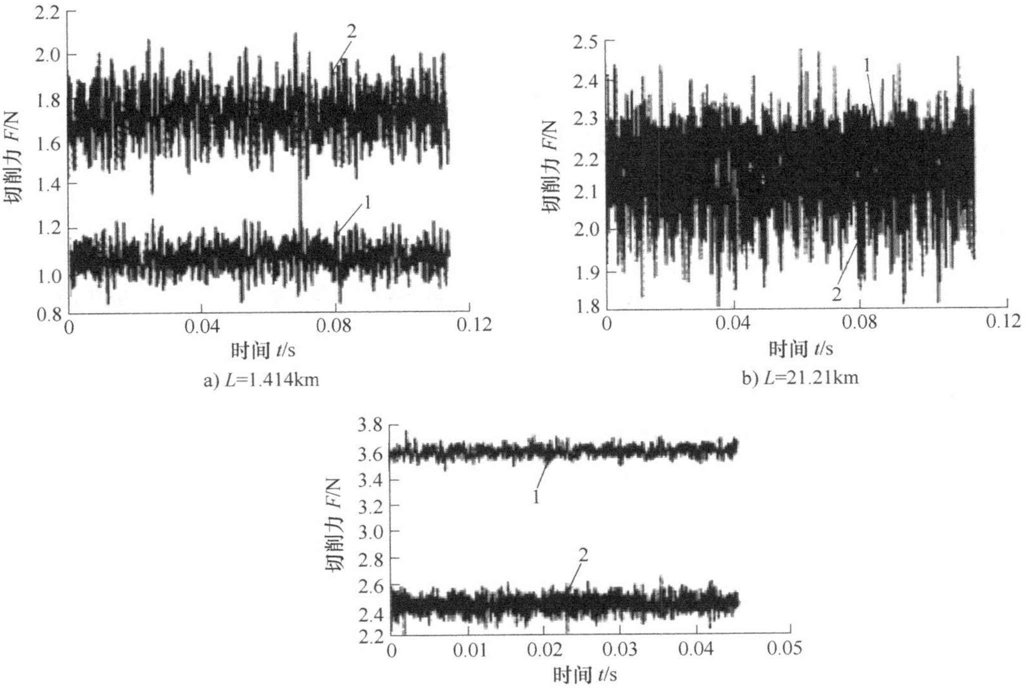

a) $L=1.414\text{km}$

b) $L=21.21\text{km}$

c) $L=27.573\text{km}$

1—切向力 F_c；2—法向力 F_t

图 2-11　不同切削路程下的切削力

第五节　单点金刚石切削技术在 EOS 靶制备中的应用

采用超精密数控车床和天然单晶体金刚石刀具，在计算机控制下进行加工，已广泛应用于光学元件、航空航天和激光聚变靶制备等领域。

在惯性约束聚变研究中，激光状态方程（Equation of State，EOS）实验要求靶具有较高的形状精度，表面均方根粗糙度、最大峰-谷高度达到纳米级，且薄膜厚度一致性好于

98%，国内外采用物理气相沉积（Physical Vapor Deposition，PVD）制备的微米级厚度的金属薄膜，其材料密度仅为原材料的90%左右。EOS实验的压强 p 为材料密度 ρ、冲击波速度 D 与波后粒子速度 u 的乘积，材料密度值及密度的不确定度直接影响压强的计算结果，为减少物理实验结果的不确信度，应尽可能使薄膜材料密度达到或接近材料的晶体理论密度。

一、EOS靶和SPDT

EOS物理实验靶的结构多样化，有平面靶、台阶靶、楔形靶、弯折靶、绝对状态方程测量实验用靶和阻抗匹配靶等。靶材料有铝、铜、铁、钼等金属薄膜和有机薄膜（如CH）等。各种薄膜及台阶厚度仅数微米至数十微米，厚度一致性好于98%，且要求达到晶体理论密度，表面质量要求很高，均方根粗糙度 R_q<50nm，面上峰谷级差<200nm。

SPDT技术可加工有色金属（如铝、铜）、锗、光学晶体等，表面粗糙度可达数纳米。采用纯度极高、接近材料理论密度的金属为原料，用SPDT技术，可认为加工成形后靶材料密度接近理论密度。由于SPDT技术对EOS靶制备的重要意义，各国纷纷开展该技术研究，其单一材料靶制备已成熟，如金属薄膜即平面靶、多种结构的台阶靶、楔形靶等，还可与其他技术相结合，制备诸如阻抗匹配状态方程靶、夹金靶等含有多种材料的靶。

二、SPDT技术在EOS靶制备中的应用

1. 金属薄膜制备

受激光能量的限制，EOS靶的厚度为数微米至数十微米。SPDT技术目前可加工厚度大于10μm的铝、铜等金属薄膜。图2-12a为用金刚石圆弧刀具加工的无氧铜薄膜表面粗糙度测量结果，用英国Taylor Hobson公司的Talysurf轮廓仪分析，表面粗糙度均方根偏差 $R_q=0.004\mu m$，表面粗糙度最大高度 $R_t=0.019\mu m$。图2-12b表明，Cu薄膜表面最大高度 $P_t=0.04\mu m$。

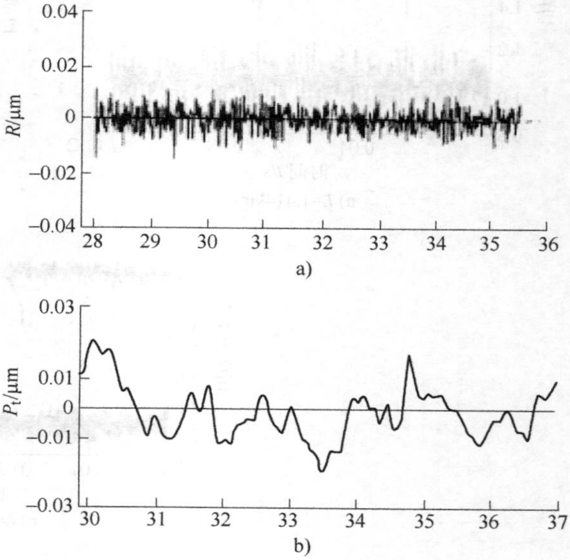

图2-12 Cu薄膜表面

2. 台阶靶制备

图2-13为几种典型的台阶靶示意图。台阶靶高度为数微米至数十微米，宽度100μm左右。台阶靶可通过多层金属薄膜通过扩散连接等方法连接成一整体，但均可能引入一层中间层，或存在间隙，对实验结果产生影响。在单一材料的台阶靶制备中可通过SPDT技术直接加工成形，这样避免引入中间层，从而降低了厚度测量误差及中间层材料在物理实验结果引入的不确定度。相对于平面靶，台阶靶制备的关键技术是金刚石刀具的设计及刃磨。刀具设计必须考虑加工出工件的轮廓形状，从而保证加工质量，延长刀具使用寿命。由于刀尖半径会在工件台阶与底部复映，故必须要求刀尖半径远小于台阶高度。

如图2-14所示为采用SPDT加工的整体式铝五台阶靶表面形貌，测试设备为美国Veeco公司的WYKO NT1100白光干涉仪。由图可以看出铝台阶表面轮廓平直，台阶垂直度较好，

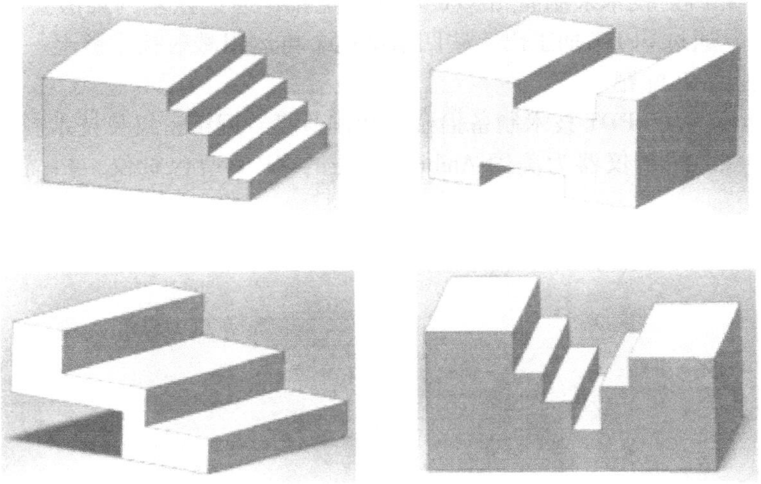

图 2-13　典型的台阶靶示意图

各台阶表面均方根粗糙度小于 50nm。

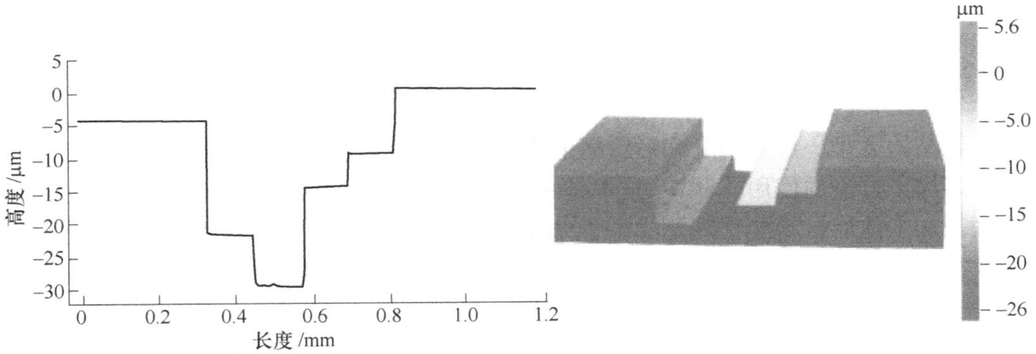

图 2-14　Al 台阶靶表面形貌

3. 楔形靶制备

楔形靶主要用于测量冲击波速度。采用光学研磨方法制备楔形靶，很难将平面和斜面部分加工成整体，需通过其他方法实现连接。SPDT 可加工整体式铝楔形靶，从而极大降低了实验结果的不确定度。图 2-15 为 SPDT 制备的楔形靶的表面轮廓图，测量仪器为英国 Taylor Hobson 公司的 Talysurf 轮廓仪。

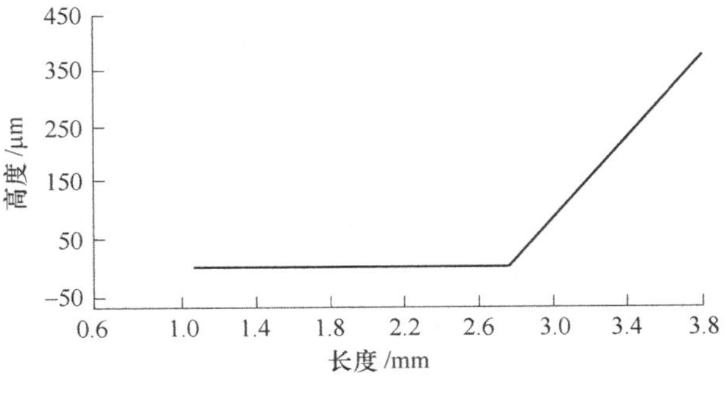

图 2-15　楔形靶表面轮廓图

4. 阻抗匹配靶制备

阻抗匹配靶结构如图 2-16 所示，以已知状态方程参数的材料为标准材料，制作成一台阶，待测材料为薄膜，紧密连接在标准材料基底上。美国通用原子能公司（General Atomics，

GA）采用 SPDT 和溅射技术来制备 Al/Fe 阻抗匹配靶，通过氰基丙烯酸盐黏合剂将高纯铝粘于硬铝底盘上，通过 SPDT 加工出一些凹槽结构，再运用溅射技术镀上一层纯铁，最后通过 SPDT 加工成阻抗匹配靶。

如图 2-17 所示为用 SPDT 技术制备铝台阶和铜薄膜、用精密组装技术制备的 Al/Cu 阻抗匹配靶的表面形貌。测量仪器为美国 Ambios 公司的 XP-2 型台阶仪，扫描范围为 500μm×500μm。

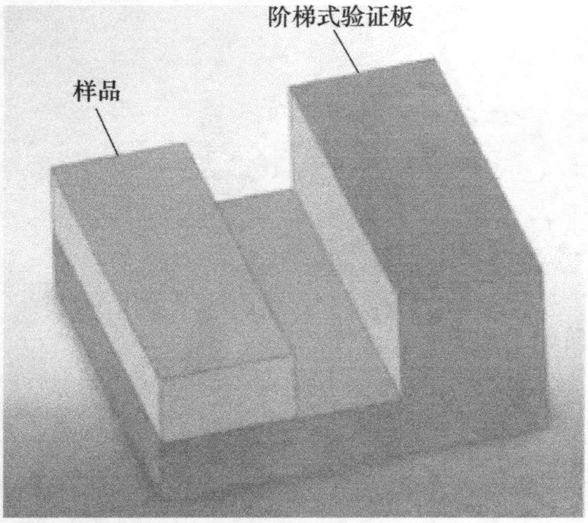

图 2-16 阻抗匹配靶结构示意图

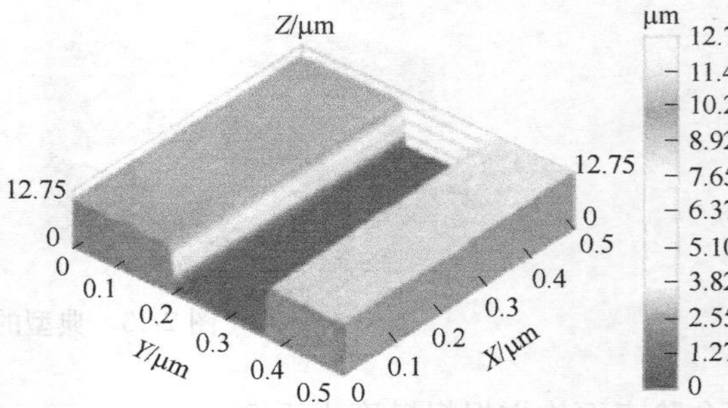

图 2-17 Al/Cu 阻抗匹配靶表面形貌

EOS 靶结构微小，尺寸精度和形状精度高，而且要求材料密度达到材料理论密度，从而限制了许多加工方法的使用。SPDT 技术是一种重要的获得纳米级表面粗糙度及形状精度的加工方法，加工前后材料的物理化学性能基本不变，可在 EOS 靶制备中发挥重要作用，制备多种复杂结构靶零件。但在目前加工黑色金属以及钼、钨等材料时仍存在较大困难。通过 SPDT 技术与其他技术相结合（如扩散连接等），可制备阻抗匹配靶、夹金靶、等熵稀疏靶等含多种材料的 EOS 靶。总之，随着 EOS 科学研究的深入开展及 SPDT 技术的发展，SPDT 技术还会继续在激光 EOS 靶制备中发挥越来越重要的作用。

第六节 金刚石刀具刃磨技术

高精度的金刚石刀具是影响加工零件形状尺寸精度和加工表面质量的重要因素之一，其刃口钝圆半径关系到最小切削厚度，影响其超微量切除能力及加工质量。研究人员发现钝圆半径为 2nm 时，最小切削厚度约为 10nm，目前美国的圆弧刃金刚石刀具钝圆半径可磨到 5nm，日本可磨到 10~20nm，我国的金刚石刀具刃磨钝圆半径仅能达到亚微米量级，与国外先进水平还存在很大差距。

一、金刚石刀具概述

金刚石晶体是碳在高温高压下的结晶体，每个碳原子都以 sp^3 杂化轨道与 4 个碳原子形成共价单键构成正四面体，如图 2-18 所示。晶胞空间群为 Fd-3m，碳原子分别占据正四面体的中心和顶点，在空间构成连续的、坚固的骨架结构，由于 C-C 键的键能大，价电子都参与了共价键的形成，晶体中没有自由电子，因此它是自然界中最坚硬的固体。同时金刚石晶体还具有高熔点、超导热性等特点，其具体物理性能参数见表 2-3。单晶金刚石不同晶面上原子排列密度及晶面间距不同造成其具有明显的各向异性，其中（100）、（110）和（111）三个典型低指数晶面的原子排布如图 2-19 所示，研究人员发现实际刃磨过程中（100）和（110）晶面较软，易于磨损，而（111）晶面抗磨损性能极佳，很难磨抛成形。同时由于（111）晶面很容易发生解理，所以一般不作为金刚石刀具的刃磨面。

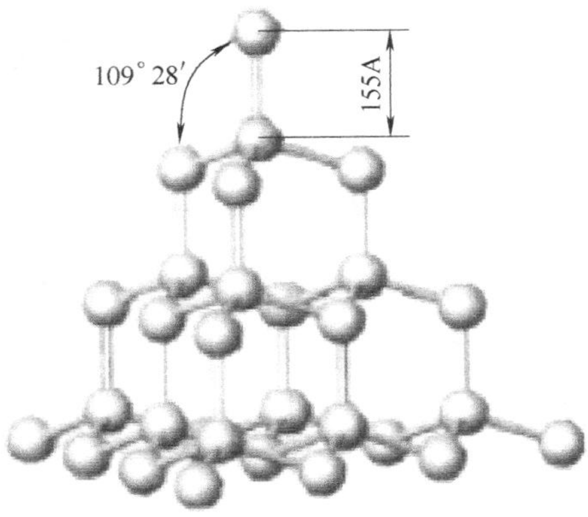

图 2-18　金刚石晶体的结构

根据制造方法的不同，金刚石刀具可以分为天然单晶金刚石刀具、聚晶金刚石刀具和金刚石涂层刀具，其中天然单晶金刚石刀具是最适于超精密切削加工的刀具。根据刀具本身结构的不同，天然金刚石刀具又分为圆弧刃金刚石刀具和直线刃金刚石刀具。圆弧刃金刚石刀具由于其钝圆半径上各点均参与切削，因此可以获得更好的切削表面和加工精度，圆弧刃金刚石刀具的参数主要有刃口钝圆半径、刀尖圆弧半径、刀尖圆弧圆度、前角、后角、刀尖角和前后刀面表面粗糙度等，如图 2-20 所示。其中影响加工工件质量的最重要因素是刃口钝圆半径、刀尖圆弧圆度以及前后刀面表面粗糙度。

表 2-3　金刚石晶体物理参数

硬度/HV	熔点/℃	抗压强度/MPa	弹性模量/(N/m²)	导热系数/[W/(m·K)]	比热容/[J/(g·℃)]	起始氧化温度/K	石墨化温度/K	和金属间摩擦系数
6000~10000	3550	1500~2500	(9~10.5)×10^{11}	(2~4)×418.68	0.516（常温）	900~1000	1800（保护气氛）	0.06~0.13

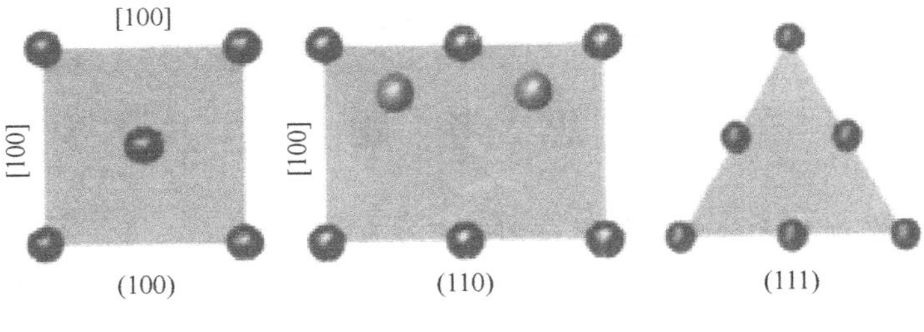

图 2-19　单晶金刚石不同晶面的原子排列

二、金刚石刀具的刃磨方法

刃磨工艺方法对控制金刚石刀具的表面粗糙度、刃口完整性及钝圆半径等具有重要意义。目前金刚石刀具最主要的刃磨方法是机械刃磨法，采用涂覆 1~50μm 的金刚石磨粒研磨膏、直径为 300~400mm 的铸铁研磨盘，首先对其进行预研使得金刚石磨粒嵌入铸铁研磨盘面内微孔，然后再用于对金刚石刀具进行刃磨，其本质就是金刚石与金刚石的对研。机械研磨过程中，刀具质量主要由两个因素决定，一是研磨设备本身的静态和动态精度，二是研磨工艺的合理性，包括刀具研磨面组合、研磨速率和研磨压力等。

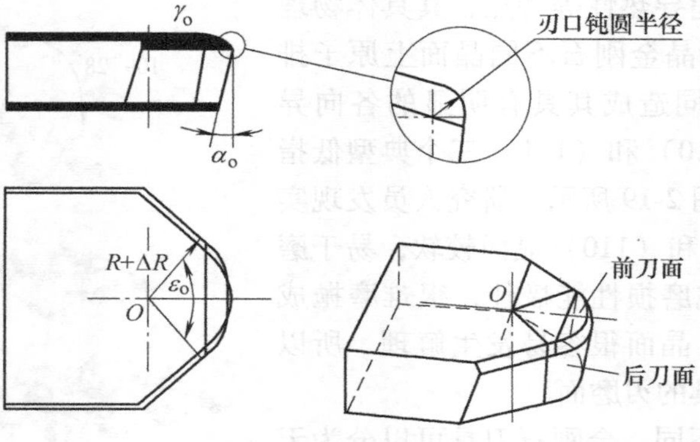

图 2-20 圆弧刃金刚石刀具的参数

其他用于金刚石表面研磨的方法还包括离子束溅蚀法、化学辅助机械抛光法、热化学抛光法、激光熔融抛光法、催化剂化学反应抛光法、稀土元素熔融抛光法以及氧化刻蚀法等，但这些方法均具有抛光速率低、不易控制等缺点，目前还很少用于金刚石刀具刃磨工艺。

金刚石刀具是影响超精密加工过程中工件质量的最关键因素之一，目前关于刀具刃磨的研究主要集中在刃磨机理及刃磨工艺两方面。单晶金刚石由于具有明显的各向异性，其不同方向存在完全不同的刃磨机理，在较硬方向主要是脆性解理断裂机制，而在较软方向则以结构相变机制为主。但目前关于金刚石研磨机理的研究主要是从实验室的摩擦实验中得到，与实际工程中研磨过程存在一定差异。同时实际研磨过程中由于会产生大量的热使得材料性能发生改变，这些研磨条件的差异性及过程中的热对研磨性能及机理的影响需要更进一步的研究。金刚石刀具刃磨方法以机械刃磨法为主，研磨机床振动特性及精度、研磨线速率和研磨压力等是影响研磨精度及磨损速率的最主要因素，同时研究人员还发展了大量特种研磨加工工艺方法。如何将机械研磨法和特种研磨工艺结合起来应用到工程实际中，从而同时获得研磨效率及研磨精度将是以后研磨工艺方法研究的热点。

思 考 题

1. 目前超精密车削技术的加工精度范围是多少？
2. 超精密切削对刀具有哪些要求？为什么单晶金刚石是被公认为理想的、不能代替的超精密切削的刀具材料？
3. 金刚石刀具超精密切削有哪些应用范围？
4. 金刚石刀具超精密切削的切削速度应如何选择？
5. 试述超精密切削时积屑瘤的生成规律和它对切削过程和加工表面粗糙度的影响。
6. 试述各工艺参数对超精密切削表面粗糙度的影响。
7. 试述超精密切削用金刚石刀具的磨损机制。
8. 简述金刚石刀具刃磨方法及影响研磨过程中刀具质量的因素。

第三章　精密和超精密磨削加工

第一节　概　　述

精密和超精密磨削加工是利用细粒度的磨粒或微粉作为切削工具，对黑色金属、硬脆性材料等进行加工，可获得高加工精度和很小的表面粗糙度值。其具有以下特点：

1）适用于加工硬脆性材料。精密和超精密磨削加工除了可以加工铸铁、碳钢、合金钢等一般结构材料外，还能加工一般切削刀具难以加工的高硬度材料，如淬火钢、硬质合金、陶瓷和玻璃等。但不宜精加工塑性较大的有色金属工件。

2）易获得很小的表面粗糙度值和高加工精度的表面。采用细粒度的磨粒或微粉作为切削工具可获得很高的加工质量。通常情况下加工精度可达IT5及IT5以上，表面粗糙度值 Ra 为1.25~0.01μm，镜面磨削时 Ra 为0.04~0.01μm。

3）磨削区形成的瞬时高温易造成工件表面烧伤或微裂纹。磨削加工的径向力较大，产生的切削热量多。通常情况下80%~90%的磨削热传入工件（10%~15%传入砂轮，1%~10%由磨屑带走），加之砂轮的导热性很差，大量的磨削热在磨削区形成瞬时高温，容易造成工件表面的烧伤和微裂纹。因此，磨削加工中往往采用大量的切削液，以降低磨削区的温度，进而控制磨削加工质量。

4）应注意保持磨粒或微粉的自锐作用。利用固结磨料磨具进行加工时，磨粒脱落的随机性和不均匀性等会使磨具失去其外形精度，破碎的磨粒和磨屑会造成磨具的堵塞，直接影响加工效率和质量。因此，磨削一定时间后需对固结磨料磨具进行修整，以恢复其切削能力和外形精度。而在利用游离磨料磨具进行加工时也同样存在保持其自锐作用的问题。

5）使用范围广泛。精密和超精密磨削加工不仅可以加工外圆面、内圆面和平面，也可以加工螺纹、齿形等各种成形表面，还常用于各种切削刀具的刃磨及模具的精整加工等。

随着精密和超精密磨削加工理论的发展和技术的进步，磨削加工在机械加工中所占的比例日益增大。在工业发达国家，磨床数量已占机床总数的30%~40%，且有不断增长的趋势。精密和超精密磨削加工在机械制造业中将得到日益广泛的应用。

一、精密和超精密磨削加工方法

精密和超精密磨削加工是20世纪70年代发展起来的机械加工技术，近年来已扩大到磨料加工的范围。按磨料连接形式和加工方式，精密和超精密磨削加工方法大体上可分为固结磨料加工和游离磨料加工两大类，见表3-1。

1. 固结磨料加工法

固结磨料是将一定粒度的磨粒或微粉用黏合剂粘结在一起，形成特定的形状并具有一定的强度，然后再通过烧结、粘接、涂敷等方式，使其形成砂轮、砂条、油石和砂带等磨具。其中用烧结方法形成的砂轮、砂条、油石等称为固结磨具；而用涂敷方法形成的砂带称为涂覆磨具或涂敷磨具。

表 3-1　精密和超精密磨削加工方法分类

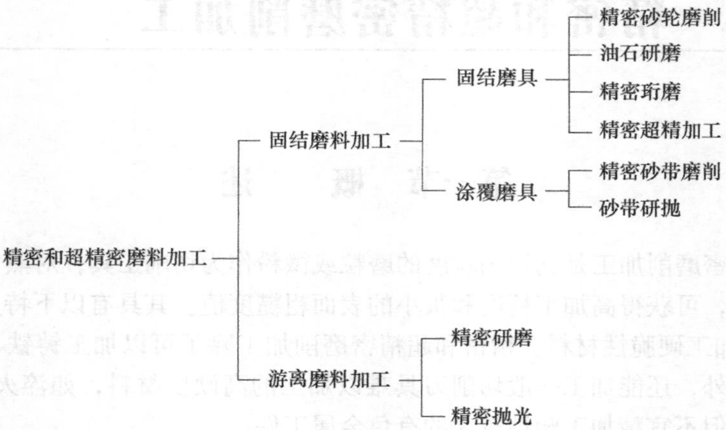

利用固结磨料进行精密加工和超精密加工，主要方法还可细分为精密和超精密砂轮磨削加工、精密和超精密砂带磨削加工和其他加工等。

（1）砂轮磨削加工　精密砂轮磨削是利用细磨粒（60~80 号）的砂轮进行磨削，其加工精度可达 1~0.1μm，表面粗糙度 Ra 可达 0.025~0.2μm。超精密砂轮磨削是利用微粉（W40~W5）的砂轮进行磨削，可以获得加工精度为 0.1μm，表面粗糙度值 Ra 为 0.025~0.008μm 的加工表面，其中利用超硬微粉砂轮进行超精密磨削已得到比较普遍的应用。

（2）砂带磨削加工　利用粒度为 F230~F320 的砂带可进行精密砂带磨削，其加工精度可达到 1μm，表面粗糙度值 Ra 可达到 0.025μm。利用粒度为 F360~F1200 的砂带可进行超精密砂带磨削，其加工精度可达 0.1μm，表面粗糙度值 Ra 可达 0.025~0.008μm。

（3）其他加工　其他加工有油石研磨、精密研磨、精密超精加工、精密砂带研抛、精密珩磨等。

2. *游离磨料加工法*

游离磨料是指磨粒或微粉不是通过黏合剂固结在一起，而是在加工中呈现游离状态的磨料，其传统的加工方法主要是研磨和抛光。近年来，在传统工艺的基础上，出现了许多新的游离磨料加工方法，如磁性研磨、弹性发射加工、液体动力抛光、液中研抛、磁流体抛光、挤压研抛、喷射加工等。

二、精密磨削磨具和超精密磨削磨具

1. *精密和超精密砂轮磨料磨具*

（1）磨料及其选择　在精密和超精密磨削中，磨料除使用刚玉系和碳化物系外，还大量使用超硬磨料。

目前，超硬磨料是指金刚石（包括人造金刚石）、立方氮化硼及以它们为主要成分的复合材料。金刚石和立方氮化硼均属于立方晶系。金刚石又分天然和人造两大类。天然金刚石有透明、半透明和不透明的，以透明的最为贵重。颜色上有无色、浅绿、浅黄、褐色等，以褐色硬度最高，无色次之。人造金刚石分单晶体和聚晶烧结体两种，前者多用来做磨料磨具，后者多用来做刀具。金刚石是自然界中硬度最高的物质，有较高的耐磨性，而且有很高的弹性模量，可以减小加工时工件的内应力、内部裂隙及其他缺陷。金刚石有较大的热容和良好的热导性，线膨胀系数小，熔点高。但在700℃以上易与铁族金属产生化学作用而形成碳化物，造成化学磨损，故一般不适宜磨削钢铁材料。立方氮化硼的硬度略低于金刚石，但耐热性比金刚石高，有良好的化学稳定性，在2000℃时才与碳起反应，故适用于磨削钢铁材料。由于它在高温下易与水产生反应，因此一般多用于干磨。

超硬磨料砂轮磨削的特点如下：

1）磨具在形状和尺寸上易于保持，磨削加工精度高；

2）磨料本身磨损少，耐磨性好，耐用度高，可较长时间保持切削性，修整次数少，易于控制加工尺寸及实现加工自动化；

3）磨削力小，磨削温度低，从而可减少内应力、裂纹、烧伤等缺陷，加工表面质量好；

4）磨削效率高，加工综合成本低。

超硬磨料能加工各种高硬度难加工材料是其突出的优越性，用超硬磨料磨削陶瓷、光学玻璃、宝石、硬质合金以及高硬度合金钢、耐热钢、不锈钢等材料已十分普遍。

表3-2给出了超硬磨料和普通磨料的主要物理性能。从总体看来，立方氮化硼磨料具有较大的发展前景。

表3-2　各种磨料的主要物理性能

磨料			显微硬度/HV	抗弯强度/MPa	抗压强度/MPa	热稳定性/℃
超硬磨料系	金刚石	天然	8600~10600	210~490	2000	700~800
		人造		300		
	立方氮化硼		7300~9000	300	800~1000	1250~1350
普通磨料系	碳化物系	碳化硼	4150~9000	300	1800	700~800
		碳化硅	3100~3400	155	1500	1300~1400
	刚玉系		1800~2450	87.2	757	1200

（2）磨料粒度及其选择　磨料粒度是影响精密和超精密磨削加工的重要因素。我国国家标准规定，磨料分为粒度和微粉两大类。粒度是表示磨料的颗粒尺寸，其具体大小用粒度号表示。依据国家标准，固结磨具用粗磨料粒度用试验筛法测量并分为27级，表示为F4~F220（详见GB/T 2481.1—1998）。固结磨具用微粉磨料粒度分为F系列微粉和J系列微粉。F系列微粉采用沉降管法测量并分为11级，表示为F230~F1200（也可采用光电沉降法测量，分为13级，表示为F230~F2000）；而J系列微粉采用沉降管法测量分为15个粒度级，用#240~#3000表示（也可采用电阻法测量，分为18级，表示为#240~#8000）（详见GB/T 2481.2—2009）。对于超硬磨料，微粉分为18级，从F320~F240至F2000~F1200。

粒度的选择应根据加工要求、被加工材料和磨料种类等来确定。其中，影响较大的是被加工件的表面粗糙度值、被加工材料和生产率。一般多选用F180~F220的普通磨料、170/200~275/400的超硬磨料磨粒和各种粒度的微粉。通常情况下，粒度号越大，加工表面粗糙度值越小，但生产率相对也越低。

（3）黏合剂及其选择　黏合剂的作用是将磨料粘接在一起，形成一定的形状并有一定的强度。根据国家黏合剂代号、性能及应用的有关规定，常用的黏合剂分为有机黏合剂和无机黏合剂两大类。有机黏合剂可细分为树脂黏合剂［代号为B(S)］和橡胶黏合剂［代号为R(X)］；无机黏合剂可分为陶瓷黏合剂［代号为V(A)］和金属黏合剂［代号为M(L)］等。

黏合剂影响到砂轮的黏合强度、自锐性、化学稳定性、形状和尺寸的保持性、修整方法等。精密磨削磨具和超精密磨削磨具制作中，黏合剂的选择应根据加工具体要求、被加工材料特性和磨料种类等综合考虑后确定。

（4）组织（浓度）及其选择　普通磨具中磨料的含量用组织表示，它反映了磨料、黏合剂和气孔三者之间体积的比例关系。超硬磨具中磨料的含量用浓度表示，它是指磨料层每1cm³体积中所含超硬磨料的质量。浓度越高，其含量越高。浓度值与磨料含量的关系见表3-3。

表3-3　超硬磨具浓度值与磨料含量的关系

浓度代号	质量浓度（%）	磨料含量/(g/cm³)	磨料在磨料层中所占体积（%）
25	25	0.2233	6.25
50	50	0.4466	12.50
70	70	0.6699	18.75
100	100	0.8932	25.00
150	150	1.3398	37.50

浓度直接影响磨削质量、加工效率和加工成本。选择时应综合考虑磨料材料、粒度、黏合剂、磨削方式、质量要求和生产率等因素。对于人造金刚石磨料，树脂黏合剂磨具的常用质量浓度为50%~75%，陶瓷黏合剂磨具的质量浓度为75%~100%，青铜黏合剂磨具的质量浓度为100%~150%，电镀的质量浓度为150%~200%。对于立方氮化硼磨料，树脂黏合剂磨具的常用质量浓度为100%，陶瓷黏合剂磨具的质量浓度为100%~150%，一般都比人造金刚石磨具的质量浓度高一些。总的来说，成形磨削、沟槽磨削和宽接触面平面磨削选用高质量浓度；半精磨和精磨选用细粒度、中质量浓度；高精度、小表面粗糙度值的精密磨削和超精密磨削选用细粒度、低质量浓度，质量浓度甚至低于25%。

（5）硬度及其选择　普通磨具的硬度是指磨粒在外力作用下，磨粒自表面脱落的难易度。磨具硬度低表示磨粒容易脱落。我国磨具硬度分为超软、很软、软、中级、硬、很硬和极硬7个大级。根据生产需要，又将每个大级细化为若干个小级，共形成16个小级，分别用英文字母由“A”到“Y”表示。主要国家磨具硬度代号对照见表3-4。

表3-4　主要国家磨具硬度代号对照

硬度级＼国别		中国GB/T 2484—2006 84	中国GB/T 2484—2006 81	苏联 TOCT	美国 Noton	英国 BS4481—81	日本 JIS	德国 DIN
超软	1	D		ЧМ	A，B，C，D，E，F，G，H	E，F，G，H，I	E，F，G	E
	2	E	CR	BM_1				F，G
	3	F		BM_2				
很软	1	G	R_1	M_1			H，I，J，K	H，I，J
	2	H	R_2	M_2				
	3	J	R_3	M_3				
软	1	K	ZR_1	CM_1		J，K，L		K，L
	2	L	ZR_2	CM_2				

（续）

硬度级 \ 国别	中国 GB/T 2484—2006 84	中国 GB/T 2484—2006 81	苏联 TOCT	美国 Noton	英国 BS4481—81	日本 JIS	德国 DIN
中级 1	M	Z_1	C_1	I，J，K，L，M，N，O，P	M，N，O，P	L，M，N，O	M，N
2	N	Z_2	C_2				
硬 1	P	ZY_1	CT_1	Q，R，S，T，U，V，W，X，Y，Z	Q，R，S	P，Q，R，S	O，P，C
2	Q	ZY_2	CT_2				
3	R	ZY_3	CT_3				
很硬 1	S	Y_1	T_1				R，S
2	T	Y_2	T_2				
极硬 1	Y	CY	BT_1		T，U，V，W，X，Y，Z	T，U，V，W，X，Y，Z	T，U W，Z
2			BT_2				
3			$ЧT_1$				
4			$ЧT_2$				

通常情况下，磨具硬度的选择应注意以下问题：

1）精密磨削、超精密磨削和成形磨削时，对保持形状和尺寸精度要求较高，应选用较硬磨具；而对于要求低表面粗糙度值的镜面磨削，则应选用软或较软的磨具。

2）工件材料越硬，则宜选用自锐性好的较软磨具，降低磨削温度以免烧伤；对有色金属、橡胶等软材料，应选用较软磨具，以免堵塞；而对于导热性差的材料，应选自锐性好的低硬度磨具，以减少磨削热。

3）磨削平面、内圆表面时的磨具硬度要比磨削外圆表面时的硬度低些；磨削接触面积大时宜选软磨具，磨削薄壁零件时磨具硬度应选低些；高速磨削、间断表面磨削、去毛刺磨削时，应选硬度较高的磨具。

4）细粒度磨具的硬度应选低些，以免堵塞；超硬磨料磨具中，由于超硬磨料耐磨性好，又比较昂贵，通常选用高硬度，但在其标志中无硬度项。

（6）磨具的强度、形状和尺寸及其基体材料磨具的强度是指磨具在高速回转时，抵抗因离心力的作用而自身破碎的能力。各类磨具都有其最高工作线速度的规定。

根据机床规格和加工情况选择磨具的形状和尺寸。超硬磨具一般由磨料层、过渡层和基体三个部分组成。超硬磨具结构中，有些厂家把磨料层直接固定在基体上，取消了过渡层。超硬磨具结构如图 3-1 所示。基体的材料与黏合剂有关，金属结合剂磨具大多采用铁或铜合金；树脂黏合剂磨具采用铝、铝合金或电木；陶瓷黏合剂磨具多采用陶瓷。

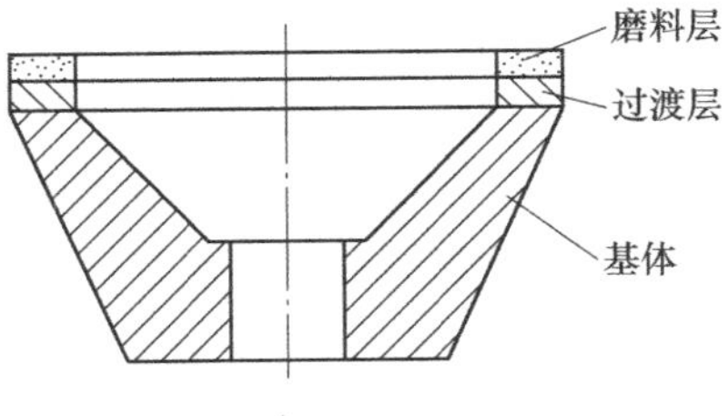

图 3-1　超硬磨具结构

2. *精密和超精密涂覆磨具*

涂覆磨具是将磨料用黏合剂均匀地涂覆在纸、布或其他复合材料基底上的磨具，其结构如图 3-2 所示。常用的涂覆磨具有砂纸、砂布、砂带、砂盘和砂布套等。

(1) 涂覆磨具的分类　根据涂覆磨具的形状、基底材料和工作条件与用途等可进行分类，见表3-5。涂覆磨具产品有干磨砂布、干磨砂纸、耐水砂布、耐水砂纸、钢纸磨片（砂盘）、环状砂带（有接头、无接头）和卷状砂带等。

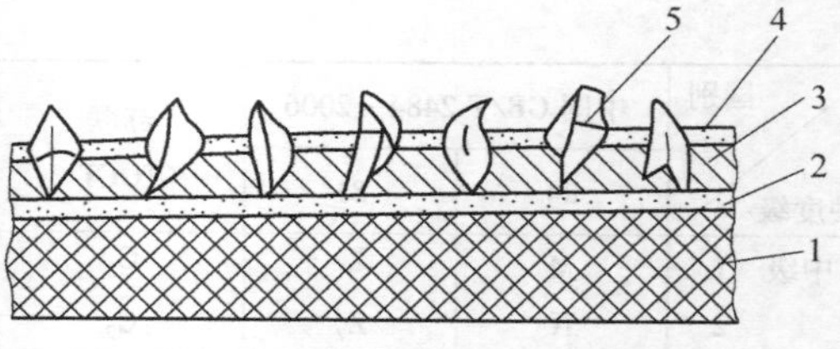

图3-2　涂覆磨具结构示意图

1—基底　2—黏合膜　3—黏合剂（底胶）　4—黏合剂（覆胶）　5—磨料

(2) 涂覆磨料及粒度　常用的涂覆磨料有普通磨料和超硬磨料两大类，如棕刚玉、白刚玉、铬刚玉、锆刚玉、黑色碳化硅、绿色碳化硅、氧化铁、人造金刚石和立方氮化硼等。通常情况下，涂覆磨具用于精密和超精密加工，所选用磨料的粒度级次较高且粒度较细。

表3-5　涂覆磨具的分类

- 涂覆磨具
  - 形　状
    - 页状(Y)：砂纸、砂布、砂布页轮
    - 卷状(J)：砂带
    - 带状(D)：砂布套、环状砂带（有接头、无接头）
    - 盘状(P)：钢纸磨片（砂盘）
  - 基底材料
    - 纸(Z)：牛皮纸、耐水牛皮纸、钢纸
    - 棉布(B)：粗布、细布、平纹布、帆布
    - 化纤(H)：硫化纤维布
    - 塑料膜(S)：聚碳酸酯
    - 复合(F)：纸布、夹层网格布
  - 工作条件
    - 干磨(G)：干磨砂布
    - 耐水(N)：耐水砂纸
  - 工件材料
    - 金属：钢、铁、铜、铝
    - 硬脆材料：石材、玻璃、陶瓷
    - 软性材料：皮革、塑料、橡胶、木材

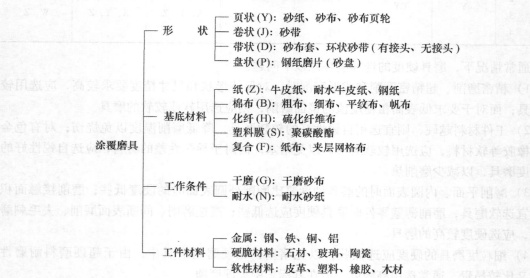

(3) 黏合剂　黏合剂又称为胶，其作用是将砂粒牢固地粘合在基底上。黏合剂是影响涂覆磨具性能和质量的重要因素。当基底材料为聚酯、硫化纤维时，为了使底胶能与基底牢固粘合，要在聚酯膜、硫化纤维布上预先涂上一层黏合膜，而对于基底材料为纸、布等，则不必预涂黏合膜。有些涂覆磨具采用底胶和覆胶的双层黏合剂结构，一般取黏合性能较好的底胶和耐热、耐湿、富有弹性的覆胶，使涂覆磨具性能更好。

大多数涂覆磨具都是单层胶。常用黏合剂的名称、性能及其应用范围见表3-6。

表3-6　常用黏合剂的名称、性能及其应用范围

种类和代号		性　能	应用范围
动物胶 G	皮胶 明胶 骨胶	黏合性能好 价格便宜 溶于水，易受潮，耐热性差，稳定性受环境影响	轻切削的干磨和油磨 非金属品加工 金属材料抛光

（续）

种类和代号		性　能	应用范围
树脂 R	醇酸树脂 氨基树脂 尿醛树脂 酚醛树脂 清漆	黏合性能好 耐热、耐水或耐湿 有弹性 易溶于有机溶液 有些树脂成本较高	重负荷磨削 难磨材料或复杂型面的磨削或抛光
高分子化合物	聚醋酸乙烯酯	黏合性能好 耐水或耐湿 有弹性 成本较高	精密磨削

从表 3-6 可知，黏合剂主要有动物胶、树脂和高分子化合物。

1）动物胶。动物胶主要有皮胶、明胶、骨胶等。粘合性能好，价格便宜，但溶于水，易受潮，稳定性受环境影响。用于轻切削的干磨和油磨。

2）树脂。树脂主要有醇酸树脂、氨基树脂、尿醛树脂、酚醛树脂等。树脂黏合性能好，耐热、耐水或耐湿，有弹性，有些树脂成本较高，且易溶于有机溶液。用于难磨削材料或复杂型面的磨削和抛光。

3）高分子化合物。高分子化合物有聚醋酸乙烯酯等，黏合性能好，耐湿有弹性。用于精密磨削，但成本较高。

除上述一般黏合剂外，还有特殊性能的在覆胶层上再敷一层超涂层黏合剂，如抗静电超涂层黏合剂，可避免砂带背面与支承物之间产生静电而附着切屑粉尘；抗堵塞超涂层黏合剂，是一种以金属皂为主的树脂，可避免砂带表面堵塞；抗氧化分解超涂层黏合剂，由高分子材料和抗氧化分解活性材料所组成，加工中有冷却作用，可提高砂带耐用度和工件表面质量。

（4）涂覆方法　涂覆方法是影响涂覆磨具质量的重要因素之一，不同品种的涂覆磨具可采用不同的涂覆方法，以满足使用要求。当前，涂覆磨具的制造方法有重力落砂法、涂敷法和静电植砂法等，如图 3-3 所示。

1）重力落砂法。先将黏合剂均匀涂敷在基底上，再靠重力将砂粒均匀地喷洒在涂层上，经烘干去除浮面砂粒后即成卷状砂带，裁剪后可制成涂覆磨具产品，整个过程自动进行（见图 3-3a）。一般的砂纸、砂布均用此法，制造成本较低。

2）涂敷法。先将砂粒和黏合剂进行充分均匀的混合，然后利用胶辊将砂粒和黏合剂混合物均匀地涂敷在基底上（见图 3-3b）。黏合剂和砂粒的混合多用球磨机，而涂敷多用类似印刷机的涂敷机，可获得质量很好的砂带，一般塑料膜材料的基底砂带都用这种方法。简单的涂敷方法也可用喷头将砂粒和黏合剂的混合物均匀地喷洒在基底上，多用于小量生产纸质材料基底的砂带，当然质量上要差一些。精密和超精密加工中所用的涂覆磨具多用涂敷法制作。

3）静电植砂法。其原理是利用静电作用将砂粒吸附在已涂胶的基底上，这种方法由于静电作用，使砂粒尖端朝上，因此砂带切削性强，等高性好，加工质量好，受到广泛采用（见图 3-3c）。

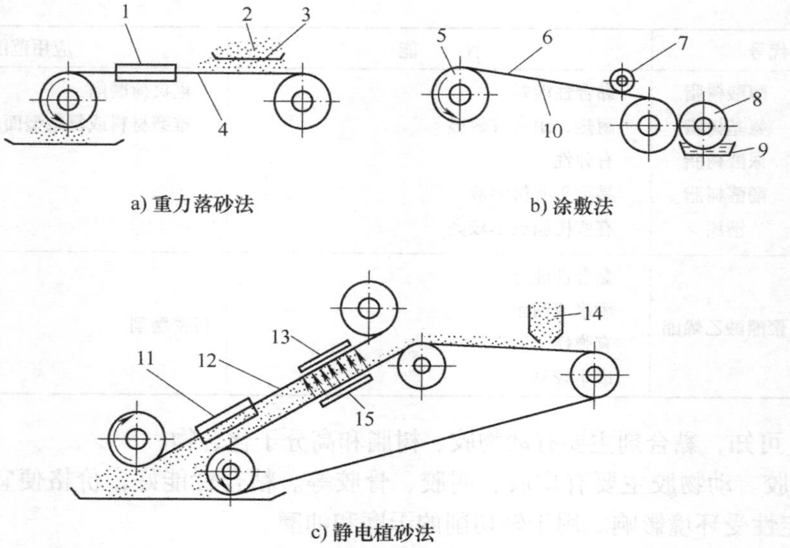

图 3-3　涂覆磨具的涂覆方法

1、11—烘干箱　2、14—磨粒　3—筛　4、10、12—基底　5—卷带轮　6—涂层　7—计量辊　8—胶辊　9—磨粒、黏合剂混合液　13、15—极板（+60000V）

涂覆磨具的常用产品有砂带、砂布、砂纸、高速钢纸砂盘、砂布叶轮和砂布套等。

第二节　普通磨料砂轮精密磨削

精密磨削是指加工精度为 1～0.1μm、表面粗糙度值 Ra 达到 0.2～0.025μm 的磨削加工方法，多用于机床主轴、轴承、液压滑阀、滚动导轨、量规等的精密加工。它是用微小的“多刃刀具”切削细微切屑的一种加工方法。一般是通过氧化铝和碳化硅砂轮来实现的。

精密磨削是在精密磨床上，选择细粒度砂轮，并通过对细粒度砂轮的精细修整，使粒度具有微刃性和等高性，磨削后使被加工表面的磨削痕迹极其细微，残留高度极小，再加上无火花磨削阶段的作用，可获得高精度和低表面粗糙度值的表面。

一、精密磨床

精密机床是实现精密加工的首要基础条件。随着加工精度要求的提高和精密加工技术的发展，机床的精度不断提高，精密机床和超精密机床也在迅速地发展。

1. 精密磨削机床的特点

精密磨削加工要在相应的精密磨床上进行。采用 MG（高精度）系列的磨床或对普通磨床进行改造。所用磨床应满足以下要求：

（1）高几何精度　精密磨床应有高的几何精度，主要有砂轮主轴的回转精度和导轨的直线度，以保证工件的几何形状精度。主轴轴承可采用液体静压轴承、短三块瓦或长三块瓦油膜轴承、整体多油楔式动压轴承及动静压组合轴承等。当前采用动压轴承和动静压组合轴承较多，这些轴承精度高，刚度好，转速也较高；而静压轴承精度高，转速高，但刚度差些，并不适用于功率较大的磨床。主轴的径向圆跳动一般应小于 1μm，轴向圆跳动应限制在 2~3μm 以内。

（2）低速进给运动平稳 由于砂轮的修整导程要求为 10~15mm/min，因此工作台必须做低速进给运动，要求无爬行、无冲击并能平稳工作。这就要求对机床工作台运动的液压系统进行特殊设计，采取排除空气、低流量节流阀、工作台导轨压力润滑等措施，以保证工作台低速运动的稳定性。对于横向进给，也应保证运动的平稳性和准确性，应有高精度的横向进给机构，以保证工件的尺寸精度以及砂轮修整时的微刃性和等高性。有时在砂轮头架移动上还配置了相应要求精度的微进给机构。

（3）高抗振性 精密磨削时如果产生振动，会对加工质量产生严重不良影响。因此对于精密磨床，在结构上应考虑减少机床振动。主要措施有如下几方面：

1）电动机的转子应进行动平衡，电动机与砂轮架之间的安装要进行隔振，如垫上硬橡胶或木块。如果结构上允许，电动机最好与机床脱开，分离安装在地基上。

2）砂轮安装在主轴上之后应进行动平衡。可采用便携式动平衡仪表，非常方便。如果没有动平衡的条件，则应进行精细静平衡。

3）精密磨床最好能安装在防振地基上工作，可防止外界干扰。如果没有防振地基，应在机床和地面之间加上防振垫。

（4）热变形小 精密磨削中热变形引起的加工误差会达到总误差的 50%，故机床和工艺系统的热变形已经成为实现精密磨削的主要障碍。机床上热源有内部热源与外部热源，内部热源与机床热变形有关，外部热源与使用情况有关。精密磨削在 20±0.5℃ 恒温室内进行，对磨削区冲注大量冷却液，可排除外部热源的影响。

机床的热变形很复杂，其结果是破坏调整后工件与砂轮的相对位置。各种热源产生的热量，一部分向周围空间散失，一部分被切削液带走。随着热量的积聚与散失趋向平衡，热变形亦逐渐稳定。磨床开起后经过 3~4h 趋向热平衡，精密磨削在机床热变形稳定后进行。

2. 精密磨床的结构

精密磨床的精密主轴部件、床身和精密导轨部件及部分微量进给装置结构与精密切削机床（车床）大体相同，在此不再赘述。通常情况下，精密磨床设计中采用的微量进给装置、机床的稳定性和减振隔振具有如下特点：

（1）压电和电致伸缩微量进给装置 要实现自动微进给和要求微量进给装置有较好的特性时，都采用压电或电致伸缩微量进给装置。对电致伸缩微量进给装置机械结构的要求主要有：有较高的刚度和自振频率，自振频率应为 300~500Hz；调整使用方便，应能很方便地调节电致伸缩传感器的预载力；最好是整体结构，在实现微位移时应无摩擦力；结构不要太复杂，便于加工制造。

如图 3-4 所示为我国某单位设计的新结构微量进给装置。这种微量进给装置本体、弹性变形元件、位移进给部分均由整体材料制成，是一个整体结构，这样可以避免装配接合面的接触刚度对微位移精度的影响。电致伸缩传感器后端有调节螺钉，可以很方便地调整预载力。为避免电致伸缩传感器两端受力不平行，后端用钢球加预载力，在预载力调整好后用锁紧螺母将调节螺钉锁死。电致伸缩传感器在电压作用下伸长时，推动前面刀具的位移部分前进，实现微量进给。这种微量进给装置刚性和自振频率均较高（7.8kHz），结构简单，体积小，使用方便。在使用长 15mm 的 AVX 公司电致伸缩传感器时，系统分辨率为 0.01μm，最大位移为 5.2μm，系统在 200Hz 下正常工作，微位移稳定可靠。

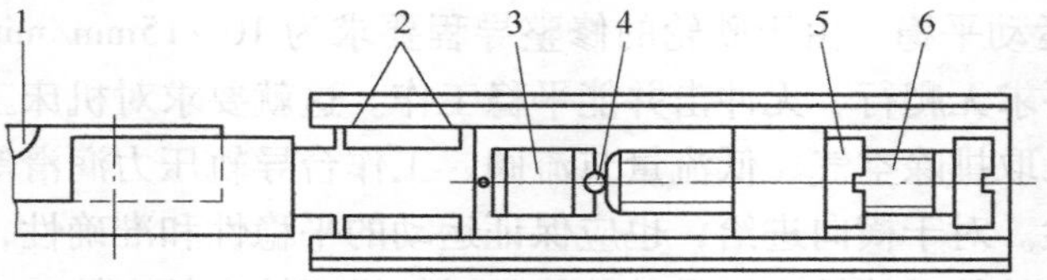

图 3-4 整体结构电致伸缩微量进给装置

1—金刚石刀具 2—支承弹性膜 3—电致伸缩传感器 4—钢球 5—调节螺钉 6—锁紧螺母

微量进给装置的应用可实现如下功能：微量进给；超薄加工；在线误差补偿；切削加工非轴对称特殊型面。

（2）机床的稳定性和减振隔振 精密磨削机床中机床各部件的尺寸稳定性要好。通常采用尺寸稳定性好的材料制造机床部件，如用陶瓷、花岗岩、尺寸稳定性好的钢材和合金铸铁等；各部件经过消除应力的处理，如时效、冰冷处理、铸件缓慢冷却等方法，使部件有高度的尺寸稳定性。同时，机床各部件的结构刚性高，变形小。当机床运动部件位置改变，工件装卸或负载变化、受力作用变化时，均将造成变形，因而要求结构刚度高、变形量极小，基本不影响加工精度；各接触面和连接面的接触良好，接触刚度高，变形极小。

通常情况下，为提高机床稳定性采取如下措施：

1）各运动部件都经过精密动平衡，消灭或减少机床内部的振源；

2）提高机床结构的抗振性；

3）在机床结构的易振动部分，人为地加入阻尼，减小振动；

4）使用振动衰减能力强的材料制造机床的结构件；

5）精密机床应尽量远离振源；

6）精密机床采用单独地基、隔振沟、隔振墙等；

7）使用空气隔振垫（亦称空气弹簧）。

（3）减少热变形和采用恒温控制 温度变化对精密机床加工误差有很大的影响。据有关的统计，精密加工中，机床热变形和工件温升引起的加工误差占总误差的 40%～70%。在一般机械加工中，磨床润滑油和磨削液每日变化 10℃是常见的现象，如磨削 ϕ100mm 的轴类零件，温升 10℃将产生 11μm 的误差。精密加工铝合金零件 100mm 长时，温度每变化 1℃，将产生 2.25μm 的误差。若要求确保 0.1μm 的加工精度，环境温度就需要控制在 ±0.05℃范围内。从以上数据可看到，要提高机床的加工精度，必须严格控制温度变化。

二、精密磨削过程及磨削力

1. 磨削过程

砂轮中的磨料磨粒是不规则的菱形多面体，顶锥角在 80°～145°范围内，但大多数为 90°～120°，如图 3-5 所示。磨削时，磨粒基本上都以很大的负前角进行切削。一般磨粒切削刃都有一定大小的圆弧，其刃口圆弧半径 r_n 在几微米到几十微米之间。磨粒磨损后其负前角和圆弧半径 r_n 都将增大。

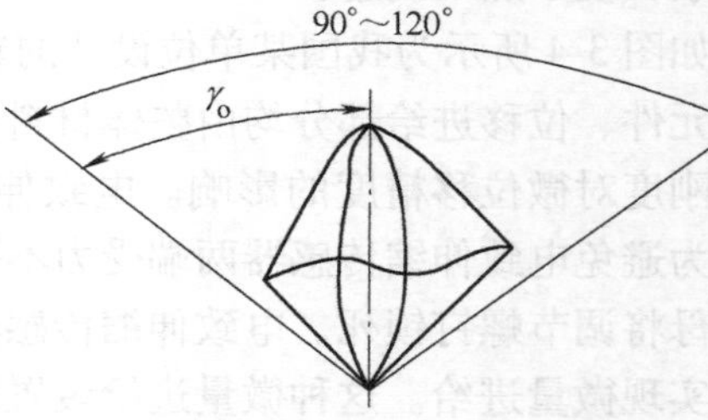

图 3-5 磨粒形状

磨粒在砂轮表面的分布是随机的。一般磨削时只有 10% 的磨粒参加切削，切削深度分布在某一范围内，使各个磨粒承受的压力不同。磨粒表现出四种切削形态，如图 3-6 所示：一带而过的摩擦，工作表面仅留下一条痕迹；发生塑性变形，擦出一条两边隆起的沟纹；犁出一条沟，两边翻出飞边；切下切屑，其形状随着磨粒切削刃形状、工件材料、切削深度、切削速度的变化而变化。

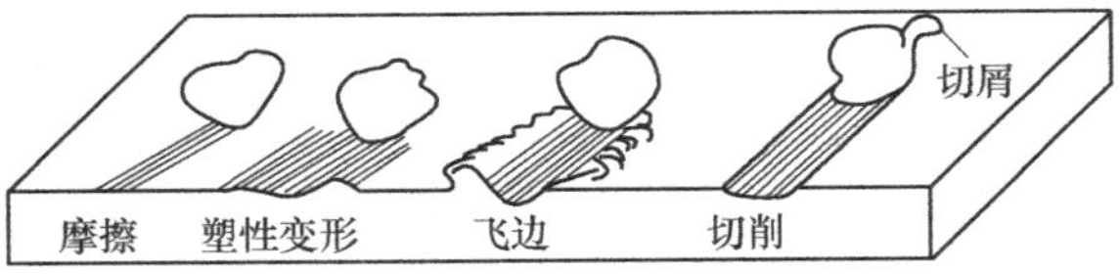

图 3-6　磨粒的切削形态

钝化的磨粒受力增大，超过自身强度则被挤碎，露出新的锋利刃口，高磨粒掉落使低磨粒得以参加切削。

2. 磨削力

单个磨粒切除的材料虽然很少，但一个砂轮表面层有大量磨粒同时工作，而且磨粒的工作角度很不合理，绝大多数为负前角切削，因此总的磨削力相当大。总磨削力可分解为三个分力：主磨削力 F_z（切向磨削力）、切深力 F_y（径向磨削力）、进给力 F_x（轴向磨削力）。几种不同类型磨削加工的三向分力如图 3-7 所示。

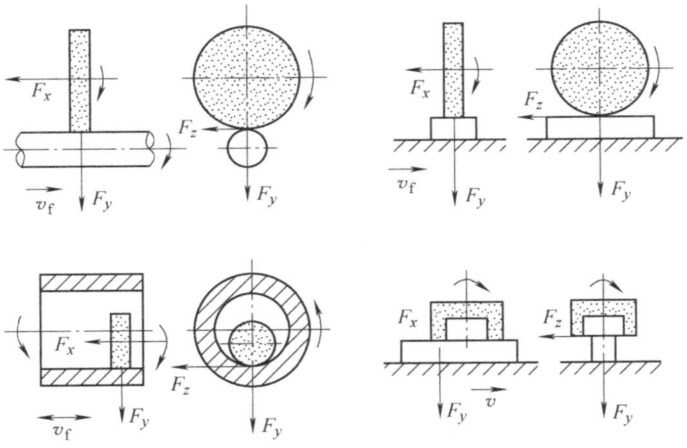

图 3-7　磨粒的切削形态

(1) 磨削力的主要特征

1) 单位磨削力很大。由于磨粒几何形状的随机性和参数的不合理，磨削时的单位磨削力 p 值很大，可达 $70000\mathrm{N/mm^2}$ 以上。

2) 三向分力中切深力 F_y 值最大。在正常磨削条件下，F_y/F_z 约为 2.0~2.5。由于 F_y 与砂轮轴、工件的变形及振动有关，直接影响加工精度与表面质量，故该力是十分重要的。

(2) 影响磨削力的因素　当砂轮速度增大时，单位时间内参加切削的磨粒数量随之增多。因此，每个磨粒的切削厚度减小，磨削力随之减小。

当工件速度 v_w 和轴向进给量 f_a 增大时，单位时间内磨去的金属量增大，如果其他条件不变，则每个磨粒的切削厚度随之增大，从而使磨削力增大。

当径向进给量 f_r 增大时，不仅每个磨粒的切削厚度将增大，而且砂轮与工件的磨削接触弧长也将增大，同时参加磨削的磨粒数增多，因而使磨削力增大。

砂轮的磨损会使磨削力增大，因此磨削力的大小在一定程度上可以反映砂轮上磨粒的磨损程度。如果磨粒的磨损用磨削时工作台的行程次数（反映了砂轮工作时间的长短）间接地表示，则随着行程次数的增多，径向磨削力 F_y 和切向磨削力 F_z 都将增大，但 F_y 增大的速率远比 F_z 要快。

（3）单个磨粒的切削厚度　为便于分析，可以将砂轮看成是一把多齿铣刀，现以平面磨削为例说明磨削中单个磨粒的切削厚度。图 3-8 所示为平面磨削中垂直于砂轮轴线的横剖面。当砂轮上 A 点转到 B 点时，工件上 C 点就移动到 B 点，这时 ABC 这层材料就被磨掉了。此时磨去的最大厚度为 BD，参加切削的磨粒数为 $\widehat{AB}m$（m 为砂轮每毫米圆周上的磨粒数）。则单个磨粒的最大切削厚度为 $a_{\mathrm{cgmax}}=BD/(\widehat{AB}m)$，将 BCD 近似看成一个直角三角形，则 $BD=BC\sin\theta$。

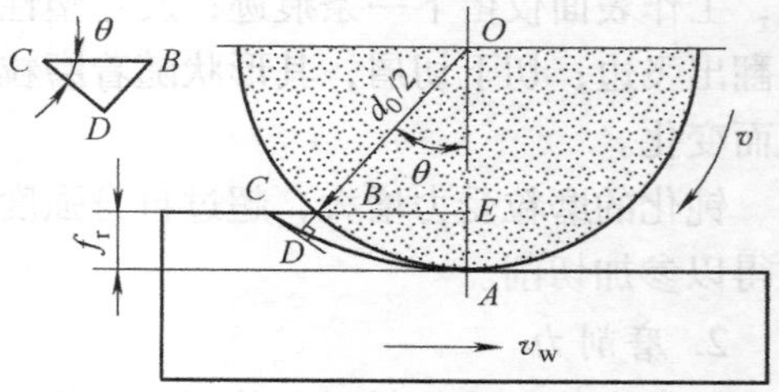

图 3-8　单个磨粒的切削厚度

砂轮以 v 运动，当从 A 点转到 B 点时，所需时间为 t_m，在同样时间内工件以 v_w 移动了 BC，则

$$\widehat{AB}=vt_m \quad BC=v_w t_m \quad BC/\widehat{AB}=v_w/v$$

而

$$\cos\theta=OE/OB=(d_0/2-f_r)/(d_0/2)=(d_0-2f_r)/d_0$$

所以

$$\sin\theta=\sqrt{1-\cos^2\theta}=2\sqrt{f_r/d_0-f_r^2/d_0^2}$$

通常 $d_0 \gg f_r$，故忽略 f_r^2/d_0^2，得

$$\sin\theta=2\sqrt{f_r/d_0}$$

于是

$$a_{\mathrm{cgmax}}=\frac{2v_w}{vm}\sqrt{f_r/d_0} \tag{3-1}$$

式中，a_{cgmax} 是单个磨粒最大切削厚度（mm）；v、v_w 是砂轮、工件的速度（m/s）；m 是砂轮每毫米圆周上的磨粒数（mm^{-1}）；f_r 是径向进给量（mm）；d_0 是砂轮直径（mm）。

如果考虑砂轮宽度 B 和轴向进给量 f_a 的影响，由于有 f_a 运动，使投入磨削的金属量增加，故 f_a 与 a_{cgmax} 成正比。B 增大时，同时参加工作的磨粒数增加，故 B 与 a_{cgmax} 成反比。可将式（3-1）改写为

$$a_{\mathrm{cgmax}}=\frac{2v_w f_a}{vmB}\sqrt{f_r/d_0}$$

同理，外圆磨削时单粒最大切削厚度为

$$a_{\mathrm{cgmax}}=\frac{2v_w f_a}{vmB}\sqrt{(f_r/d_0)+(f_r/d_w)} \tag{3-2}$$

式中，f_a 是轴向进给量（mm/r）；d_w 是工件直径（mm）。

上述公式是在假定磨粒均匀分布的前提下得到的。然而磨粒在砂轮表面上的分布极不规

则，每个磨粒的切削厚度相差很大。但通过式（3-2）可以定性地分析各因素对磨粒切削厚度的影响。

单粒切削厚度加大时，作用在磨粒上的切削力也增大，同时将影响砂轮磨损、磨削温度及表面质量等。

三、精密磨削温度和磨削液

1. 磨削温度

（1）磨削温度的基本概念　磨削时由于磨削速度很高，而且切除单位体积金属所消耗的能量也高（约为车削时的10~20倍），因此磨削温度很高。为了明确磨削温度的含义，把磨削温度区分为砂轮磨削区温度 θ_A 和磨粒磨削点温度 θ_{dot}，如图3-9所示，两者不能混淆。如磨粒磨削点温度 θ_{dot} 瞬时可达800~1200℃，而砂轮磨削区温度 θ_A 只有几百摄氏度。然而切削热传入工件引起的工件温度上升却不到几十摄氏度。工件的温升将影响工件的尺寸、形状精度，而磨粒磨削点温度 θ_{dot} 不仅影响加工表面质量，而且与磨粒的磨损等关系密切。磨削区温度 θ_A 与磨削表面烧伤和裂纹的出现密切有关。

（2）影响磨削温度的主要因素　磨削温度主要受砂轮速度、工件速度、径向进给量、工件材料和砂轮硬度与粒度等的影响。其影响及作用如下：

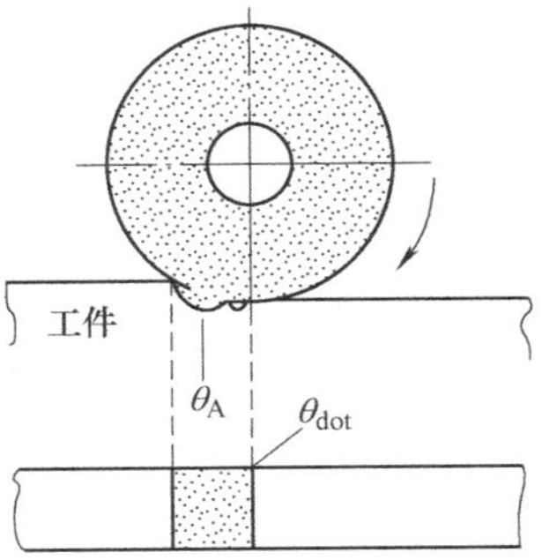

图3-9　砂轮磨削区温度和磨粒磨削点温度

1）砂轮速度 v。砂轮速度增大，单位时间内的工作磨粒数将增多，单个磨粒的切削厚度减小，挤压和摩擦作用加剧，滑擦热显著增多。此外，还会使磨粒在工件表面的滑擦次数增多。所有这些都将促使磨削温度升高。

2）工件速度 v_w。工件速度增大就是热源移动速度增大，工件表面温度可能有所降低，但不明显。这是由于工件速度增大后，金属切除量增大，导致发热量增加。因此，为了更好地降低磨削温度，应该在提高工件速度的同时，适当地降低径向进给量，使单位时间内的金属切除量保持为常值或略有增加。

3）径向进给量 f_r。径向进给量增大，将导致磨削过程中磨削变形力和摩擦力增大，从而引起发热量增多和磨削温度升高。

4）工件材料。金属的导热性越差，则磨削区的温度越高。对钢来说，含碳量高则导热性差。铬、镍、铝、硅、锰等元素的加入会使导热性显著变差。合金的金相组织不同，导热性也不同，按奥氏体、淬火和回火马氏体、珠光体的顺序变好。磨削冲击韧度和强度高的材料，磨削区温度也比较高。

5）砂轮硬度与粒度。用软砂轮磨削时，磨削温度低；反之，则磨削温度高。由于软砂轮的自锐性好，砂轮工作表面上的磨粒经常处于锐利状态，减少了由于摩擦和弹性、塑性变形而消耗的能量，所以磨削温度较低。砂轮的粒度粗时，磨削温度低，其原因在于，粗粒度的砂轮工作表面上单位面积的磨粒数少，在其他条件均相同的情况下与细粒度的砂轮相比，和工件接触面的有效面积较小，并且单位时间内与工件加工表面摩擦的磨粒数较少，有助于磨削温度的降低。

2. 磨削液

在磨削过程中，合理使用磨削液可降低磨削温度并减小磨削力，减少工件热变形，降低已加工表面的表面粗糙度值，改善磨削表面质量，提高磨削效率和砂轮寿命。

（1）磨削液的作用机理　磨削液的基本性能有润滑性能、冷却性能和清洗性能，根据不同的要求，还有渗透性、防锈性、防腐性、消泡性、防火性、切削性和极压性等。极压性是指磨削液与金属表面起作用形成一层牢固的润滑膜，在磨削区域的高压下有良好的润滑和抗黏着性能。磨削液的具体作用为：

1）磨削液的冷却作用。磨削液的冷却作用主要靠热传导带走大量的切削热，从而降低磨削温度，提高砂轮的耐用度，减少工件的热变形，提高加工精度。在磨削速度高、工件材料导热性差、热膨胀系数较大的情况下，磨削热的冷却作用尤显重要。

磨削液的冷却性能取决于它的热导率、比热容、汽化热、汽化速度、流量和流速等。水溶液的热导率、比热容比油大得多，故水溶液的冷却性能要比油类好。乳化液介于两者之间。

2）磨削液的润滑作用。金属切削时切屑、工件与砂轮界面的摩擦可分为干摩擦、流体润滑摩擦和边界润滑摩擦三类。如不用磨削液，则形成工件与砂轮接触的干摩擦，此时的摩擦因数较大。当加磨削液后，切屑、工件、砂轮之间形成完全的润滑油膜，砂轮与工件直接接触面积很小或近于零，则成为流体润滑，流体润滑时摩擦因数很小。但在很多情况下，由于砂轮与工件界面承受压力很高的载荷，温度也较高，流体油膜大部分被破坏，造成部分金属直接接触（见图 3-10）。由于润滑液的渗透和吸附作用，润滑液的吸附膜起到降低摩擦因数的作用，这种状态为边界润滑摩擦。边界润滑时的摩擦因数大于流体润滑，但小于干摩擦。金属切削中的润滑大都属于边界润滑状态。

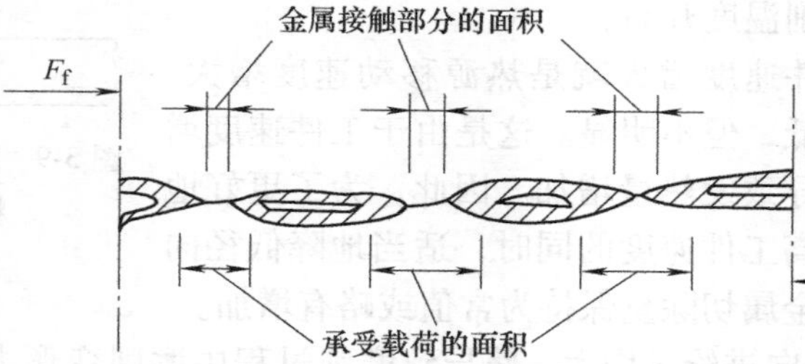

图 3-10　金属间边界润滑摩擦

F_f—摩擦力

磨削液的润滑性能与其渗透性和形成吸附膜的牢固程度有关。在磨削液中添加含硫、氯等元素的挤压添加剂后会与金属表面起化学反应生成化学膜。它可以在高温下（400~800℃）使边界润滑层保持较好的润滑性能。

3）磨削液的清洗作用。磨削液具有冲刷磨削中产生的磨粉的作用。清洗性能的好坏与切削液的渗透性、流动性和使用的压力有关。磨削液的清洗作用对于磨削精密加工和自动线加工十分重要，而在进行深孔加工时，要利用高压磨削液来进行排屑。

磨削液应具有一定的防锈作用，以减少对工件、机床的腐蚀。防锈作用的好坏，取决于磨削液本身的性能和加入的防锈添加剂的性质。

（2）磨削液的添加剂　为了改善磨削液性能所加入的化学物质称为添加剂。添加剂主要有油性添加剂、极压添加剂和表面活性剂等。

1）油性添加剂。油性添加剂含有极性分子，能与金属表面形成牢固的吸附膜，主要起润滑作用。但这种吸附膜只有在较低温度下才能起较好的润滑作用，故多用于低速精加工的情况。油性添加剂有动植物油（如豆油、菜籽油、猪油等）、脂肪酸、胺类、醇类及脂类。

2）极压添加剂。常用的极压添加剂是含硫、磷、氯、碘等的有机化合物。这些化合物在高温下与金属表面起化学反应，形成化学润滑膜。它的物理吸附膜能耐较高的温度。

用硫可直接配制成硫化磨削油，或在矿物油中加入含硫的添加剂，如硫化动植物油、硫化烯烃等，配制成含硫的极压磨削油。使用这种含硫极压磨削油时，其与金属表面化合，形成的硫化铁膜在高温下不易被破坏；进行钢的加工时在 1000℃ 左右仍能保持其润滑性能。但其摩擦因数比氯化铁的大。

含氯极压添加剂有氯化石蜡（氯的质量分数为 40%~50%）、氯化脂肪酸等。它们与金属表面起化学反应生成氯化亚铁、氯化铁和氯化铁薄膜。这些化合物的剪切强度和摩擦因数小，但在 300~400℃ 时易被破坏，遇水易分解成氢氧化铁和盐酸，失去润滑作用，同时对金属有腐蚀作用，所以必须与防锈添加剂一起使用。

含磷极压添加剂与金属表面作用生成磷酸铁膜，它的摩擦因数小。

为了得到良好的磨削液，按实际需要常在一种磨削液中加入几种极压添加剂。

3）表面活性剂。乳化剂是一种表面活性剂。它能使矿物油和水乳化，形成稳定乳化液的添加剂。表面活性剂是一种有机化合物，它的分子由极性基团和非极性基团两部分组成。前者亲水可溶于水，后者亲油可溶于油。油与水本来是互不相溶的，加入表面活性剂后，它能定向地排列并吸附在油水两极界面上，极性端向水，非极性端向油，把油和水连接起来，降低油水的界面张力，使油以微小的颗粒稳定地分散在水中，形成稳定的水包油乳化液，如图 3-11 所示。

表面活性剂在乳化液中除了起乳化作用外，还能吸附在金属表面上形成润滑膜，起润滑作用。表面活性剂种类很多，配制乳化液时，应用最广泛的是阴离子型和非离子型表面活性剂。前者如石油磺酸钠、油酸钠皂等，其乳化性能好，并有一定的清洗和润滑性能。后者如聚氯乙烯、脂肪、醇、醚等，其不怕硬水，也不受 pH 值的限制。良好乳化液往往使用几种表面活性剂，有时还加入适量的乳化稳定剂，如乙醇、正丁醇等。

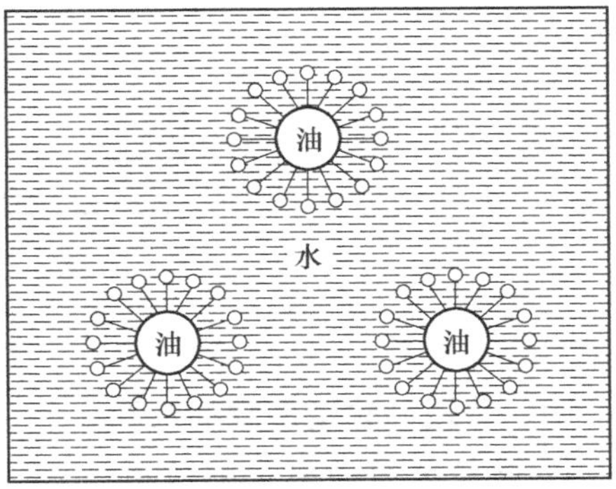

图 3-11 水包油乳化液

此外还有防锈添加剂（如亚硝酸钠等）、抗泡沫添加剂（如二甲硅油）和防霉添加剂（如苯酚等）。根据实际需要，综合使用几种添加剂，可制备效果良好的磨削液。

（3）磨削液的分类及使用

1）磨削液的分类。最常用的磨削液，一般分为非水溶性磨削液和水溶性磨削液两大类。

非水溶性磨削液主要是磨削油。其中有各种矿物油（如机械油、轻柴油、煤油等）、动植物油（如豆油、猪油等）和加入油性极压添加剂的混合油，主要起润滑作用。

水溶性磨削液主要有水溶液和乳化液。水溶液的主要成分为水并加入防锈剂，也可以加入一定量的表面活性剂和油性添加剂。乳化液是由矿物油、乳化剂及其他添加剂配制的乳化油被水（质量分数为95%~98%）稀释而成的乳白色磨削液。水溶性磨削液有良好的冷却作用和清洗作用。

离子型磨削液是水溶性磨削液中的一种新型磨削液，其母液由阴离子型、非离子型表面活性剂和无机盐配制而成。它在水溶液中能离解成各种强度的离子。磨削时，由于强烈摩擦所产生的静电荷，可由这些离子反应迅速消除，降低磨削温度，提高加工精度，改善表面质量。

2）磨削液的选用。磨削的特点是温度高，工件易烧伤，同时产生的大量细屑、砂末会划伤已加工表面，因而磨削时使用的磨削液应具有良好的冷却、清洗作用，并有一定的润滑性能和防锈作用。故一般常用乳化液和离子型磨削液。

难加工材料在磨削加工时均处于高温高压边界摩擦状态。因此，宜选用极压磨削油或极压乳化液。

3）磨削液的使用方法。普遍使用磨削液的方法是浇注法，但流速慢，压力低，难以直接渗透入最高温度区，影响磨削效果。

喷雾冷却法是以0.3~0.6MPa的压缩空气，通过如图3-12所示的喷雾装置使磨削液雾化，从直径1.5~3mm的喷嘴高速喷射到磨削区。高速气流带着雾化成微小液滴的磨削液渗透到磨削区，在高温下迅速汽化，吸收大量热，从而获得良好的冷却效果。

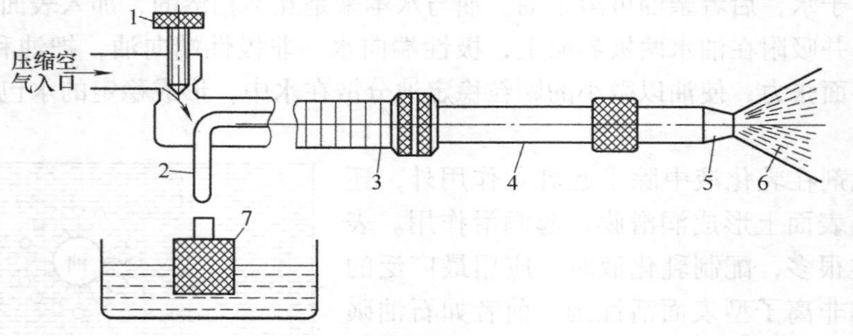

图3-12　喷雾冷却装置原理图

1—调节螺钉　2—虹吸管　3—软管　4—调节杆　5—喷嘴　6—喷雾锥　7—过滤器

四、普通砂轮精密磨削机理

1. 磨粒微刃的微切削作用

在精密磨削中，通常采用非常小的纵向进给量和修整深度，使磨粒表面具有较好的微刃性（即磨粒表面产生微细的破碎而形成细而多的切削刃），如图3-13所示。用这种砂轮磨削时，同时参加切削的刃口增多，深度减小，微刃的微切削作用形成了表面粗糙度值小的表面。

2. 磨粒微刃的等高切削作用

微刃是由砂轮的精细修整形成的，分布在砂轮表层同一深度上的微刃数量多，等高性好（即细而多的切削刃具有平坦的表面，见图3-13）。由于加工表面的残留高度极小，因而形成了小的表面粗糙度值。微刃的等高性除与砂轮修整有关外，还与磨床的精度、振动等因素有关。

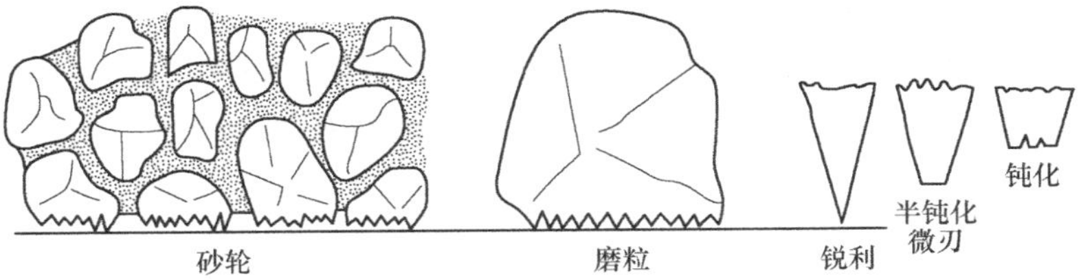

图 3-13　磨粒的微刃性和等高性

3. 微刃的滑擦、挤压和抛光作用

砂轮修整后出现的微刃切削开始比较锐利，切削作用强，随着磨削时间的增加，微刃逐渐钝化，同时等高性得到改善。这时切削作用减弱，滑擦、挤压、抛光作用增强。磨削区的高温使金属软化，钝化微刃的滑擦和挤压将工件表面凸峰碾平，降低了表面粗糙度值。

在同样的磨削压力下，单个微刃受的比压小，则刻划深度小。

4. 弹性变形的作用

在磨削加工中，砂轮的切削深度虽然只有 1~20μm，但由于单位磨削力比较大，所以总磨削力很大。与通常切削加工不同的是，由于法向分力是切向分力的两倍以上，由此而产生的弹性变形所引起的砂轮切削深度的变化量，对于原有的微小切削深度来说不能忽视。采用无火花磨削所磨削的就是该弹性变形的恢复部分，如图 3-14 所示。

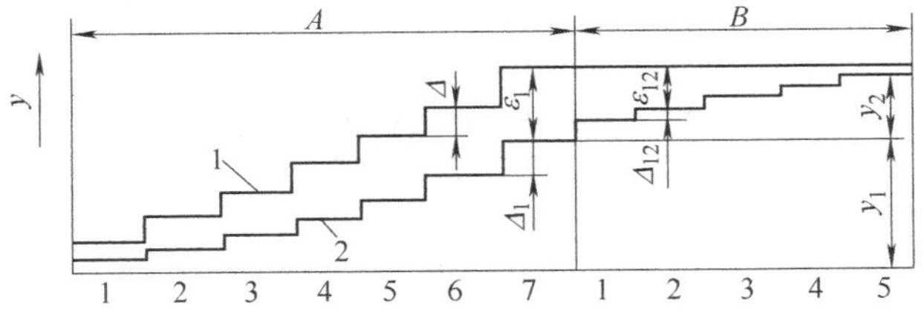

图 3-14　砂轮架移动量与工件半径减小的关系

A—砂轮架每行程均有进给期间　*B*—无火花磨削期间　1—砂轮架移动量　2—工件半径的减小量
Δ—切削深度　*ε*—位移量　*y*—工件半径的减小量

在磨削过程中，必须把磨床和工件当作一个弹性系统来分析。在第一次磨削加工中，由于砂轮轴、砂轮、机床主轴、尾架中心和工件等都将产生不同的弹性位移，这样工件和砂轮就会产生相对位置变化。受切削力的影响，如果增加行程次数使砂轮架不再进给，砂轮和砂轮架的切削深度就会趋于一致，如图 3-14 所示。

同时，又由于磨削加工中存在着误差复映规律，说明除非反复地进行无火花磨削，否则即使砂轮架具有正确的进给深度也不能加工出所期望的工件尺寸。因此反复地进行无火花磨削是极为重要的。

当进行无火花磨削，而且磨粒切深又很微小时，在切削刃磨削点上由于受工件材料的弹性变形和粘接磨粒的黏合剂弹性变形的影响，会产生磨粒切削刃在加工面上滑移的现象，并在弹塑性的接触状态下与加工面发生摩擦作用，其切削量是极微小的，这将有利于镜面的形成。

五、磨削加工质量和裂纹控制

磨削加工是一个复杂的机械加工过程，可使金属零件获得 $Ra \leqslant 1.25\mu m$ 的表面糙度值以及小于或等于 IT5 级的尺寸精度。磨削加工质量的主要标志之一是加工表面的几何特征，如表面粗糙度、加工表面缺陷；其次为加工表面层材料的性能，如反映表面层的塑性变形与加工硬化、表面层的残余应力及表面层的金相组织变化等方面的物理力学性能及一些特殊性能。

1. *表面粗糙度*

磨削加工中工件表面的形成是一个复杂的过程，其表面粗糙度值的大小受到各种因素的影响和制约。

（1）几何因素的影响　磨削表面是由砂轮上大量的磨粒刻划出的无数极细的沟槽形成的。单纯从几何因素考虑，可以认为在单位面积上刻痕越多，即通过单位面积的磨粒数越多，刻痕的等高性越好，则磨削表面的表面粗糙度值越小。

1）磨削用量对表面粗糙度的影响。砂轮的速度越高，单位时间内通过被磨表面的磨粒数就越多，因而工件表面的表面粗糙度值就越小；工件速度对表面粗糙度的影响刚好与砂轮速度的影响相反，工件速度增大时，单位时间内通过被磨表面的磨粒数减少，表面粗糙度值将增大；砂轮的纵向进给减小，工件表面的每个部位被砂轮重复磨削的次数增加，被磨削表面的表面粗糙度值将减小。

2）砂轮粒度和砂轮修整对表面粗糙度的影响。砂轮的粒度不仅表示磨粒的大小，而且还表示磨粒之间的距离，见表 3-7。磨削金属时，参与磨削的每一颗磨粒都会在加工表面上刻出跟它的大小和形状相同的一道小沟。在相同的磨削条件下，砂轮的粒度号数越大，参加磨削的磨粒越多，表面粗糙度值就越小。

表 3-7　磨粒尺寸和磨粒之间的距离

砂轮粒度	磨粒的尺寸范围/μm	磨粒的平均距离/nm
F36	500~600	0.475
F46	355~425	0.369
F60	250~300	0.255
F80	180~212	0.228

修整砂轮的纵向进给量对磨削表面的粗糙度影响甚大。用金刚石笔修整砂轮时，金刚石笔在砂轮外缘上打出一道螺旋槽，其螺距等于砂轮转一圈时金刚石笔在纵向的移动量。砂轮表面的不平整在磨削时将被复映到被加工表面上。修整砂轮时，金刚石笔的纵向进给量越小，砂轮表面磨粒的等高性越好，被磨工件的表面粗糙度值就越小。小表面粗糙度值磨削的实践表明，修整砂轮时，砂轮转一圈，金刚石笔的纵向进给量如能减少到 0.01mm，磨削表面的表面粗糙度值 Ra 就可达 0.2~0.1μm。

（2）物理因素的影响　砂轮的磨削速度远比一般切削加工的速度高得多，且磨粒大多为负前角，磨削比压大，磨削区温度很高，工件表层温度有时可达 900℃，工件表层金属容易产生相变而烧伤。因此，磨削过程的塑性变形要比一般切削过程大得多。

由于塑性变形的缘故，被磨表面的几何形状与单纯根据几何因素所得到的原始形状大不相同。在力因素和热因素的综合作用下，被磨工件表层金属的晶粒在横向上被拉长了，有时还产生细微的裂口和局部的金属堆积现象。影响磨削表层金属塑性变形的因素，往往是影响表面粗糙度值的决定因素。

1）磨削用量。砂轮速度越高，就越有可能使表层金属塑性变形的传播速度大于切削速变，工件材料来不及变形，致使表层金属的塑性变形减小，磨削表面的表面粗糙度值将明显减小；工件速度增加，塑性变形增加，表面粗糙度值将增大；磨削深度对表层金属塑性变形的影响很大。增大磨削深度，塑性变形将随之增大，被磨表面的表面粗糙度值也增大。

2）砂轮的选择。砂轮的粒度、硬度、组织和材料的选择不同，都会对被磨工件表层金属的塑性变形产生影响，进而影响表面粗糙度。

单纯从几何因素考虑，砂轮粒度越细，磨削的表面粗糙度值越小。但磨粒太细时，不仅砂轮易被磨屑堵塞，而且若导热情况不好，会在加工表面产生烧伤等现象，反而使表面粗糙度值增大。因此，砂轮粒度常取 F46~F60。

砂轮的硬度是指磨粒在磨削力作用下从砂轮上脱落的难易程度。砂轮选得太硬，磨粒不易脱落，磨钝了的磨粒不能及时被新磨粒所替代，从而使表面粗糙度值增大；砂轮选得太软，磨粒容易脱落，磨削作用减弱，也会使表面粗糙度值增大。所以通常选中软砂轮。

砂轮的组织是指磨粒、黏合剂和气孔的比例关系。紧密组织中的磨粒比例大，气孔小，在成形磨削和精密磨削时，能获得高精度和较小的表面粗糙度值。疏松组织的砂轮不易堵塞，适于磨削软金属、非金属软材料和热敏材料（磁钢、不锈钢、耐热钢等），可获得较小的表面粗糙度值。一般情况下，应选用中等组织的砂轮。

砂轮材料的选择也很重要。砂轮材料选择适当，可获得满意的表面粗糙度值。氧化物（刚玉）砂轮适用于磨削钢类零件；碳化物（碳化硅、碳化硼）砂轮适于磨削铸铁、硬质合金等材料；用高硬磨料（人造金刚石、立方氮化硼）砂轮磨削可获得极小的表面粗糙度值，但加工成本很高。

此外，磨削液的作用十分重要。对于磨削加工来说，由于磨削温度很高，热因素的影响往往占主导地位。因此，必须采取切实可行的措施，将磨削液送入磨削区。

2. *表面层金属的性能*

由于受到磨削力和磨削热的作用，表面层金属的力学物理性能会产生很大变化，最主要的变化是表层金属显微硬度的变化、金相组织的变化和在表面层金属中产生残余应力。

（1）加工表面层的冷作硬化　机械加工过程中产生的塑性变形使晶格扭曲、畸变，晶粒间产生滑移，晶粒被拉长，这些都会使表面层金属的硬度增加，统称为冷作硬化（或称为强化）。表面层金属冷作硬化的结果会增大金属变形的阻力，降低金属的塑性，金属的物理性质（如密度、导电性、导热性等）也有所变化。

金属冷作硬化的结果，是使金属处于高能位不稳定状态，只要一有条件，金属的冷硬结构就会本能地向比较稳定的结构转化，这些现象统称为弱化。机械加工过程中产生的切削热将使金属在塑性变形中产生的冷硬现象得到恢复。

由于金属在机械加工过程中同时受到力因素和热因素的作用，机械加工后表面层金属的最后性质取决于强化和弱化两个过程的综合作用。

评定冷作硬化的指标有下列三项：表面层金属的显微硬度 HV；硬化层深度 h(μm)；硬化程度 N。

$$N = \frac{\mathrm{HV} - \mathrm{HV}_0}{\mathrm{HV}_0} \times 100\% \tag{3-3}$$

式中，HV_0是工件内部金属原来的硬度。

影响磨削加工表面冷作硬化的因素有下列几项：

1）工件材料性能的影响。分析工件材料对磨削表面冷作硬化的影响，可以从材料的塑性和导热性两个方面着手进行。磨削高碳工具钢 T8，加工表面冷硬程度平均可达 60%~65%，个别可达 100%；而磨削纯铁时，加工表面冷硬程度可达 75%~80%，有时可达 140%~150%。其原因是纯铁的塑性好，磨削时的塑性变形大，强化倾向大。此外，纯铁的导热性比高碳工具钢高，热不容易集中于表面，弱化倾向小。

2）磨削用量的选择。加大磨削深度，磨削力随之增大，磨削过程的塑性变形加剧，表面冷硬倾向增大。

加大纵向进给速度，每颗磨粒的切削厚度随之增大，磨削力加大，冷硬增大。但提高纵向进给速度，有时又会使磨削区产生较大的热量而使冷硬减弱。加工表面的冷硬状况要综合考虑上述两种因素的作用。

提高工件转速，会缩短砂轮对工件热作用的时间，使软化倾向减弱，因而表面层的冷硬程度增大。

提高磨削速度，每颗磨粒切除的切削厚度变小，减弱了塑性变形程度；磨削区的温度增高，弱化倾向增大。所以，高速磨削时加工表面的冷硬程度总比普通磨削时低。

3）砂轮粒度的影响。砂轮的粒度越大，每颗磨粒的载荷越小，冷硬程度也越小。

冷作硬化的测量主要是指表面层的显微硬度 HV 和硬化层深度 h 的测量，硬化程度 N 可由表面层的显微硬度 HV 和工件内部金属原来的显微硬度 HV_0 通过式（3-3）计算求得。表面层显微硬度 HV 的常用测定方法是用显微硬度计来测量，它的测量原理与维氏硬度计相同，都是采用顶角为 136°的金刚石压头在试件表面上打印痕，根据印痕的大小决定硬度值。有所不同的只是显微硬度计所用的载荷很小，一般都只在 2N 以内（维氏硬度计的载荷约为 50~1200N），印痕极小。加工表面冷硬层很薄时，可在斜截面上测量显微硬度。对于平面试件，可按图 3-15a 磨出斜面，然后逐点测量其显微硬度，并将测量结果绘制成如图 3-15b 所示图形。其中，斜切角 α 常取为 0°30′~2°30′。采用斜截面测量法，不仅可测量显微硬度还能较准确地测量出硬化层深度 h。由图 3-15a 可知

$$h = l\sin\alpha + Ra$$

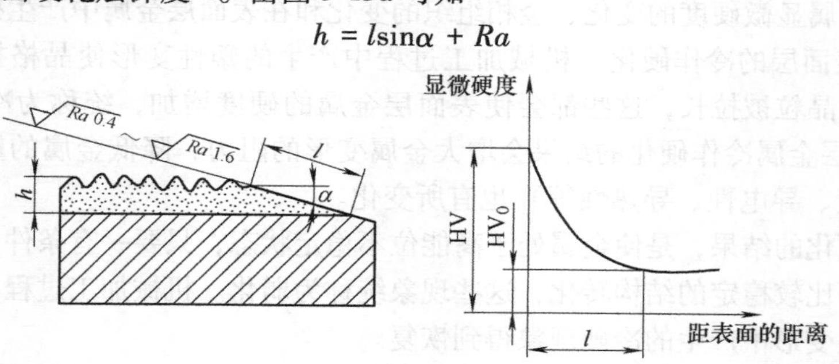

图 3-15 在斜截面上测量显微硬度

（2）表面层金属的金相组织变化 机械加工过程中，在工件的加工区及其邻近的区域，温度会急剧升高，当温度升高到超过工件材料金相组织变化的临界点时，就会发生金相组织变化。在磨削加工中，不仅磨削比压特别大，且磨削速度也特别高，切除金属的功率也很大。加工中所消耗能量的绝大部分都要转化为热，这些热量中的大部分（约 80%）将传给

被加工表面，使工件表面具有很高的温度。对于已淬火的钢件，很高的磨削温度往往会使表面层金属的金相组织产生变化，使表面层金属硬度下降，使工件表面呈现氧化膜颜色，这种现象称为磨削烧伤。磨削加工是一种典型的容易产生加工表面金相组织变化的加工方法，在磨削加工中若出现磨削烧伤现象，将会严重影响零件的使用性能。

磨削淬火钢时，在工件表面层形成的瞬时高温将使表面层金属产生以下三种金相组织变化：

1）如果磨削区的温度未超过淬火钢的相变温度（碳钢的相变温度为720℃），但已超过马氏体的转变温度（中碳钢的转变温度为300℃），工件表面层金属的马氏体将转化为硬度较低的回火组织（索氏体或托氏体），称为回火烧伤。

2）如果磨削区温度超过了相变温度，再加上冷却液的急冷作用，表面层金属会出现二次淬火马氏体组织，硬度比原来的回火马氏体高；在它的下层因冷却较慢出现了硬度比原来的回火马氏体低的回火组织（索氏体或马氏体），称为淬火烧伤。

3）如果磨削区温度超过了相变温度而磨削过程又没有冷却液，表面层金属将产生退火组织，表面层金属的硬度将急剧下降，称为退火烧伤。

改善磨削烧伤的工艺途径如下：

1）正确选择砂轮。磨削导热性差的材料容易产生烧伤现象。应特别注意合理选择砂轮的硬度、黏合剂和组织。硬度太高的砂轮，钝化后不易脱落，容易产生烧伤。为避免产生烧伤，应选择较软的砂轮。选择具有一定弹性的黏合剂（如橡胶、树脂黏合剂）也有助于避免烧伤现象的产生。此外，为了减少砂轮与工件之间的摩擦热，在砂轮的孔隙内浸入石蜡之类的润滑物质，对降低磨削区的温度、防止工件烧伤也有一定作用。

2）合理选择磨削用量。现以平磨为例来分析磨削用量对烧伤的影响。磨削深度 a_p对磨削温度影响极大，从减轻烧伤的角度考虑，a_p不宜过大。

加大横向进给量 f_t对减轻烧伤有好处，因而，应选用较大的 f_t。

加大工件的回转速度 v_w，磨削表面的温度升高，但其增长速度与磨削深度 a_p的影响相比小得多；且 v_w越大，热量越不容易传入工件内层，具有减小烧伤层深度的作用。但增大工件速度 v_w会使表面粗糙度值增大。为了弥补这一缺陷，可以相应提高砂轮速度 v_s。实践证明，同时提高砂轮速度 v_s和工件速度 v_w，可以避免烧伤。

从减轻烧伤而同时又尽可能地保持较高生产率的方面来考虑，在选择磨削用量时，应选用较大的工件速度 v_w和较小的磨削深度 a_p。

3）改善冷却条件。磨削时磨削液若能直接进入磨削区对磨削区进行充分冷却，将有效地防止烧伤现象的产生。因为水的比热容和汽化热都很高，在室温条件下 1mL 水变成 100℃以上的水蒸气至少能带走 2512J 的热量；而磨削区热源每秒钟的发热量在一般磨削用量下都在 4187J 以下。据此可推测，只要设法保证在每秒时间内确有 2mL 的冷却水进入磨削区，就将有相当可观的热量被带走，从而可以避免产生烧伤。

（3）表面层金属的残余应力　机械加工时，在加工表面的金属层内有塑性变形产生，使表面层金属的比热容增大。不同的金相组织具有不同的密度，也就会具有不同的比热容。在磨削淬火钢时，因磨削热有可能使表面层金属产生回火烧伤，工件表面层金属组织将由马氏体转变为接近珠光体的托氏体或索氏体，表面层金属密度增大，比热容减小。表面层金属由于相变而产生的收缩受到基体金属的阻碍，因而在表面层金属产生拉伸残余应力，里层金属则产生与之相平衡的压缩残余应力。如果磨削时表面层金属的温度超过相变温度且充分冷却，表面层金属将因急冷形成淬火马氏体，密度减小，比热容增大，因此使表面层金属产生压缩残余应力，而里层金属则产生拉伸残余应力。

影响磨削残余应力的工艺因素：磨削加工中塑性变形严重且热量大，工件表面温度高，热因素和塑性变形对磨削表面残余应力的影响都很大。在一般磨削过程中，若热因素起主导作用，工件表面将产生拉伸残余应力；若塑性变形起主导作用，工件表面将产生压缩残余应力；当工件表面温度超过相变温度且又充分冷却时，工件表面出现淬火烧伤，此时金相组织变化因素起主要作用，工件表面将产生压缩残余应力。在精细磨削时，塑性变形起主导作用，工件表面层金属产生压缩残余应力。

1）磨削用量的影响。磨削深度 a_p 对表面层残余应力的性质、数值有很大影响。如图 3-16 所示为磨削工业铁时磨削深度对残余应力的影响。当磨削深度很小时，塑性变形起主要作用，因此磨削表面形成压缩残余应力；继续增大磨削深度，塑性变形加剧，磨削热随之增大，热因素的作用逐渐占主导地位，在表面层产生拉伸残余应力；随着磨削深度的增大，拉伸残余应力的数值将逐渐增大；当 a_p>0.025mm 时，尽管磨削温度很高，但因工业用铁的含碳量极低，不可能出现淬火现象，此时塑性变形因素逐渐起主导作用，表面层金属的拉伸残余应力数值逐渐减小；当 a_p 取值很大时，表面层金属呈现压缩残余应力状态。

提高砂轮速度，磨削区温度增高，而每颗磨粒所切除的金属厚度减小，此时热因素的作用增大，塑性变形因素的影响减小，因此提高砂轮速度将使表面层金属产生拉伸残余应力的倾向增大。在图 3-16 中给出了高速磨削和普通磨削的实验结果对比。

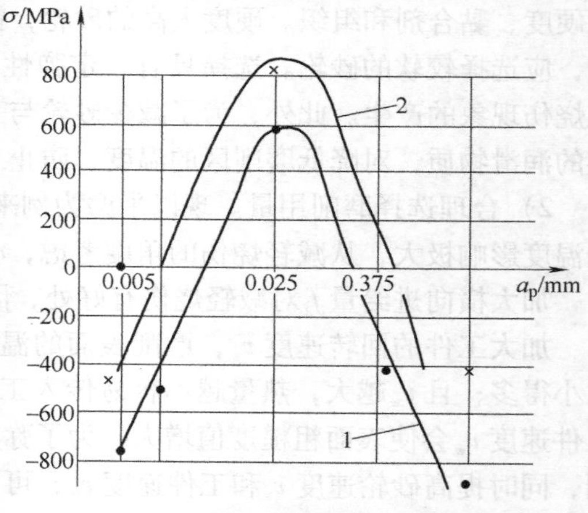

图 3-16　磨削深度对残余应力的影响
1—普通磨削　2—高速磨削

加大工件的回转速度和进给速度，将使砂轮与工件热作用的时间缩短，热因素的影响将逐渐减小，塑性变形因素的影响逐渐加大。这样，表面层金属中产生拉伸残余应力的趋势逐渐减小，而产生压缩残余应力的趋势逐渐增大。

2）工件材料的影响。一般来说，工件材料的强度越高，导热性越差，塑性越低，在磨削时表面层金属产生拉伸残余应力的倾向就越大。碳素工具钢 T8 比工业用铁强度高，材料的变形阻力大，磨削时发热量也大，且 T8 的导热性比工业用铁差，磨削热容易集中在表面金属层，再加上 T8 的塑性低于工业用铁，因此磨削碳素工具钢 T8 时，热因素的作用比磨削工业用铁明显，表面层金属产生拉伸残余应力的倾向比磨削工业用铁大。

第三节　超硬磨料砂轮精密磨削

超硬磨料砂轮主要指金刚石砂轮和立方氮化硼（CBN）砂轮，用来加工各种高硬度、高脆性材料，其中有硬质合金、陶瓷、玻璃、半导体材料及石英等。由于这些材料加工的精度要求较高，表面粗糙度值要求较小，因此多属于精密磨削加工范畴。

一、超硬磨料砂轮精密磨削特点

1. 适用于加工高硬度、高脆性金属和非金属材料

超硬磨料砂轮适用于耐热合金钢、玻璃、陶瓷、半导体材料、宝石、铜铝等有色金属及其合金的精密加工。由于金刚石砂轮易和铁族元素产生化学反应，故宜用立方氮化硼砂轮磨削硬而韧的黑色金属材料及高温硬度高、热导率低的黑色金属。立方氮化硼砂轮相比比金刚石砂轮有良好的热稳定性和较强的化学惰性，其稳定性可达1250~1350℃，而金刚石磨料只有700~800℃（见表3-2）。

2. 耐磨性好且加工表面质量高

超硬磨料耐磨损性能好，寿命长，易于控制加工尺寸及实现加工自动化。同时，其磨削力小，磨削温度低，无烧伤、裂纹和组织变化，加工表面质量好。金刚石砂轮磨削硬质合金时，磨削力只有绿色碳化硅砂轮的1/5~1/4。

3. 加工成本低且磨削效率高

虽然金刚石砂轮和立方氮化硼砂轮比较昂贵，但其使用寿命长，加工工时少，综合成本低。尤其是在加工硬质合金及非金属脆性材料时，金刚石砂轮的金属切除率优于立方氮化硼砂轮。但在加工耐热钢、钛合金和模具钢等时，立方氮化硼砂轮的金属切除率远高于金刚石砂轮。

此外，金刚石砂轮磨削和立方氮化硼砂轮磨削尚有其各自的特点，如立方氮化硼砂轮磨削时，热稳定性好，化学惰性强，不易与铁族元素发生亲和作用和化学反应，加工黑色金属时有较高的耐磨性。尽管当前立方氮化硼砂轮还不如金刚石砂轮应用广泛，但它是一种很有发展前途的超硬磨料砂轮。

二、超硬磨料砂轮磨床

超硬磨料砂轮磨削加工时要求加工稳定性高，磨削振动小，因此对精密磨床结构及性能有以下要求：

1. 精度高

由于超硬磨料砂轮磨削加工时要求加工稳定性高，磨削振动小，而且又是精密磨削，这就要求磨床的精度较高，如砂轮主轴回转精度的径向圆跳动应小于0.01mm，轴向圆跳动要小于0.005mm。为此，主轴轴承多用动压轴承和动静压组合轴承。

2. 刚度高

机床的刚度大小直接影响磨削加工的稳定性，从而影响超硬磨料砂轮的使用寿命，因此要求磨床要具有足够的刚度。一般应比普通磨床刚度提高50%左右。

3. 进给系统精度高且进给速度均匀准确

磨床的纵向进给速度最小可达到0.3m/min，横向进给（磨削深度）最小可达到0.001~0.002m/单行程，以保证磨削加工的尺寸精度、几何精度和表面粗糙度。

4. 密封性好

精密磨削加工中，超硬磨料一旦进入机床运动件中将会引起机床严重磨损。因此，机床的各运动件如主轴回转部分、进给运动导轨部分等都应有可靠的密封，以防止超硬磨料或磨屑等进入。

5. 磨削液处理系统完备

磨削液处理是精密磨料砂轮磨床的重要组成部分，为防止超硬磨料对磨削液系统的磨

损，需要有合理的磨削液处理装置承担磨削液的过滤任务，确保超硬磨料砂轮加工工件表面的粗糙度。

6. 隔振性好

由于超硬磨料砂轮磨削时要求振动小，除了砂轮应精细整修、精细动平衡外，机床还应置于防振地基上，如主电动机与机床分离安装，电动机转子应进行动平衡，机床与地面接触处应加防振垫等，以提高机床的隔振性能，减小外界振动对机床的影响和干扰等。

三、超硬磨料砂轮磨削工艺

1. 磨削用量及选择

（1）磨削速度　人造金刚石砂轮一般磨削速度不能过高，通常为12~30m/s。磨削速度过低，单颗磨粒的切削厚度过大，不但使工件表面粗糙度值增大，而且也导致金刚石砂轮磨损过快；磨削速度过高，可使工件表面粗糙度值减小，但磨削温度将随之升高，而金刚石热稳定性只有700~800℃，因此金刚石砂轮磨损也会增加。所以，一般平面磨削、外圆磨削（陶瓷黏合剂或树脂黏合剂的砂轮）和湿磨的磨削速度可选得高些，而工具磨削、内圆磨削、沟槽磨削、切断磨削、干磨（金属黏合剂的砂轮）的磨削速度可选得低些。

（2）磨削深度　根据磨削方式、砂轮粒度、黏合剂和冷却情况的不同，磨削深度一般为0.001~0.002mm，粗粒度、金属黏合剂砂轮可取较大的磨削深度，立方氮化硼砂轮的磨削深度可稍大于金刚石砂轮。对于微粉砂轮磨削，其磨削深度应小于磨粒尺寸，通常为磨粒尺寸的1/5~1/3。

（3）工件速度　工件速度对磨削加工的影响较小。一般工件速度选为10~20m/min，工件速度过高会使单颗磨粒的切削厚度增加，从而使砂轮的磨损增加，可能会出现振动和噪声，增大工件表面粗糙度值；工件速度低一些，对降低工件表面粗糙度值有利，但会降低生产效率。

（4）纵向进给速度　纵向进给速度通常在0.45~1.50m/min。若速度过高，会使砂轮磨损增加；纵向进给速度对工件表面粗糙度影响较大，表面粗糙度值要求较小时，纵向进给速度应取小值。

2. 磨削液及分类

超硬磨料砂轮磨削时，磨削液的使用与否对砂轮的使用寿命影响很大，如树脂黏合剂超硬磨料砂轮湿磨的寿命比干磨提高40%左右。此外，磨削液的使用对磨削加工工件表面粗糙度和磨削质量影响也很大，因此一般采用湿磨。

由于超硬磨料砂轮组织紧密，气孔少，磨削过程中易堵塞，故要求磨削液有良好的润滑性、冷却性、清洗性和渗透性。

磨削液分为油溶性液和水溶性液两大类。油溶性液的润滑性能好，其主要成分是矿物油；水溶性液的冷却性能好，其主要成分是水。

油溶性液以轻矿物油为主，如低黏度机油、轻质柴油、煤油等，掺入5%~10%的脂肪油，再加入一些添加剂。如加入极压添加剂，可在高温下与金属表面起化学反应，生成熔点高的化学吸附膜，能减少摩擦，保持润滑作用，即有极压性。而水溶性液有乳化液、无机盐水液和化学合成液。

为了改善磨削液性能，满足各种磨削要求，添加剂的作用十分关键。表3-8列出了常用的添加剂。

表 3-8　磨削液中常用的添加剂

种　类		添　加　剂
油溶性添加剂		动植物油，脂肪酸及其皂，脂肪醇，酯类、酮类、胺类等化合物
极压添加剂		硫、磷、氯、碘等有机化合物，如氯化石蜡、二烷基二硫代磷酸锌等
防锈添加剂	水溶性	亚硝酸钠、碳酸钠、磷酸三钠、磷酸氢二钠、苯甲酸钠、苯甲酸胺、三乙醇胺等
	油溶性	石油磺酸钡、石油磺酸钠、环烷酸锌、二壬基萘磺酸钡
防腐添加剂		苯酚、五氯酚、硫柳汞等化合物
消泡沫添加剂		二甲基硅油
助溶添加剂		乙醇、正丁醇、苯二甲酸酯、乙二醇醚等
氯化液（表面活性剂）	阴离子型	石油磺酸钠、油酸钠皂、松香酸钠皂、高碳酸钠皂、磺化蓖麻油、油酸三乙醇胺等
	非离子型	聚氧乙烯脂肪醇醚、山梨糖醇油酸酯、聚氧乙烯山梨糖醇油酸酯
乳化稳定剂		乙二醇、乙醇、正丁醇、二乙二醇单正丁基醚、二甘醇、高碳醇、苯乙醇胺、三乙醇胺等

3. 磨削液的选择

用金刚石砂轮磨削时，常用油溶性磨削液和水溶性磨削液，视具体情况而定。通常磨削耐热合金钢、钛合金、不锈钢和陶瓷等材料时多用水溶性磨削液；磨削硬质合金时多用油溶性磨削液。用立方氮化硼砂轮磨削时，多采用油溶性磨削液，如煤油、柴油等轻质矿物油，而不用水溶性磨削液。因为在高温下，立方氮化硼砂轮磨粒会和水起化学反应，产生水解作用，加剧磨料磨损。如必须用水溶性磨削液时，可添加极压添加剂，以减弱其水解作用。

有关超硬磨料磨削液见表 3-9，可根据需要进行选择。

表 3-9　超硬磨料磨削液

油溶性磨削液					水溶性磨削液				
牌号	矿物油（%）	脂肪油（%）	极压添加剂（%）	磨削材料	牌号	矿物油（%）	无机盐（%）	表面活性剂（%）	磨削材料
S-1	88.5	10	含硫 1.5	钛合金	W-1	—	18.0	—	钛合金
S-2	77.5	20	含硫 2.5	钛合金	W-2	—	35.0	—	钛合金
S-3	88.5	10	含硫 0.5 含磷 1.0	钛合金	W-3	—	3.0	非离子型表面活性剂 0.1	钢（高速磨削）
S-4	77.5	20	含硫 1.5 含氯 1.0	钛合金	W-4	—	14.0	0.5	钢
S-5	94.0	2	含硫 2.0 含氯 2.0	钢	W-5	87.0	—	13.0	钢（使用时加水稀释）

第四节　精密和超精密磨削砂轮的选择与修整

一、精密磨削砂轮的选择

精密磨削时砂轮的选择应以易产生和保持微刃性及其等高性为基本原则。

在磨削钢件及铸铁件时，采用刚玉类磨料比较合适。尤其是以单晶刚玉最好，白刚玉和铬刚玉应用比较普遍。因为刚玉类磨料韧性较高，易于保持微刃性和等高性，而碳化硅磨料韧性差，颗粒呈针片状，修整时难以形成等高性好的微刃。而且，磨削时微刃易产生细微破裂，不易保持微刃性和等高性。

砂轮的粒度可选择粗粒度和细粒度两类。粗粒度砂轮经过精细修整，其微刃切削作用是主要的；细粒度砂轮经过精细修整，半钝态微刃在适当压力下与工件表面的摩擦抛光作用比较显著，可获得更高质量的加工表面和砂轮使用寿命。

黏合剂的选择中，通常以选择树脂类较好。如果加入石墨填料，可强化其抛光作用。近年来，出现的采用聚乙烯醇乙缩醛新型树脂加上热固性树脂作为黏合剂的砂轮，具有良好的弹性，且抛光效果较好。此外，粗粒度砂轮也可用陶瓷黏合剂，加工效果也不错。

有关砂轮选择的具体情况见表 3-10。

表 3-10 精密磨削的砂轮选择

砂轮						被加工工件材料
磨粒材料	粒度号		黏合剂	组织	硬度	
白刚玉（WA） 铬刚玉（PA） 棕刚玉（A） 绿碳化硅（GC）	粗 F60~F80	细 F240~F800	树脂（B） 陶瓷（V） 橡胶（R）	致密 分布均匀 气孔率小	中软（K、L） 软（H、J）	淬火钢，15Cr，40Cr，9Mn2V，铸铁 工具钢，38CrMoAl 有色金属

二、精密磨削砂轮的修整

砂轮修整是精密磨削加工的关键技术之一。常用的砂轮修整方法有单粒金刚石修整、金刚石粉末烧结型修整器修整和金刚石超声波修整等，如图 3-17 所示。一般修整时，修整器应安装在低于砂轮中心 0.5~1.5mm 处，并向上倾斜 10°~15°，使金刚石受力小，保证使用寿命。同时，金刚石的修整位置应与砂轮磨削时的位置相适应。金刚石修整时的位置如图 3-18 所示。

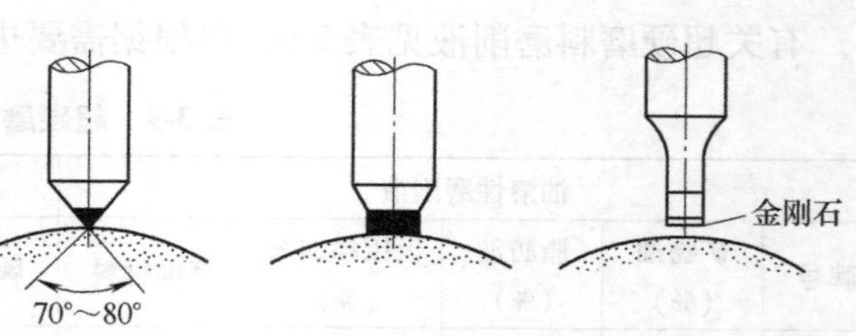

a) 单粒金刚石修整　b) 金刚石粉末烧结型修整器修整　c) 金刚石超声波修整

图 3-17 精密磨削砂轮的修整

金刚石超声波修整又分为点接触法和面接触法。点接触的修整器是尖顶的。而面接触法的修整器是平顶的。在超声波作用下，金刚石的一个小平面与磨粒接触，其接触应力小，磨粒上不易产生裂纹，从而形成等高性良好的微刃。

砂轮的修整用量有修整速度、修整深度、修整次数和光整次数。修整速度（纵向进给量）和修整深度对工件表面粗糙度的影响分别如图 3-19 和图 3-20 所示。通常情况下，修整速度越小，工件表面粗糙度值越小，一般为 10~15mm/min，而若修整速度过小会导致工件表面烧伤等缺陷。当修整深度为 0.0025mm/单行程时，一般修去 0.05mm 就可恢复砂轮的切削性能。修整一般分为初修与精修。初修用量可大些，逐次减小。一般精修需 2~3 个行程。光整为深度修整，主要是为了去除砂轮表面个别突出的微刃，使砂轮表面更加平整，其次数为1次单行程。

三、超硬磨料砂轮的平衡

超硬磨料砂轮磨削加工的稳定性和振动对磨削加工质量影响很大。因此，必须重视砂轮的动平衡问题，它不仅影响磨床精度保持性，还影响加工表面质量，也影响生产安全性。

砂轮的平衡有两种类型，即静平衡和动平衡。

1. 静平衡

静平衡又称为力矩平衡，多用于窄砂轮的平衡，是在一个平面上的平衡。通常进行静平衡的方式有三种：

(1) 机外静平衡架上平衡　利用静平衡工具，由人工进行。其平衡精度受到操作人员水平的限制，而且不够方便。

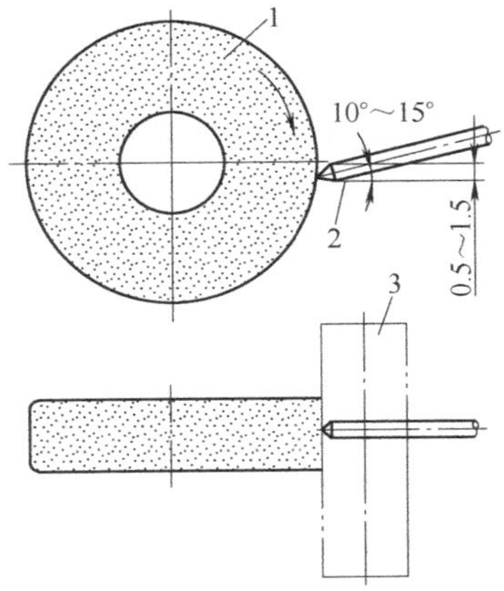

图3-18　金刚石修整砂轮时的安装位置
1—砂轮　2—金刚石修整器　3—工件

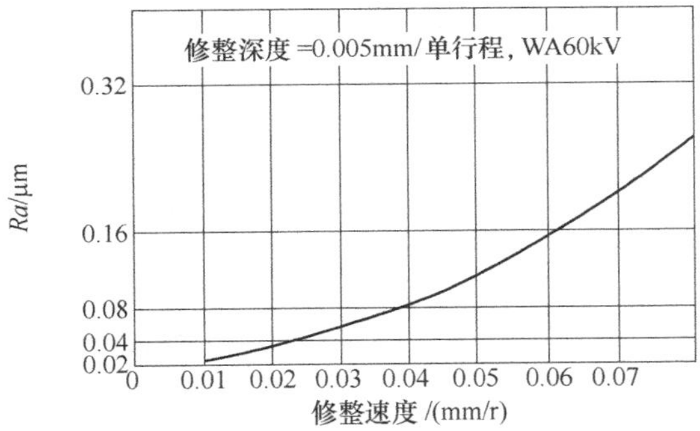

图3-19　修整速度对工件表面粗糙度的影响

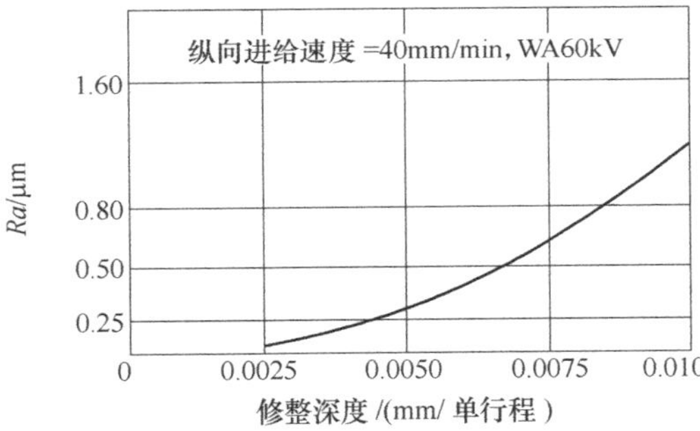

图3-20　修整深度对工件表面粗糙度的影响

(2) 机上动态平衡　在磨床上利用动平衡装置对砂轮进行自动或半自动平衡，比较方便，而且精度也高。现代的新式磨床多有动平衡装置，其类型有液压式、电器机械式和气动机械式等。这种在砂轮工作运转情况下的平衡仍是静平衡。

(3) 机外动态平衡　利用一种便携式力矩平衡仪，通过仪器上所带的传感器对砂轮进行动态平衡，而砂轮上的平衡块则由人工进行调整。此种方法简单易行，比机外静平衡架上平衡要快捷方便，精度也高。

2. 动平衡

动平衡又称为力偶平衡，用于宽砂轮和多砂轮轴的平衡。这时不是在一个平面，而是在一个有一定长度的体上进行力偶平衡，是动平衡。

动平衡一般在动平衡机上进行，由仪表显示不平衡端部（左端或右端）、相位及不平衡量，人工调整砂轮两侧的平衡块，经过反复几次调整，可将不平衡调整到允许的数值内。

由于超硬磨料砂轮的修整一般分为整形和修锐两个过程，需要人工操作的平衡最好安排在整形后进行。砂轮在使用中磨损，每次修整后其直径减小，不时会出现不平衡状态，要及时进行重新平衡。

四、超硬磨料砂轮的修整

超硬磨料砂轮的修整是超硬磨料砂轮使用中的重要问题和技术难题，它直接影响到被磨工件的加工质量、生产效率和加工成本。

修整通常包括整形和修锐两个过程，修整是整形和修锐的总称。整形是使砂轮达到一定精度要求的几何形状；而修锐是去除磨粒间的黏合剂，使磨粒突出黏合剂一定高度（一般是磨粒尺寸的 1/3 左右），形成足够的切削刃和容屑空间。普通砂轮的整形和修锐一般是合为一步进行的，而超硬磨料砂轮的整形和修锐是分先后两步进行的。有时，整形和修锐采取不同的方法，这是由于整形和修锐的目的不同造成的。整形要求高效率和高砂轮几何形状，而修锐的目的是获得良好的切削性能。

超硬磨料砂轮修整的方法有车削法、磨削法、研磨法、滚压挤轧法、喷射法、电加工法和超声波振动法等。常用超硬磨料砂轮修整的方法见表 3-11。

表 3-11　常用超硬磨料砂轮修整的方法

修整方法		修正质量	修整效率	修整费用	应用场合	
					黏合剂种类	修整范围
车削法		较好	较高	高	各种	整形和修锐
磨削法	普通砂轮磨削法	一般	较低	较高	各种	整形和修锐
	GC 杯形砂轮磨削法	较好	较低	较高	各种	整形和修锐
	砂带磨削法	较好	较高	较低	各种	整形和修锐
研磨法		好	低	低	各种	修锐
滚压挤轧法	滚压法	一般	低	低	各种	只能修锐
	游离磨料挤轧法	一般	较低	低	各种	修锐
喷射法	气压喷砂法	好	高	较低	各种	修锐
	液压喷砂法	好	高	较低	各种	修锐
电加工法	电解法	好	较高	一般	金属（导电）	修锐
	电火花法	较好	高	一般	金属（导电）	整形和修锐
超声波振动法		一般	较高	一般	各种	修锐
激光法		较好	较高	高	各种	修锐
清扫法		较好	低	低	各种	只能修锐

车削法是将超硬磨料砂轮安装在磨床上，用单点或聚晶金刚石笔、修整片等车削超硬磨料砂轮以达到修整的目的。该方法修整精度和效率比较高，但切削能力低且修整成本高。

磨削法是利用砂轮、砂块、砂带进行超硬磨料砂轮修整，方法较多，主要有普通砂轮磨削法、GC 杯形砂轮磨削法和砂带磨削法等。其中，普通砂轮磨削法目前应用最广泛。

研磨法是利用游离磨料对超硬磨料砂轮修整的方法，通常情况下修整效率低，但研磨质量高。而游离磨料滚压挤轧法主要用于修锐，效果较好，但效率不高。电加工法可分为电解修整法和电火花法等。超声波振动修锐法和激光法也各具特色。超硬磨料砂轮修整时具体选用哪种方法更合适，可参考有关手册及专门书籍。

第五节　超精密磨削加工

超精密磨削是近年发展起来的加工精度最高、表面粗糙度值最小的砂轮磨削方法。一般指加工精度达到或高于 0.1μm，表面粗糙度值 $Ra \leqslant 0.025\mu m$，是一种亚微米级的加工方法，并正向纳米级发展。由于金刚石刀具不宜切削钢、铁材料和陶瓷、玻璃等硬脆材料，对于这些材料，超精密磨削显然是一种重要的理想加工方法，这将进一步促进超精密磨削的发展。

镜面磨削一般是指加工表面粗糙度值 $Ra \leqslant 0.02 \sim 0.01\mu m$，表面光泽如镜的磨削方法，在加工精度的含义上不够明确，比较强调表面粗糙度的要求，从精度和表面粗糙度相应和统一的观点来理解，镜面磨削应该属于精密和超精密磨削范畴。

一、超精密磨削加工的特点

1. 超精密磨削的设备价格昂贵，成本高

超精密磨削在超精密磨床上进行，加工精度主要取决于机床，不可能加工出比机床精度更高的工件。由于超精密磨削的精度要求越来越高，已经达到 0.01μm 甚至纳米级，这就给超精密磨床的研制带来了很大困难，需要多学科多技术的交叉和结合。

2. 超精密磨削是一种超微量切除加工

超精密磨削是一种极薄切削，其去除的余量可能与工件所要求的精度数量级相当，甚至小于公差要求，因此在加工机理上与一般磨削加工是不同的。

3. 超精密磨削过程是一个复杂的系统工程

影响超精密磨削的因素很多，各因素之间又相互关联，所以超精密磨削是一个系统工程，如图 3-21 所示。超精密磨削需要一个高稳定性的工艺系统，对力、热、振动、材料组织、工作环境的温度和净化等都有稳定性的要求，并有较强的抗击来自系统内外的各种干扰能力，有了高稳定性才能保证加工质量的要求。所以超精密磨削是一个高精度、高稳定性的系统。图 3-22 所示为超精密磨削加工系统框图，它给出了磨削加工系统、加工控制与评价、加工性能、产品性能要求及产品的相互关系。

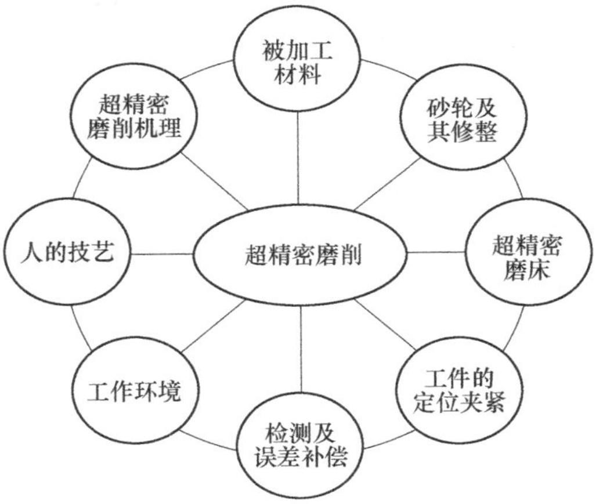

图 3-21　影响超精密磨削加工的主要因素

二、超精密磨床

1. 超精密磨床的特点

（1）高精度　目前国内外各种超精密磨床的磨削精度和表面粗糙度可达到下列指标：

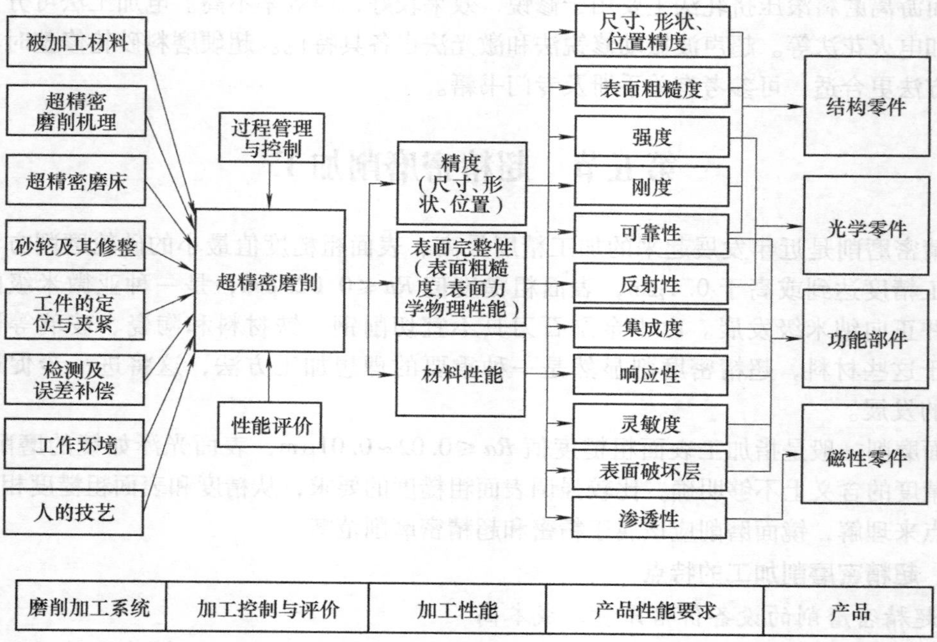

图 3-22 超精密磨削加工系统框图

尺寸精度：±0.25～±0.5μm；

圆度：0.25～0.1μm；

圆柱度：0.25/2500～1/5000；

表面粗糙度：*Ra*0.006～0.01μm。

（2）高刚度 超精密磨床在进行超精密加工时，切削力不会很大，但由于精度要求极高，故应尽量减小弹性让刀量，提高磨削系统刚度，其刚度值一般应在 200N/μm 以上。

（3）高稳定性 为了保证超精密磨削质量，超精密磨床的传动系统、主轴、导轨等结构以及温度控制和工作环境均应有高稳定性。

（4）微量进给装置 由于超精密磨床要进行微量切除，因此一般在横向进给（切深）方向都配有微量进给装置，使砂轮能获得行程为 2～50μm，位移精度为 0.02～0.2μm，分辨力达 0.01～0.1μm 的位移。实现微进给原理的装置有精密丝杠、杠杆、弹性支承、电热伸缩、磁致伸缩、电致伸缩、压电陶瓷等，多为闭环控制系统。

（5）计算机数控 由于在生产上要求超精密磨削进行稳定批量生产，因此，现代超精密磨床多为计算机数控磨床。它可减少人工操作的影响，使磨床质量稳定，一致性好，且能提高工效。

2. *超精密磨床的结构*

超精密磨床在结构上的发展趋势如下：

（1）主轴系统 主轴支承由动压向动静压和静压发展，由液体静压向空气静压发展。空气静压轴承精度高，发热小，稳定，工作环境易清洁。但要注意提高承载能力和刚度。

（2）导轨 多采用空气静压导轨，有的也采用精密研磨配制的镶钢滑动导轨。

（3）石材部件 床身、工作台等大件逐渐采用稳定性好的天然或人造花岗岩制造。

（4）热稳定性结构 整个机床采用对称结构、密封结构和淋浴结构等热稳定性措施。

3. 超精密磨削工艺

有关超精密磨削的砂轮选择、砂轮修整、砂轮动平衡、磨削液选择等问题可参考有关精密磨削著作，现仅将超精密磨削时的磨削用量做简单介绍。通常超精密磨削用量如下：

砂轮线速度：18～60m/min；工件线速度：4～10m/min；工作台纵向进给速度：50～100mm/min；磨削深度：0.5～1μm；磨削横向进给次数：2～4次；无火花磨削次数：3～5次；磨削余量：2～5μm。

超精密磨削用量与所用机床、被加工材料、砂轮的磨粒和黏合剂材料、结构、修整、平衡、工件加工精度和表面粗糙度等有关，应根据具体情况进行工艺实验而决定。

超精密磨削质量与操作工人技术水平的关系十分密切，应由高技术水平的工人精心、细致、科学地操作机床，才能达到预期效果。

三、超精密磨削机理

1. 超微量切除

超精密磨削是一种超微量切除。超精密磨削的切削厚度极小，磨削深度可能小于晶粒的大小，因而磨削就在晶粒内进行。一般说来，磨削加工中，磨削力需大于晶体内部非常大的原子、分子结合力，使磨粒上所承受的切应力显著地增加并变得非常大，以至于接近被磨削工件材料的剪切强度极限。与此同时，磨粒切削刃处受到高温和高压的作用，要求磨粒材料有很高的高温强度和高温硬度。对于普通磨料，在高温、高压和高剪切力的作用下，磨粒将很快磨损或崩裂并以随机方式不断形成新的切削刃，虽然使其连续磨损成为可能，但通常得不到高精度和低表面粗糙度值的磨削质量。因此，在超精密磨削时一般多采用人造金刚石、立方氮化硼等超硬磨粒砂轮。

2. 磨屑的形成

砂轮可以看成是具有弹性支承的多刃刀具，而磨粒切削刃可近似地看成一个球形，因而砂轮工件系统可以用一个简单的弹簧缓冲系统来表示，如图3-23所示。在弹簧缓冲系统中，球形磨粒支承在系统的一端，并绕着另一端的固定中心旋转。

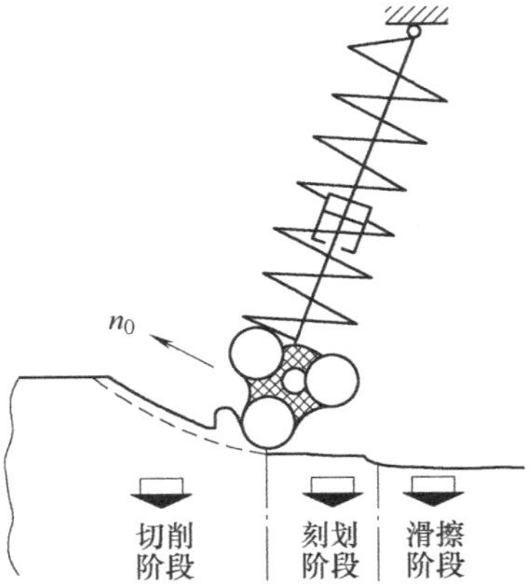

图3-23 磨屑形成过程示意图

由于磨削厚度极薄，球形磨粒的典型磨屑形成过程可以分为三个阶段：

（1）滑擦阶段 磨粒切削刃与工件开始接触，切削厚度由零逐渐增加。在切削压力作用下法向力迅速上升，工件表层、砂轮及机床系统发生弹性变形，磨粒沿工件表面滑行并发生强烈挤压摩擦，由摩擦能转变为热能，温度逐渐上升。当金属温度上升到某一临界点时，材料中逐步增加的切应力超过了随温度上升而下降的屈服应力，工件材料就开始产生塑性变形。

（2）刻划（耕犁）阶段 工件材料开始发生塑性变形就表明磨削过程进入了刻划阶段。这时磨粒切削刃切入工件金属材料的基体，金属材料由于发生滑移而被推向切削刃前方及两侧，导致材料的流动及表面隆起现象。根据球形切削刃表面金属材料流动速度的分析可知

（见图 3-24a）：在球形磨粒前方有一区域（以摩擦角为半锥角的圆锥体）为中性区域，材料静止不动，称为死区。死区以外的材料按最小阻力方向流动，即死区以上材料向上流动，死区以下材料向已加工表面流动，死区左右材料向两侧流动，死区成为磨粒切削刃与变形材料间的缓冲区域。刻划阶段的特点是材料的塑性流动与隆起是由于磨粒切削刃通过死区作用于工件材料而产生的，最后在表面上形成沟纹或划痕，但不形成切屑。

（3）切削阶段　随着切削深度的增加，磨削温度不断升高，死区前方隆起材料直接和磨粒相接触（见图 3-24b），没有死区的缓冲作用。这时材料的流动已由量变到质变形成切屑，进入了切削阶段。

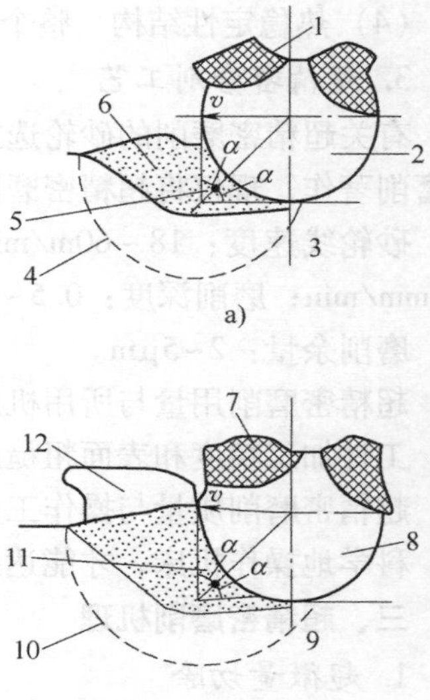

图 3-24　金属材料的刻划与切削过程

1、7—黏合剂　2、8—磨粒切削刃　3、9—工件；4、10—弹塑性边界　5、11—死区　6—变形金属　12—切屑

通过模拟实验并用显微镜观察，典型磨削形成的三个阶段如图 3-25 所示。

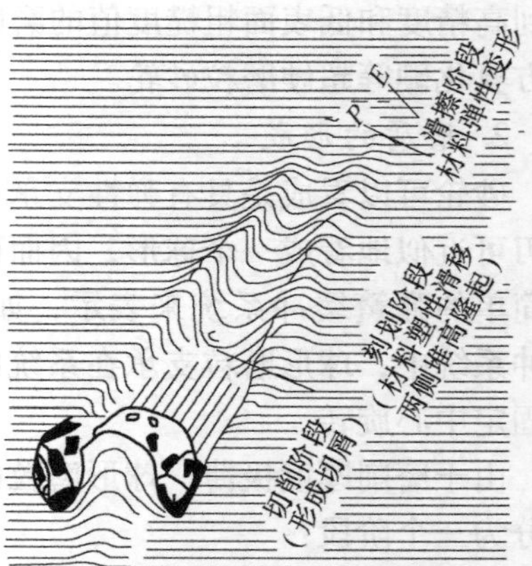

图 3-25　典型磨削形成的三个阶段

四、超精密砂带磨削

砂带磨削是一种新的高效磨削方法，能得到高加工精度和表面质量，具有广泛的应用前景和适用范围，可以补充或部分代替砂轮磨削。

1. 砂带磨削方式

砂带磨削从总体上可以分为闭式和开式两大类。

（1）闭式砂带磨削　闭式砂带磨削采用无接头或有接头的环形砂带，通过张紧轮撑紧，由电动机通过接触轮带动砂带高速回转。工件回转，砂带头架或工作台做纵向及横向进给运动，从而对工件进行磨削。这种方式效率高，但噪声大，易发热，可用于粗磨、半精磨、精磨加工，见表 3-12。

（2）开式砂带磨削　开式砂带磨削采用成卷砂带由电动机经减速机构通过卷带轮带动砂带做极缓慢的移动，砂带绕过接触轮并以一定的工作压力与工件被加工表面接触。工件回转，砂带头架或工作台做纵向及横向进给，从而对工件进行磨削。由于砂带在磨削过程中的连续缓慢移动，切削区域不断出现新砂粒，因而磨削质量高且稳定，但磨削效率不如闭式砂带磨削，此法多用于精密和超精密磨削，见表 3-13。

砂带磨削按砂带与工件接触形式来分，又可分为接触轮式、支承板（轮）式、自由浮动接触式和自由接触式。

按加工表面类型分，砂带磨削又可分为外圆、内圆、平面和成形表面等磨削方式。

表 3-12 闭式砂带磨削的各种方式

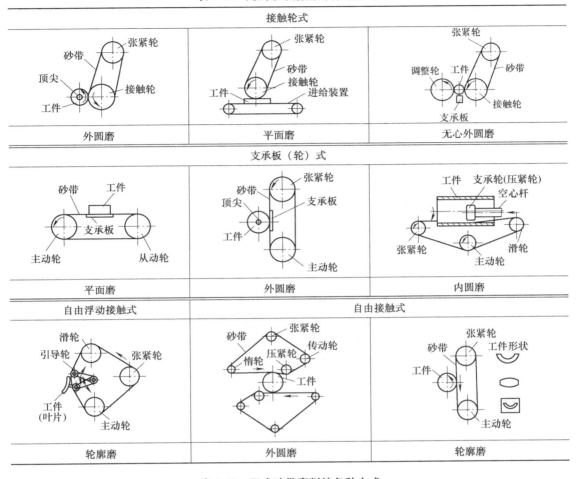

接触轮式		
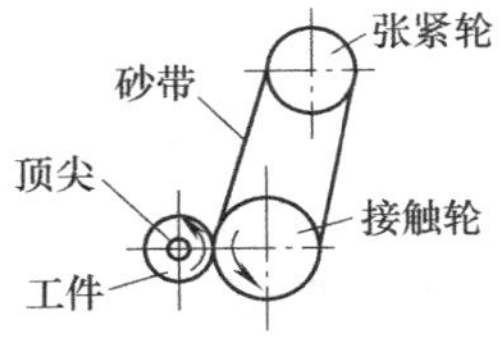	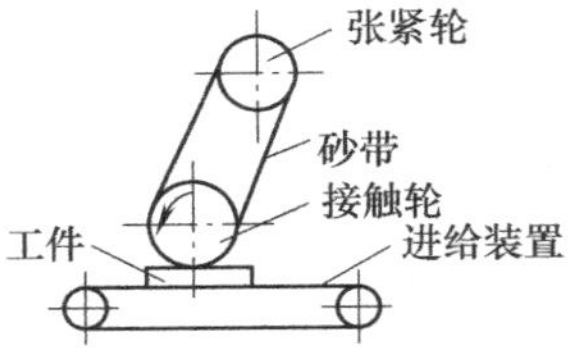	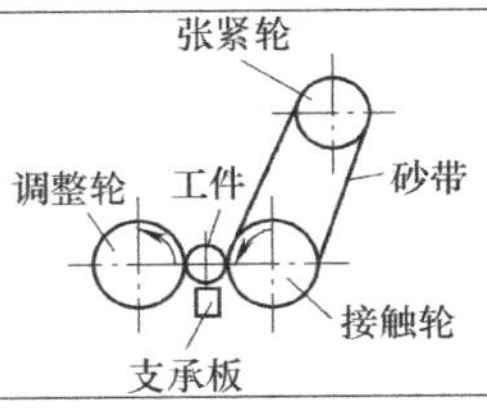
外圆磨	平面磨	无心外圆磨
支承板（轮）式		
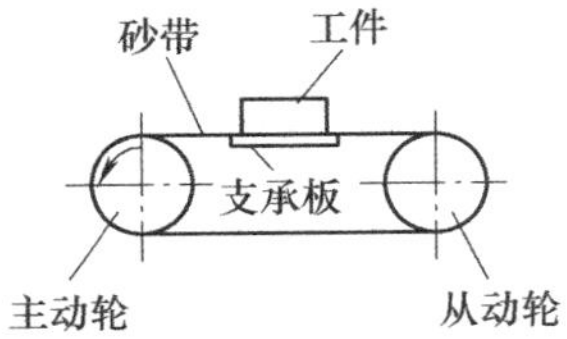	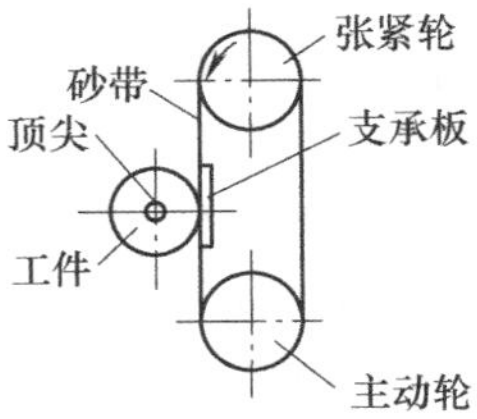	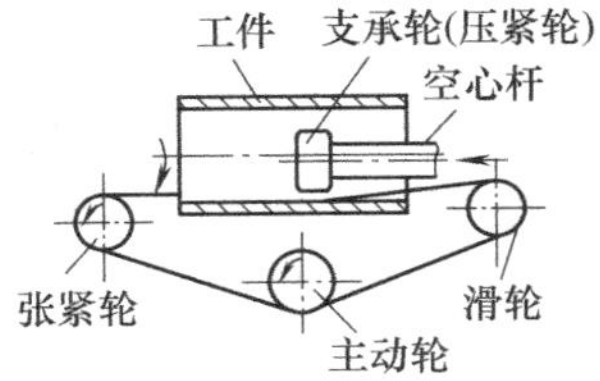
平面磨	外圆磨	内圆磨
自由浮动接触式	**自由接触式**	
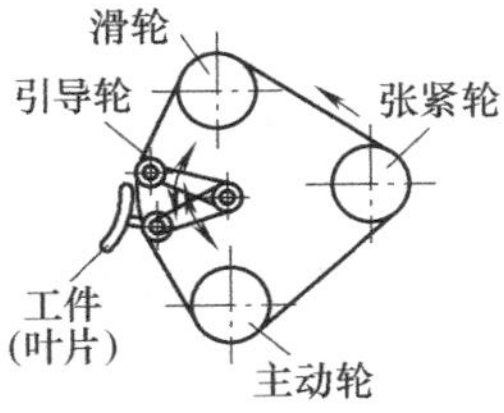	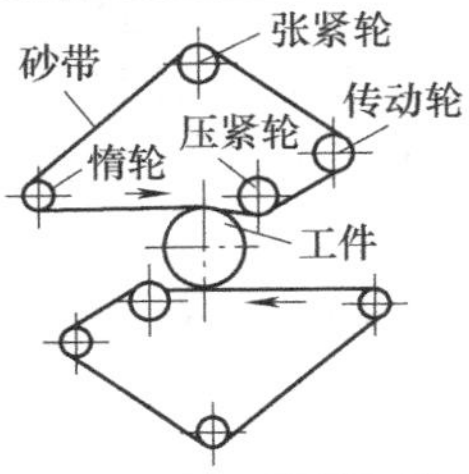	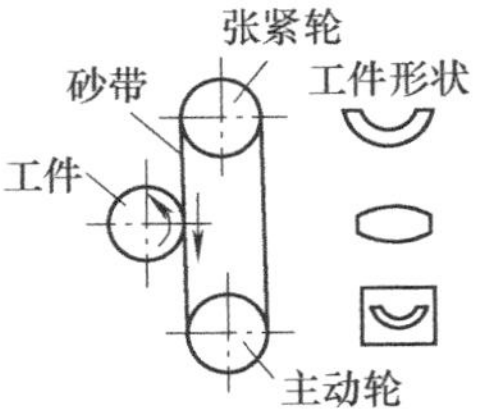
轮廓磨	外圆磨	轮廓磨

表 3-13 开式砂带磨削的各种方式

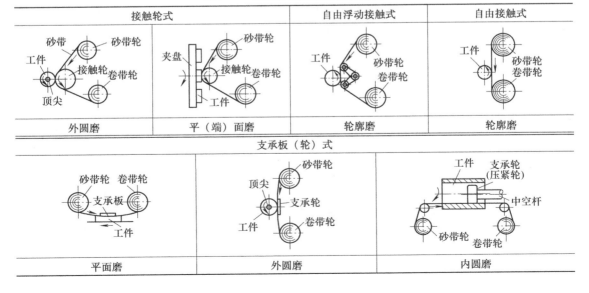

接触轮式		自由浮动接触式	自由接触式
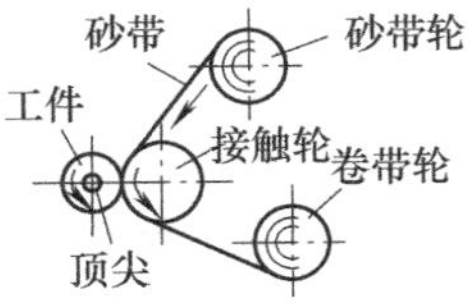	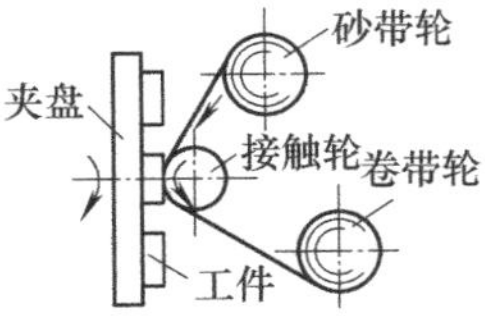	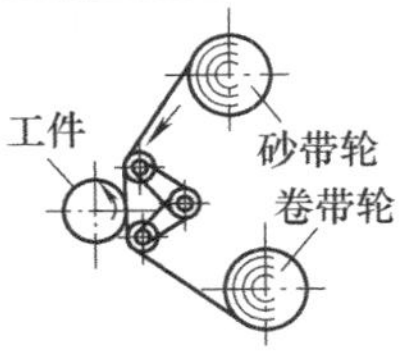	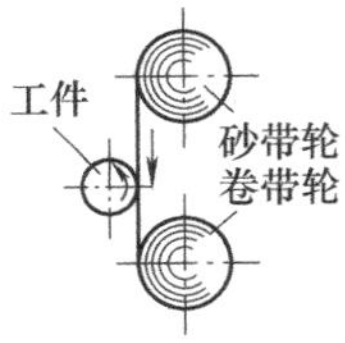
外圆磨	平（端）面磨	轮廓磨	轮廓磨

支承板（轮）式		
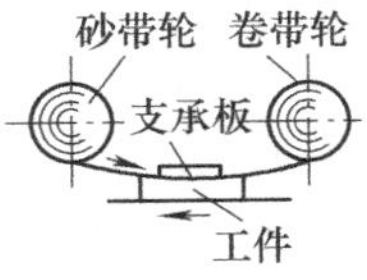	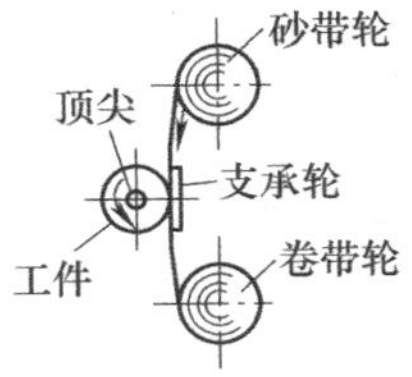	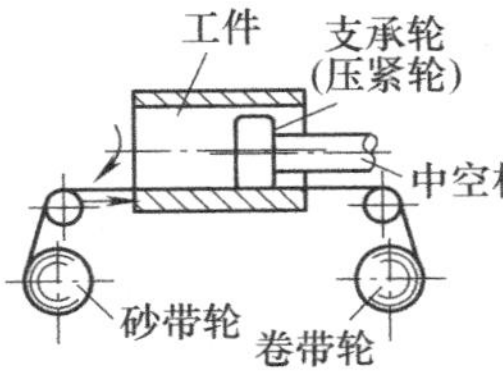
平面磨	外圆磨	内圆磨

2. 砂带磨削的特点及其应用范围

（1）弹性磨削　砂带磨削时，砂带本身有弹性，接触轮外缘表面有橡胶层或软塑料层，砂带与工件是柔性接触，磨粒载荷小而均匀，具有较好的磨合和抛光作用，同时又能减振，因此工件的表面质量较高，表面粗糙度值 Ra 可达 0.05~0.01μm。

（2）冷态磨削　砂带制作时，用静电植砂法易于使磨粒有方向性，同时磨粒的切削刃间隔长，摩擦生热少，散热时间长，切屑不易堵塞，力、热作用小，有较好的切削性能，有效地减小了工件变形和表面烧伤。对于开式砂带磨削，由于不断有新磨粒进入磨削区，而钝化的磨粒不断退出磨削区，磨削条件稳定，切削性能更好。工件的尺寸精度可达 5~0.5μm，平面度可达 1μm。

（3）高效磨削　砂带磨削效率高，强力砂带磨削的效率可达铣削的 10 倍、普通砂轮磨削的 5 倍。砂带磨削不需要修整，磨削比（切除工件重量与磨料磨损重量之比）可高达 300∶1 甚至 400∶1，而砂轮磨削一般只有 30∶1。其原因是砂带中基底材料强度和磨粒与基底的黏结强度有了极大的提高，才使砂带磨削有了高效磨削之称。

（4）制作简单、价格便宜　砂带制作比砂轮简单方便，无烧结、动平衡等问题，价格比砂轮便宜。砂带磨削设备结构简单，可制作砂带磨床或砂带磨削头架，后者可安装在各种普通机床上进行砂带磨削工作，使用方便，制造成本低廉。

（5）工艺性和应用范围广　砂带磨削可加工外圆、内圆、平面和成形表面。砂带磨削头架可安装在卧式车床、立式车床或龙门刨床等普通机床上进行磨削加工。砂带不仅可加工各种金属材料，而且可加工木材、塑料、石材、水泥制品和橡胶等非金属材料。此外，还可加工硬脆材料，如单晶硅、陶瓷和宝石等。开式砂带磨削加工铜、铝等软材料表面效果良好，独具特色。

近年来出现了砂带研抛加工。这是一种精密和超精密加工方法，采用开式砂带磨削方式，用细粒度砂粒聚酯薄膜基底砂带。其研抛效果取决于接触轮外缘材料。目前已用来加工精密磁头、高密度硬磁盘涂层表面等精密元件，效果良好，应用十分广泛。

当前，对于窄退刀槽的阶梯轴、阶梯孔、盲孔、小孔和齿轮等，使用砂带磨削尚不能加工。对于精度要求很高的工件，特别是形状和位置精度，砂带磨削还不如精密砂轮磨削。

从总的效果来看，砂带磨削在提高加工表面质量，特别是降低表面粗糙度值上效果比较明显，而在提高加工精度上可以做到略有提高。

3. 精密砂带磨削工艺

（1）砂带磨削用量选择

1）砂带速度。闭式磨削粗磨时一般选 12~30m/s，精磨时一般选 25~30m/s，砂带速度与被磨工件材料有关，对难加工材料应取低值，对非金属材料可取高值。

2）工件速度。工件速度高些可减少或避免工件表面烧伤，但会增加表面粗糙度值，一般粗磨选择 20~30m/min，精磨选择 20m/min 以下。对于开式磨削，由于砂带速度非常低，为了提高效率可适当选高些，但要满足表面粗糙度值的要求。

3）纵向进给量及磨削深度。粗磨时，纵向进给量为 0.17~3.00mm/r，磨削深度为 0.05~0.10mm。精磨时，纵向进给量为 0.40~2.00mm/r，磨削深度为 0.01~0.05mm。

4）接触压力。接触压力直接影响磨削效率和砂带寿命，可根据工件材料、砂带、磨削余量和表面粗糙度的要求来选择。接触压力有时很难控制，一般选取 50~300N。

（2）砂带选择及其修整　根据被加工材料精度和表面粗糙度的要求来选择砂带，其中包括磨料种类、粒度、基底材料等。砂带磨削一般来说没有修整问题，但在精密和超精密磨削时，为了保证加工质量，新砂带在使用前，可进行一次修整或预处理，主要是改善磨粒的等高性，避免少数凸出的磨粒划伤工件表面，使砂带一开始就进入正常磨损的最佳阶段，这对提高加工表面质量十分有效。

（3）砂带磨削的湿润与除尘

1）磨削液与干磨剂的选择。砂带磨削时分干磨与湿磨两种。湿磨时磨削液的选择除考虑加工表面粗糙度、被加工材料等外，还必须要考虑砂带黏合剂的种类，因为它们多属无机物，易受化学剂的影响。另外还应考虑基底材料。

干磨时，当粒度号大于P150时，采用干磨剂可有效防止砂带堵塞。

2）砂带磨削的除尘。无论是湿磨还是干磨，无论是在砂带磨床还是普通机床上进行砂带磨削，都应设有吸尘和集尘装置。可用封闭罩或吸尘管等结构将磨削液、切屑、磨粒等汇集于集尘箱内，通过过滤回收，磨削液再用；干磨时则不必回收。

思　考　题

1. 试述精密和超精密磨削加工适应范围及加工特点。

2. 何谓固结磨料加工？何谓游离磨料加工？它们各有何特点？各适用于什么场合？

3. 在表示普通磨料磨具和超硬磨料磨具的技术性能时，哪些技术性能的表示方法相同？哪些技术性能的表示方法不同？为什么？

4. 涂覆磨具在制造技术上的质量关键是哪些？

5. 试述涂覆磨具制造中三种涂覆方法的特点和应用场合。

6. 提高机床稳定性的措施有哪些？

7. 简述影响磨削温度的因素及其作用。

8. 普通砂轮磨削时磨削液有何作用？如何选择？

9. 简要说明普通砂轮精密磨削机理。

10. 如何保证普通砂轮的磨削质量并有效控制裂纹的产生？

11. 试述超硬磨料磨具的特点。超硬磨料磨具为什么会成为精密加工和超精密加工的主要工具之一？

12. 试从系统工程的角度分析精密磨削的技术关键。

13. 如何选择精密磨削砂轮？

14. 在超硬磨料砂轮磨削时如何选用磨削液？

15. 试分析普通磨料砂轮和超硬磨料砂轮在修整机理上的不同。

16. 试分析砂轮修整对精密磨削质量的影响。

17. 试分析超硬磨料砂轮的各种修整方法的机理、特点和应用范围。

18. 超精密磨削的含义是什么？镜面磨削的含义是什么？

19. 试从系统工程的角度来分析超精密磨削能达到高质量的原因。

20. 试比较精密砂轮磨削和精密砂带磨削的机理、特点和应用范围。

21. 试比较闭式砂带磨削和开式砂带磨削的特点和应用场合。

22. 如何处理砂带磨削时的湿润与除尘问题？

第四章 精密和超精密加工机床

第一节 概 述

一、精密和超精密加工机床发展的意义

精密和超精密加工技术的发展直接影响到一个国家尖端技术和国防工业的发展，因此，世界各国对此都极为重视，投入很大精力进行研究开发，同时实行技术保密，并控制关键加工技术及设备出口。随着航空航天、高精密仪器仪表、惯导平台、光学和激光等技术的迅猛发展和多领域的广泛应用，对各种高精度复杂零件、光学零件、高精度平面、曲面和复杂形状的加工需求日益迫切。目前，国外已开发了多种精密和超精密车削、磨削、抛光等机床设备，发展了新的精密加工和精密测量技术。

制造业是一个国家或地区国民经济的重要支柱，其竞争能力最终体现在新生产的工业产品的市场占有率上，而制造技术则是发展制造业并提高其产品竞争力的关键。随着高新技术的蓬勃发展和应用，发达国家提出了“先进制造技术”（AMT）这一新概念。所谓先进制造技术，就是将机械工程技术、电子信息技术（包括微电子、光电子、计算机软硬件、现代通信技术）和自动化技术，以及材料技术、现代管理技术综合应用于产品的计划、设计、制造、检测、管理、供销和售后服务全过程的综合集成生产技术。先进制造技术追求的目标是实现优质、精确、省料、节能、清洁、高效、灵活生产，满足社会需求。

从先进制造技术的技术实质性来说，主要有精密和超精密加工技术和制造自动化两大领域。前者追求加工上的精度和表面质量极限；后者则包括了产品设计、制造和管理的自动化，它不仅是快速响应市场需求、提高生产率、改善劳动条件的重要手段，而且是保证产品质量的有效举措。两者有密切关系，许多精密和超精密加工要依靠自动化技术得以达到预期指标，而不少制造自动化有赖于精密加工才得以准确可靠地实现。两者具有全局的、决定性的作用，是先进制造技术的支柱。

近年来，我国的机床制造业发展很快，年产量和出口量都明显增加，是世界机床第一大进口国和最大消费国（见表 4-1）。我国在精密机床设备制造方面取得了不小进展，但仍和国外工业发达国家有较大差距，我国还没有根本扭转大量进口昂贵的数控和精密机床、出口廉价的中低档次机床的基本状况。

表 4-1 我国机床进出口情况（单位：亿美元）

年度	出口	进口
2000	2.99	18.90
2003	3.80	41.60
2006	11.90	72.40

（续）

年度	出口	进口
2007	16.50	70.70
2009	14.10	59.00
2010	18.50	94.20
2012	27.40	136.60
2013	28.60	101.00
2014	30.60	108.30

由于国外对我们封锁禁运一些重要的高精度机床设备和仪器，而这些精密设备仪器正是国防和尖端技术发展所迫切需要的，因此，我们必须投入必要的人力物力，自主发展精密和超精密加工机床，从而保障我国的国防和科技发展不受制于人。

二、精密和超精密加工机床的现状

超精密加工在不同的历史时期、不同的科学技术发展水平情况下，有不同的定义。目前，工业发达国家的一般工厂已能稳定掌握 3μm 的加工精度（我国为 5μm）。因此，通常称低于此值的加工为普通精度加工，而高于此值的加工则称为高精度加工。

在高精度加工的范畴内，根据精度水平的不同，可分为 3 个档次：

精度为 0.3~3μm、粗糙度为 0.03~0.3μm 的称为精密加工；

精度为 0.03~0.3μm、粗糙度为 0.005~0.03μm 的称为超精密加工，或亚微米加工；

精度为 0.03μm(30nm)、粗糙度优于 0.005μm 的则称为纳米加工。

第二节　超精密加工机床现状及典型超精密机床简介

超精密机床是实现超精密加工的首要基础条件。对于切削和磨削来说，要实现超精密加工就是要实现材料的超微量去除，除了要有极锋利的刀具或微细磨具之外，机床的动态刚度和精度以及微量进给系统非常重要。超精密机床技术目前已经发展成为一项综合性的系统工程，其发展综合利用了基础理论（包括切削机理、悬浮理论等）、关键单元部件技术、相关功能器件技术、刀具技术、计量与测试分析技术、误差处理技术、切削工艺技术、运动控制技术和可重构技术、环境技术等。因此，技术高度集成已成为超精密机床的主要特点。

目前世界范围内的超精密机床已达到了很高的水平。现在美国和日本均各有几十家工厂和研究所生产超精密机床，英国、荷兰、德国等也都在研发超精密机床，而且都达到了较高的水平。目前国际上生产超精密机床的厂家主要有：美国摩尔公司、普瑞泰克公司、泰勒霍普森公司，这几家公司占据了绝大部分的市场份额。德国先代士劳尔公司、奥普特公司是生产超精密数控铣磨抛设备的著名厂家。国际上一些典型的、具有代表性的机床技术性能指标见表 4-2。

表 4-2 几种典型的超精密机床技术性能指标

厂家型号、指标	加工尺寸 工件直径 d/mm	机床精度	加工表面 粗糙度 Ra/nm	机床类型
美国联合碳化物公司 1 号车床	380	单位前空格形状精度：±0.63μm	25	非球面车削
美国劳伦斯利弗莫尔国家实验室 DTM-3	2100	圆度：12.5nm(p-V) 平面度：12.5nm(p-V) 形状精度：27.9nm	4.2	切削
美国劳伦斯利弗莫尔国家实验室 LODTM	1625	主轴回转精度和直线运动精度（在 x、z 方向）：≤50nm		切削
英国克兰菲尔德精密工程研究所 OAGM 2500	2500	形状精度：1μm		磨削
日本丰田工机 ANN 10	100	加工形状精度：50nm	25	车、磨削
日本丰田工机 AHN 60-3D	600	截形精度：0.35μm	16	轴对称、非轴对称车、磨削
美国摩尔公司 Nanotech 500 FG	250	面形精度：0.3μm/ϕ75mm	10	五轴联动自由曲面磨削
美国普瑞泰克公司 Nanoform 700	700	形状精度：0.1μm	40	五轴联动自由曲面铣、磨床
英国 Rank Pneumo 公司 Nanoform 600	600	形状精度：0.1μm	10	非球面磨削

一、国外超精密加工机床现状及典型超精密机床简介

1. 美国生产的超精密加工机床

美国是开展超精密加工技术研究最早的国家，也是迄今处于世界领先地位的国家。早在 20 世纪 50 年代末，由于航天等尖端技术发展的需要，美国首先发展了金刚石刀具的超精密切削技术，称为“SPDT 技术”（Single Point Diamond Turning，单点金刚石切削技术）或“微英寸技术”（1 微英寸=0.025μm），并发展了相应的用于加工空气轴承主轴的超精密机床，用于加工激光核聚变反射镜、战术导弹及载人飞船用球面非球面大型零件等。如美国劳伦斯利弗莫尔国家实验室和 Y-12 工厂在美国能源部支持下于 1983 年 7 月成功研制大型超精密金刚石车床 DTM-3 型，该机床可加工最大达 ϕ2100mm、质量 4500kg 的激光核聚变用各种金属反射镜、红外装置用零件、大型天体望远镜（包括 X 射线天体望远镜）等。该机床的加工精度形状误差可达到 28nm（半径），圆度和平面度为 12.5nm，加工表面粗糙度值 Ra 为 4.2nm。该实验室于 1984 年研制的 LODTM 大型金刚石超精密车床，可加工直径为 2.1m，重为 4.5t 的工件。采用高压液体静压导轨，在 1.07m×1.12m 范围内，直线度误差<0.025μm（在每个溜板上装有标准平尺，通过测量和修正来达到），位移误差不超过 0.013μm（用氦屏蔽的激光干涉仪来测量和反馈控制达到），主轴溜板运动偏摆<0.057″（通过两路激光干涉仪测量、压电陶瓷修正来实现）。激光测量系统有单独的花岗岩支架系统，不与机床连接。油喷淋冷却系统可将油温控制在 20±0.0025℃。采用摩擦驱动，推力可达 1360N，运动分辨率

达 0.005μm。

美国摩尔公司2000年生产的五轴联动500FG超精密机床（见图4-1）不仅可以加工精密回转体非球曲面，还可加工精密自由曲面。该机床空气轴承主轴转速20~2000r/min，主轴回转误差≤0.025μm。液体静压导轨由无刷直线电动机驱动，直线度误差≤0.025μm/300mm，定位精度0.3μm。

图4-1 美国摩尔公司的500FG超精密机床

2. 英国生产的超精密加工机床

在超精密加工技术领域，英国克兰菲尔德技术学院所属的克兰菲尔德精密工程研究所（简称CUPE）享有较高声誉，它是当今世界上精密工程的研究中心之一，是英国超精密加工技术水平的独特代表。如CUPE生产的Nanocentre（纳米加工中心）既可进行超精密车削，又带有磨头，可进行超精密磨削，加工工件的形状精度可达0.1μm，表面粗糙度值 $Ra<$ 10nm。英国克兰菲尔德精密工程研究所于1991年研制成功的OAGM 2500（工作台面积2500mm×2500mm）多功能三坐标联动数控磨床，可加工（磨削、车削）和测量精密自由曲面，并且该机床采用加工件拼合方法，成功加工天文望远镜中直径7.5m的大型反射镜。

3. 日本生产的超精密加工机床

日本对超精密加工技术的研究相对于美、英来说起步较晚，但却是当今世界上超精密加工技术发展最快的国家。日本的研究重点不同于美国，前者是以民品应用为主要对象，后者则是以发展国防尖端技术为主要目标。因此，日本在用于声、光、图像、办公设备中的小型、超小型电子和光学零件的超精密加工技术方面，更加先进且具有优势，甚至超过了美国。

20世纪80年代，超精密车削加工技术在美国、英国及日本等国发展较快，可加工铝、铜合金的镜面。但随着机床工业的发展，工业生产对床身、导轨、立柱等大中型结构件的精度的要求不断提高，仅靠手工研磨已不能适应生产发展的需要。例如三坐标测量机的横梁，陶瓷工件的加工直线性要求1μm/1800mm，而半导体制造方面也要求0.5~1μm/500mm×500mm这样高的精度。在这种情况下，日本住友重机械公司历经6年，于1985年研制成功的KSX-815超精密平面磨床获得日刊工业新闻社选定的1991年“十大新产品奖”。其主要指标见表4-3。用该磨床磨削1500mm的工件，直线度可达到0.9μm；磨削500mm×500mm的平板，平面度可达到1μm。

表4-3 KSX-815超精密平面磨床主要指标

工作台尺寸（宽×长）	800mm×1500mm
最大加工高度	500mm
最大通过宽度	1100mm
工作台进给速度	0.01~30m/min
砂轮尺寸（外径×宽）	ϕ510mm×100mm

（续）

砂轮转速	1000~4000r/min
砂轮最小进刀量	0.2μm
磨头的纵向移动距离	300mm
磨头的纵向进给速度	1~1000mm/min
磨头的横向进给速度	1~4000mm/min
砂轮轴驱动电机	11kW（4P）
机床尺寸（宽×长×高）	约 3600mm×5800mm×3700mm
机床重量	约 18500kg
控制装置	FANUC 10MA

西铁城公司的 SG-530 型 NC 超精密平面磨床为了尽可能地提高精度，消除了摩擦、间隙等非线性因素，采用静压轴承。为控制由于热引起的机床变形，采用了对称两支承门型结构以及两端支承主轴结构。主要规格见表 4-4。

表 4-4　SG-530 型 NC 超精密平面磨床

工作台工作面积（长×宽）	500mm×300mm
工作台左右行程（X 轴）	Max. 790mm
导轨前后行程（Y 轴）	Max. 350mm
砂轮上下行程（Z 轴）	Max. 170mm
工作台面距砂轮轴心的距离	185~355mm
工作台左右最小进给量（X 轴）	0.001mm
导轨前后最小进给量（Y 轴）	0.0001mm
砂轮上下最小进给量（Z 轴）	0.0001mm
工作台左右进给速度（X 轴）	Max. 20m/min
导轨前后进给速度（Y 轴）	Max. 0.8m/min
导轮上下进给速度（Z 轴）	Max. 0.4m/min
砂轮转速	Max. 3750r/min
主轴电动机	37kW
控制装置	FANUC SYSTEM OM
占地面积	3050mm×1950mm
主机重量	3000kg

用此磨床加工 500mm×300mm 的平板，用自动准直仪测量其平面度为 0.6μm；加工用于激光打印机的透镜（复曲面，即 XZ 断面和 YZ 断面具有不同的曲率半径），其形状精度可达 0.63μm。

4. 德国、瑞士等国生产的超精密加工机床

德国 JUNG 公司是国际上知名度较高的平面磨床生产企业，有四十余年的历史，该公司的平面和成型磨床以精度高、使用寿命长著称。JUNG 公司的主要平磨产品均采用立柱升降

式，外形小巧，磨削精度高。工作台纵向运动一般都设两套运动装置，往复运动由液压驱动，缓进给成型磨削采用机电传动。JUNG 公司平面磨床机型有 JF415（400mm×150mm）、JF520（500mm×200mm）、JF625（600mm×250mm）等。其中水平较高的是 JF520 CNC B 型四坐标数控平面和成型磨床。该设备采用高精度连续轨迹控制以及图形辅助操作，控制系统以西门子 SINUMERIK 810 为基础，配用 JUNG 公司开发的专用软件。JP 系列是 JUNG 公司最新产品，该系列机床抛弃了 JUNG 公司的传统结构，而首次采用了龙门式框架结构，可以满足大尺寸工件和新型工程材料的磨削加工需要。

瑞士 DIXI 公司以生产卧式坐标镗床闻名于世，现在该公司生产的高精度镗床 DHP40（见图 4-2）已加上多轴数控系统成为加工中心，同时为了使用高速切削，已将主轴最高转速提高到 24000r/min。如图 4-3 所示是瑞士 MIKROM 公司的高速精密五轴加工中心，它的主轴最高转速为 42000r/min，定位精度达 5μm，已达到过去坐标镗床的精度。

图 4-2 瑞士 DIXI 的 DHP40 卧式精密高速镗床

图 4-3 瑞士 MIKROM 公司的高速精密五轴加工中心

乌克兰某研究所研制成的新工作原理超精密机床，工作原理如图 4-4 所示。工作时金刚石车刀围绕刀具转轴 OO_2 旋转，刀尖的运动轨迹为通过工件中心点的一个圆，工件旋转而形成加工的球面。调整刀具转轴箱轴 OO_2，以得到不同的转角 θ，可以加工出不同曲率半径的球面。θ 为正值时，加工出的工件表面为凹球面；$\theta=0$ 时，可切出工件的平端面；θ 为负值时，加工出的工件表面为凸球面。加工非球曲面时，先将机床调整到接近的球面，加工时金刚石车刀再作补充进给 f，即可加工出要求的非球曲面。这机床的主要优点是加工球面和平面时，完全不需导轨的直线运动（直线导轨很

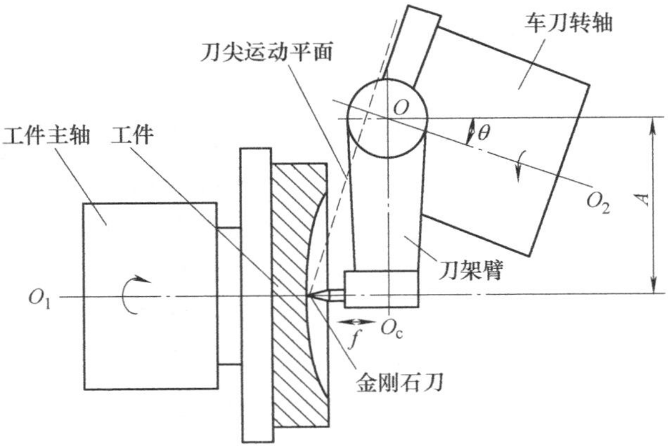

图 4-4 乌克兰新工作原理超精密机床的工作原理图

难加工到如此高的精度），故加工精度和表面质量都很高，此外这种机床结构比较简单和紧凑。

二、国内超精密加工机床现状及典型超精密加工机床简介

生产母机精度的不断提高是产品精度与质量提高的保证。超精密加工机床的特点是超高精度、高刚度、高稳定性和高自动化等，与普通精密机床相比其应用范围较窄，但主要是面向国家重点任务和型号的尖端科技领域，同时超精密加工技术也是体现一个国家制造技术水平的重要标志，是实现从制造大国向制造强国转变的基础技术。为此必须充分重视超精密加工技术的研究，建立我国超精密加工设备研发与产业化基地，掌握产业化能力和形成商品化系列。

自20世纪80年代开始，我国有关单位在研制气体静压主轴及导轨等基础上开始了单点金刚石切削加工设备的开发。90年代初北京机床研究所、北京航空精密机械研究所等陆续研制成功结构功能简单的超精密车床（图4-5）、超精密镗床等设备，可以进行平面、外圆及内孔等简单特征的超精密切削加工。

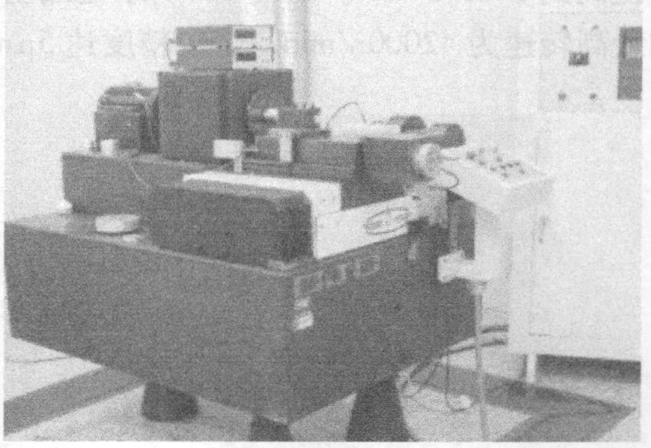

图4-5 超精密车床（1992年）

国内超精密加工技术发展的里程碑是非球面曲面超精密加工设备的成功研制。光学非球面零件由于具有优越的光学性能，可以提高成像质量并简化光路和结构，在军工及民用行业均得到了广泛应用。当年只有欧美国家及日本等国才能够制造非球面超精密加工设备，而国内引进受限且价格昂贵。于是非球面超精密加工设备的研制成为国家“九五”期间先进制造技术领域的重点任务，到“九五”末期，北京航空精密机械研究所、航天科技九院兴华机械厂以及哈尔滨工业大学等单位陆续研制成功代表当时国内超精密加工最高技术水平的非球面超精密切削加工设备（见图4-6），打破了国外的技术封锁，随之国内超精密加工技术在惯性器件、光学制造等行业得到了较快的应用和发展，之后还陆续研制成功了中大口径的非球面超精密车床（见图4-7）。由于国内超精密加工设备的发展，英、美等国陆续解除了该类型超精密装备对我国的禁运，并且设备价格一路下滑，这对国内的超精密基础部件的研究和超精密加工装备的研制产生了很大的冲击，导致我国多数超精密装备研制单位并没有形成完整的基础研究能力与工程化及产业化规模。

图4-6 非球面复合加工机床（2001年）

随着产品功能和性能的进一步提高，从21世纪初开始工业生产对光学自由曲面、微小精密零件以及微结构功能表面等需求日益迫切，例如光学自由曲面能改善校正像差、改善像质、扩大视场等系统性能，同时能简化光学系统结构、减轻重量，因而已成为新一代光学系统的核心关键器件，特别在光学成像系统中及在军工和民用领域具有广泛的应用背景；微结

构功能表面的微结构具有纹理结构规则、高深宽比、几何特性确定等特点，由于这些呈特定的拓扑结构分布的表面微结构使得元件具有某些特定的功能，如黏附性、摩擦性、润滑性和耐磨损性等物理、化学性能等。例如，在航空、航天飞行器宏观表面加工出微纳结构形成功能性表面，不仅可以减小飞行器的风阻、摩阻，减小摩擦，同时可避免结冰层的形成，提高空气动力学、热力学功能以及突防能力，从而达到增速、增程、降噪、隐身等目的。随着高精度传感器等器件结构的微小型化、工作部位尺寸及形位精度等级的亚微米化，以及新型材料的应用，微小结构零组件装夹、定位、找正的精细化，刀具的小型化和加工进给量的微量化、非接触面型和尺寸测量显微化等一系列技术难题对传统精密和超精密加工设备及工艺也提出了严峻挑战。原有的第一代超精密加工设备已经无法满足复杂结构特征的超精密加工需求，国内从事超精密加工技术研究的多家高校和研究所紧密跟踪国外的先进技术，在研究基于直线电动机驱动的液体静压导轨、超精密位置伺服控制主轴、超精密数控系统及复杂曲面轨迹规划及编程等关键技术的基础上，研发了多轴联动超精密数控切削加工设备（见图 4-8），并开发了快速刀具伺服及慢拖板伺服超精密切削加工等工艺，完成了太赫兹束控赋形曲面、微透镜阵列、双正弦曲面等典型复杂曲面和微结构特征的超精密加工，进一步缩小了与国外在超精密数控加工设备和工艺方面的差距。同时，针对典型产品的工程化应用，国内开发了超精密数控磨床、微结构特征大尺寸模辊超精密加工设备、振动切削刀架等，实现了典型模具材料的超精密加工，从而为实现光学功能元件的确定性、经济性与柔性大批量复制生产奠定了基础。

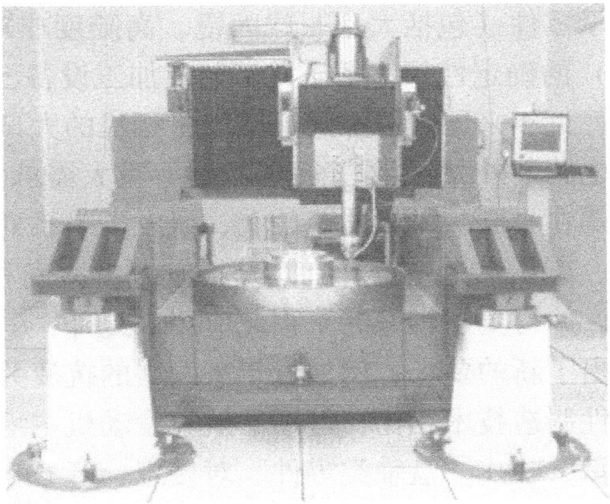

图 4-7　中大口径非球面超精密加工车床（2012 年）

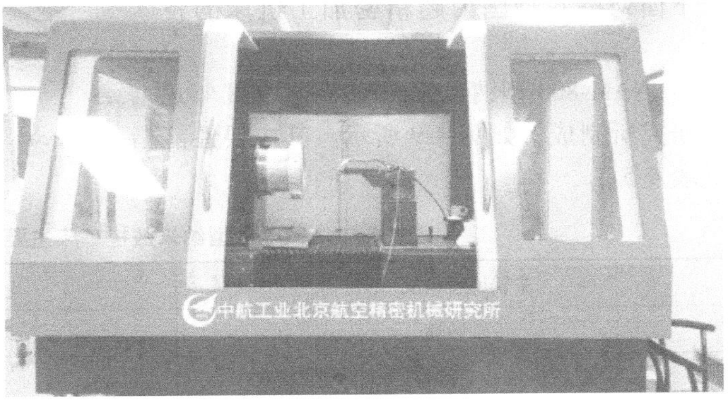

图 4-8　多轴联动超精密加工机床（2013 年）

随着光学探测、空间遥感以及极大规模集成电路等领域需求的牵引，工业生产对大口径光学透镜及反射镜的高效超精密加工提出了要求。大口径高精度光学元件的制造一直是超精密加工技术的重要研究方向之一，确定性超精密研抛是其工艺原理。确定性超精密研抛技术也称为可控柔性加工技术，其基本原理是通过改变柔性研抛头的形状、压力、运动形式等参数，得到研抛头的去除函数，同时通过驻留时间的控制达到工件面型误差的收敛，最终提高工件面型精度和表面质量。确定性超精密研抛加工工艺技术的研究热点包括可控性良好的研抛新原理新方法、残余误差的定量去除算法、中高频误差控制和抑制技术等。高精度非球面光学零件（包括大型非球面镜、高陡度非球面镜、离轴非球面镜和拼接子镜和自由曲面镜等）的确定性超精密研抛工艺及加工设备已成为超精密加工技术发展的重点之一。

近年来国内以空间遥感卫星相机的大口径光学透镜、激光核聚变楔形透镜、极大规模集成电路紫外/极紫外光刻机物镜等重大需求为牵引，高校、中科院及各军工集团的专业研究所等在小磨头抛光的基础上，研发了一系列超精密数控研抛加工工艺及设备，例如磁流变抛光、离子束抛光、射流抛光、应力盘抛光和气囊抛光等，这些设备有的已接近国际先进水平，并得到了较好的工程化应用。此外，一些特殊的专业领域也对超精密加工设备及工艺也提出了新的要求，例如近年来发展的抗疲劳制造技术与第一代成型制造技术及第二代表面完整性制造技术相比，可用于航空发动机主承力件、运动件以及连接件等关键构件（如齿轮、轴承、叶片、盘轴类零件、对接螺栓等）的制造，并将会显著提高航空武器装备的使用寿命。抗疲劳制造技术的核心技术之一是精密和超精密加工工艺，提高关键构件的加工精度及表面质量，控制加工工件表面完整性，提高构件的疲劳强度，改善表面应力状态及疲劳性能，最终提高零件的疲劳寿命。普通精密数控加工设备已经无法满足航空关键构件的抗疲劳制造需求，针对不同材料、不同结构的航空构件除了需要采用超精密数控磨床、超精密数控加工中心等通用的超精密加工设备外，同时还需研发一些专用的超精密加工设备，才能最终达到航空关键构件抗疲劳制造技术的要求。

下面列举几种国内超精密加工机床的技术参数：

1）NAM-800 型纳米数控车床是 1998 年北京机床研究所制成，如图 4-9 所示。其主要性能指标见表 4-5。

图 4-9　NAM-800 型 CNC 超精密金刚石车床

表 4-5　NAM-800 型纳米数控车床主要技术性能

主轴回转精度	30nm
主轴转速	50～1500r/min
溜板直线性	0.15μm/200mm
行程（X×Z）	400mm×400mm
反馈系统分辨率	2.5nm
控制系统分辨率	5nm
最大加工工件直径	ϕ800mm
最大加工工件长度	400mm
定位精度	±0.2μm/400mm
	±0.1μm/100mm
加工件表面粗糙度（铝、无氧铜）	*Ra*2～5nm
尺寸控制精度	±10nm

2）航空航天工业 303 所研制的非球面曲面超精密加工机床车削加工样件的面型精度

PV=0.228μm，表面粗糙度值 Ra=0.0078μm。303 所研制的 JCS-031 超精密金刚石铣床的技术指标见表 4-6。

表 4-6　JCS-031 超精密金刚石铣床技术指标

主轴回转精度	0.05μm
溜板直线性	0.1μm/100mm
溜板行程（X×Z）	200mm×20mm
加工件表面粗糙度（有色金属）	Ra0.003μm
平面度（直径 50mm）	0.1μm

3）2011 年，依托于北京航空精密机械研究所的精密制造技术航空科技重点实验室研制出 Nanosys-1000 数控光学加工机床。这是我国研制成功的第一台大型光学级加工水平的 LODTM 机床（见图 4-10）。

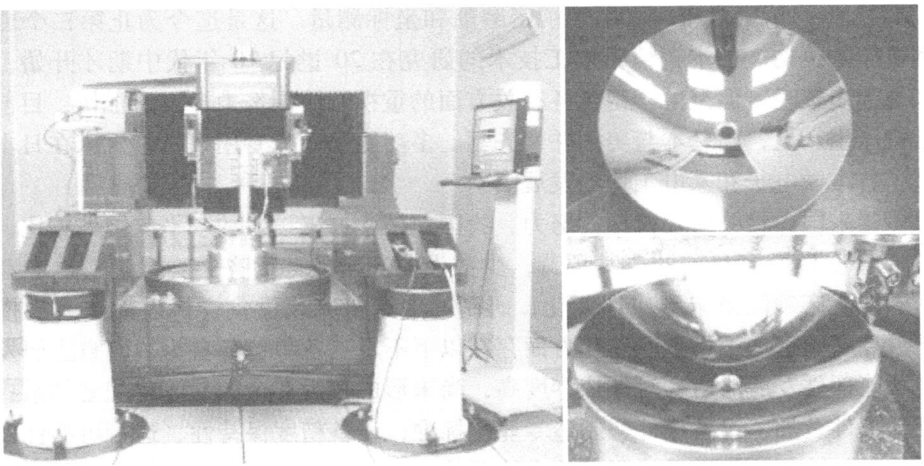

图 4-10　Nanosys-1000 LODTM 数控光学加工机床及加工的赋形曲面太赫兹元件

机床本体水恒温，主轴、导轨液压系统恒温为 0.1℃，加工机房空气恒温为 0.1℃。机床主要技术指标：工件尺寸范围大于 1m；测量、控制系统分辨率为纳米级；加工面型精度为亚微米级；加工工件表面粗糙度为纳米级。

Nanosys-1000 机床系统的特点是：

1）床身本体设计成整体类龙门框架结构，具有高刚性、高稳定性及安装、维修、工件装卸、加工运行的易操作性等特点。

2）机身整体坐落在 4 个主动式隔振气垫上，形成 3 个动力学支撑，可随着加工中重心的改变自动调水平；隔振气垫下的机床地基设计成具有横向隔离的重力型减振形式；机床重心及工件刀具加工点设计在接近支持平面的位置，从而使床身姿态变化扰动影响最小化。

3）机床主轴、导轨均采用液浮静压轴承，并根据工作状态，主轴采用低阻尼油，导轨采用高阻尼油；垂直导轨托板设计成无干涉气浮重力平衡机构。

4）机床坐标测量采用衍射光栅测量系统；机床采用 PC 与多轴运动控制器构成的开放式数控系统。

5）机床本体、主轴采用了无脉动重力型水冷恒温；液压源采用恒温、恒压、脉动滤波技术和装置；机房设计为内外双层恒温控制：为了保证控温精度，机床运行时，内机房处于无人状态，操作人员在外恒温隔离间监控。

第三节　我国超精密加工设备的研发对策与展望

目前美国超精密机床的水平最高，不仅有不少工厂生产中小型超精密机床，而且由于国防和尖端技术的需要，研发了大型超精密机床，其代表是劳伦斯利弗莫尔国家实验室于1983~1984年研制成功的DTM-3和LODTM大型金刚石超精密车床，这两台机床是目前为止世界公认的最高水平的大型超精密机床。英国是较早从事超精密加工技术研究的国家之一。英国克兰菲尔德精密工程研究所以其精加工技术闻名于世，曾生产出HATC300等超精密车床。1991年克兰菲尔德精密工程研究所研制成功用于加工X射线天体望远镜用反光镜的2. 5m×2. 5m大型超精密机床，可用于精密磨削和坐标测量。这是迄今为止第二个能制造大型超精密机床的机构。日本超精密加工技术的研究在20世纪70年代中期才开始，虽相对美、英来说起步较晚，但是由于得到各有关方面的重视和协同努力，发展很快，目前在中小型超精密机床生产上，已基本与美国并驾齐驱。多功能和高效专用超精密机床在日本发展较好，促进了日本微电子和家电工业的发展。

通过多年来国内相关研发机构的努力，我国超精密加工设备的水平与国外相比，已经从20多年前的望尘莫及到目前的望其项背，少数设备甚至能并驾齐驱。但是，也应看到我国在超精密数控机床领域尚未形成产业化，研制的专用机床或设备样机还无法大规模推广使用。我国数控超精密加工设备产业化方面存在以下不足：各单位各自为战，自主研发能力相对薄弱；功能部件发展滞后，对外依存度高，尚未形成较为齐全的专业化配套体系；缺乏超精密基础元部件及加工设备设计、制造专业化标准；设备精度保持性、运行可靠性及可操作性较差；设备的控制软件及系统开发能力较弱等。为此，在今后超精密加工设备的研发和产业化生产中，应从以下方面加以关注：

1. 重视超精密加工设备功能部件的研发，形成专业化的配套体系

超精密车床、超精密磨床等超精密加工设备利用主轴、导轨以及控制系统等超精密基础元部件的精度来保证零件的加工精度，所以对于此类设备研发的关键是超精密基础元部件及其集成技术。国外超精密基础元部件都有专业的生产厂商，如英国Loadpoint公司专业生产超精密主轴、超精密导轨，德国海浮乐（Hyprostatik）公司专业生产液体静压主轴、液体静压导轨以及液体静压丝杠等基础元部件，这些产品已经形成系列化、标准化。国内虽然具备了超精密基础元部件的研制和生产能力，精度指标也达到了国外产品的水平，但在模块化、系列化、标准化等方面还存在差距，目前国内尚无专业化生产厂家。国内生产的电机、编码器、光栅及多轴运动控制卡等在性能及可靠性等方面与国外存在较大差距，目前国内研制的超精密加工设备使用的检测及电控元器件基本依赖进口。

应继续加强超精密基础元部件的研发和生产能力建设，制订模块化设计及生产的标准，在国内建立超精密基础元部件专业配套生产厂家，为超精密加工设备的产业化生产提供支撑。

2. 注重超精密加工设备的设计，制订制造及检验标准，提高工程化水平

除了关注超精密加工设备关键技术的攻关，也应重视设备的可使用性设计，例如超精密车床的金刚石刀具对刀系统、在线动平衡系统，确定性研抛设备的工件误差在位测量系统等，这些部件除了有利于设备精度的提高，更可以提高超精密加工设备的效率及增加操作的便利性。此外在设备的外观造型设计及设备噪声控制等人性化设计方面更应符合满足操作者的舒适性需求。

在当前技术水平下，超精密加工设备尚存在制造误差、驱动误差、联动误差、伺服匹配误差、受热变形、受力变形、非对称刚度和数控精度等误差来源，使零件加工轮廓不能完全与设计轮廓重合，表面粗糙度也体现了各类频率误差的存在。随着超精密机床轴系的增多和精度的提高，一方面需要新的设备精度测量表征方法和检验检测手段；另一方面也可以逆向进行超精密加工设备的精度表征。为此，必须有一整套超精密设备制造技术规范与检验检测标准等，这样才能正确评价超精密加工设备的精度，满足对超精密加工设备的各类需求。

此外，制订超精密机床制造行业标准也是实现产业化推广的一个重要因素，这些标准包括超精密部件静态及动态检测、部件间位置关系的检测与调整、超精密机床总体验收标准等。

3. 将超精密加工工艺与设备相结合，为用户提供一体化的解决方案

国外超精密加工设备解禁以后，国内高校、民企和相关国防领域各工业部门陆续引进了大量的各类超精密加工设备，但是真正能充分发挥设备性能、应用效果良好的单位很少，主要原因是设备可以从国外引进，而用户需求的相关工艺却无法引进。国内生产厂家则可以通过为用户提供超精密加工设备与工艺一体化的解决方案，提高国产超精密加工设备的市场竞争力。

对于超精密研抛设备这点尤为重要，由于此类设备是通过可控的去除函数保证零件的加工精度，因此设备研发厂家可以将设备工艺参数、不同工具及磨料、不同材料及不同形状零件的去除函数等超精密加工工艺参数以专家系统或数据库的形式集成到设备中供用户选择使用，同时跟踪用户对设备的使用效果，对设备的硬件及软件不断改进和升级，从而提升国产超精密研抛设备的水平。

4. 以国家重大项目需求为牵引，优先发展专用超精密加工设备

专用超精密加工设备结构功能相对简单，如果从国外定制，则其价格及周期可能会让用户无法承受，这也是国产设备实现产业化的一条捷径。例如我国激光核聚变点火工程（“神光Ⅲ”工程）48 路激光所需的二千多块 KDP 晶体材料采用单点金刚石飞切加工，其专用设备全部由国内研制，性能指标达到了国际先进水平，并形成了批量化生产能力，保证了国家重点任务的需求。

从“十一五”开始国家根据产业和技术的发展需求，设立了包括“高档数控机床与基础制造装备重大专项”在内的 16 个国家科技重大专项，这也为高档功能部件和超精密加工设备整机的研制和发展提供了契机，相关成果已应用于航空航天领域复杂零部件的加工。此外“高分辨率对地观测系统”“极大规模集成电路制造装备与成套工艺”等重大专项的启动对大口径及超高精度光学元件的产业化提出了需求，国内相关单位研制成功了磁流变抛光设备、离子束抛光设备等，从而为专项的实施提供了有力技术保障和装备支撑，提升了我国先进装备制造水平。即将启动的发动机专项也将为轴承、叶片、喷嘴等发动机关键元部件的国

产精密和超精密专用加工和检测设备的研制和产业化提供有力的保障。

5. 联合国内从事超精密加工技术研究的单位，优势互补，组建超精密加工设备研发及产业化生产基地

目前，国内从事超精密加工技术研究的单位众多，其中包括高校、中科院、各个军工集团研究所以及应用单位等，但大部分单位均各自为战，研究内容雷同、条件建设重复，从宏观战略层面缺乏统一的规划，有时甚至存在恶意竞争，而且主要目标都是为了解决行业内的任务或型号难题。国内目前虽然也设立了国家超精密机床工程技术研究中心（科技部）、国防超精密机械加工技术研究应用中心（国防科工局）等机构，但成员单位覆盖面有限，且管理松散，从体制上和机制上很难真正做到各成员单位优势联合。

联合国内技术优势单位，打破行业壁垒，建立超精密加工设备研发和产业化实体，同时可考虑吸收民间资本，实现超精密加工设备的产业化，从而满足国内各行业的需求。

第四节　超精密加工机床的关键技术

超精密机床的高确定性取决于对影响精度性能的各环节因素的控制。这些控制品质常常要求达到当代科技的极限，如机床运动部件（导轨、主轴等）较高的运动精度和可控性（如摩擦、阻尼品质），机床坐标测量系统较高的分辨率、测量精度和稳定性，运动伺服控制系统较高的动、静态加工轨迹跟踪和定位控制精度等。此外，还要求数控系统具有较高性能的多轴实时控制及数据处理能力，机床本体的高刚性、高稳定性和优良的振动阻尼。为了防止环境振动和加工过程中机床姿态微小变化的影响，机床还需安装隔振、精密自动水平调整机构等。

环境因素对超精密加工影响巨大。特别是大型超精密加工机床对环境控制极为严苛，包括高稳定性地基振动控制、机床本体液体温控、环境空气流场和温度控制。另外，以现有的科技手段，对声场及任何可能对机床状态产生微小扰动的因素都要进行严格控制。

1. 机床系统总体综合设计技术

超精密机床尖端的设计、制造技术已升华到一种艺术境界，常规方法远不能达到。常规机床在设计与制造等技术环节上要求相对较低，而超精密机床各环节基本都处于一种技术极限或临界应用状态，任何一个环节考虑或处理不周都会导致整体失败。因此，设计上需要对机床系统整体和各部分技术具有全面、深刻的了解，并依可行性，从整体最优出发，周详地进行关联综合设计。否则，即便是全部采用最好的部件、子系统，堆砌方法不当仍会导致失败。如 LODTM 机床设计必须对误差源进行详细分析，识别其耦合机制并且以传递函数表达，用综合原则对主要误差进行分配和补偿。

2. 高刚性、高稳定性机床本体结构设计和制造技术

尤其是 LODTM 机床，由于机身大、自身重、承载工件重量变化大，任何微小的变形都会影响加工精度。结构设计除从材料、结构形式、工艺方面达到要求外，还必须兼顾机床运行时的可操作性。如为了获得高稳定性，将 LODTM 机床床身设计成高整体性，尽量减少装配环节；整体热处理，需解决相应大尺寸的热处理设备、工艺；床体精加工时需严格模拟实际工作状态进行精密修正等。

3. 超精密工件主轴技术

中小型机床常采用空气静压主轴方案。空气静压主轴阻尼小，适合高速回转加工应用，但承载能力较小。空气静压主轴回转精度可达 0.05μm 。超精密机床主轴承载工件的尺寸和重量都很大，一般宜采用液体静压主轴。液体静压主轴阻尼大、抗振性好、承载力大，但主轴在高速运转时发热多，需采取液体冷却恒温措施。液体静压主轴回转精度可达 0.1μm 。工件主轴用于速度控制模式时，主轴角度编码器分辨率要求不高。当用于 XZC 位置控制模式时，为了保证加工工件的表面质量，编码器分辨率要求非常高，需达 0.06″。为了保证主轴精度和稳定性，无论气压源或液压源都需进行恒温、过滤和压力精密控制处理。

4. 超精密导轨技术

早期的超精密机床采用气浮静压导轨技术。气浮静压导轨易于维护，但阻尼小，承载抗振性能差，现已较少采用。闭式液体静压导轨具有高抗振阻尼、高刚度、高承载力的优势。国外主要的超精密加工机床现在主要采用液体静压导轨。超精密的液体静压导轨的直线度可达到 0.1μm。

5. 纳米级分辨率动态超精密坐标测量技术

早期的超精密机床坐标测量系统采用激光干涉测量方式。激光干涉测量是一种高精度的标准几何量测量基准，但是易受环境因素（气压、湿度、温度、气流扰动等）影响。这类因素容易影响刀具控制，从而影响工件的表面加工质量。为此，美国劳伦斯利弗莫尔国家实验室的 LODTM 坐标激光测量回路采用了真空隔离和零温度系数的殷钢坐标测量框架技术。这也是激光坐标测量方面的顶尖应用。现今的超精密机床坐标测量系统大多采用衍射光栅。光栅测量系统稳定性高，分辨率可达纳米级。为了进一步获得较高的位置控制特性和表面加工质量，采用 DSP 细分，测量系统分辨率可达 Å 级。

6. 纳米级重复定位精度超精密传动、驱动控制技术

为了实现光学级的确定性超精密加工，机床必须具有纳米级重复定位精度的刀具运动控制品质。伺服传动、驱动系统需消除一切非线性因素，特别是具有非线性特性的运动机构摩擦等效应。因此，采用气浮、液浮等方式应用于轴承、导轨、平衡机构成了必然的选择。

伺服运动控制器除了要满足高分辨率、高实时性要求外，在控制方程及模式技术上也需不断进步。实验证明：研制系统进行曲面加工控制时，高性能伺服运动控制器执行一阶无差、二阶有差控制，刀具轨迹动态跟踪有滞后现象。这种滞后量虽小，在精密加工中可不计，但在超精密加工中不可忽略。

7. 开放式高性能 CNC 数控系统技术

从加工精度和效能出发，数控系统除了满足超精密机床控制显示分辨率、精度、实时性等要求，还需扩展机测量、对刀、补偿等许多辅助功能。因为通用数控系统难以满足要求，所以国外的超精密机床现在基本都采用 PC 与运动控制器相结合的方式，研制开放式 CNC 数控系统模式。这种模式既可使数控系统实现高轴控性能，还可获得高功能可扩充性。

超精密加工与一般精度加工不同，加工需辅以测量反复迭代进行。为了减少工件再定位引入的安装误差，或解决大尺寸、复杂型面无有效测量仪器的问题，机床在使用中需配置各种光学、电子测量仪器和补偿处理手段。对此，PC 与运动控制器相结合的开放式 CNC 数控系统可发挥其优势。

8. 高精度气、液、温度、振动等工作环境控制技术

(1) 机床隔振及水平姿态控制　振动对超精密加工的影响非常明显。机床隔振需采取特殊的地基处理和机床本体气浮隔振复合措施。气浮隔振系统采用具有位置控制的主动式气垫。LODTM 机床支撑在 4 个气垫上，并形成 3 点动态可调平支撑。

机床体气浮隔振系统还需具备自动调平功能，以防止机床加工中水平状态的变化对加工的影响。对于 LODTM 隔振要求高的机床，隔振系统的自然频率要求在 1Hz 以下。

对于机床的液压源、冷却水源的脉动也必须采取措施，如采取脉动滤波装置等。

(2) 温度控制　对 LODTM 机床来说，机床和工件尺寸大，受温度影响也大。在同样的切削量和线速度下，大工件的加工周期长，温度对加工精度的影响非常大。

因此，LODTM 机床温控要求非常高。如美国劳伦斯利弗莫尔国家实验室的 LODTM 机床，机床床体恒温水、液压系统控温精度为 0.0005℃，机房空气控温精度为 0.003℃。

对于小型商品化的机床，温度控制要求不需太高（0.5℃）。这是因为小零件的高速加工时间短，温度影响相对较小且易控。

第五节　超精密加工的在线检测

一、在线检测

自 1974 年由美国伊利诺伊理工学院（IIT）发起和召开的第一届国际自动化检测及产品控制会议以来，在线检测技术得到了迅猛的发展。从历届会议的大量文献以及工业发达国家在线检测技术的发展来看，当前工业生产已经面临这样的挑战：要求对生产的产品实行 100%的检验，并在生产过程中消灭废品。这就必然要求生产过程始终处于最佳状态，并且只有依靠在线检测技术建立自适应系统才能实现。

1. 提高加工精度的方法

从提高加工精度的发展过程来看，主要有两条途径：一是不断提高机床本身的精度，保证机床的精度总是高于被加工件的精度要求。这是现有精密和超精密加工技术的主导思想，也被称为“蜕化”原则，或“误差避免”原则。例如加工精密齿轮，就需要更高精度的滚齿机、插齿机。但制造高精度的机床难度很大，耗资也很大，并且精度越高难度越大、成本越高，甚至不可能实现。二是在查明加工误差产生原因的基础上，通过误差补偿技术提高加工精度。使用这一方法可在同级精度的机床（甚至低一级精度的机床）上加工精密零件。这被称为“进化”原则，或“误差补偿”原则。

2. 加工精度的检测方式

从精度检测所处的环境来看，精度检测可分为离线检测、在位检测和在线检测。

(1) 离线检测　工件加工完后，从机床上取下，在专用检测设备或环境中进行检测，称为离线检测。一般情况下所指的检测都是离线检测。离线检测只能检测加工后的结果，不一定能反映加工时的实际状况，也不能连续检测加工过程的变化，但检测条件较好，不受加工条件的限制，可以充分利用各种测量仪器，因此测量精度较高。

(2) 在位检测　工件加工完成后不从机床上拆卸下来，直接在机床上进行测量，称为在位检测。在位检测所需检测仪器可事先安装在机床上，也可根据需要临时安装。在位检测

也只能检测加工后的结果，不能连续检测加工过程的变化，但可免除离线检测时由于定位基准变化所带来的误差，尤其是可以检测加工过程中若干工步时工件的状况，可以了解加工过程的大致趋势。因此，与离线检测相比，其检测结果更接近实际加工情况。并且，如果检测后发现工件某些尺寸不合格，可以立即进行返修。相同的情况，如果是离线检测，很可能因为再次装夹所造成的误差而难以保证所需精度。

在精密和超精密加工中，在位检测应用比较广泛，但必须仔细考虑检测仪器的选用、安装和检测方法，如果要借助机床本身的运动，则要考虑机床的运动精度，并在数据处理时能分离它们所造成的检测误差。

（3）在线检测　工业上的在线检测（On-line Detection and Measurement），狭义上讲，是指在工业生产线上，在加工的同时对生产中的某些参数或工况进行检测。例如在外圆磨床上，加上外圆直径测量仪，可以对磨削过程中工件的外圆直径进行检测并指示。当指示的尺寸达到公差范围时，操作人员便可停止磨削。如果加装微机控制单元，可以根据直径测量仪的读数和工艺流程，向磨床发出控制信号，使磨削从粗磨转到精磨，最后自动停机。因此，广义上讲，在线检测应当包括检测与控制，也就是说，在生产线上应用各种传感器对被生产的产品的某些参数进行实时监测，将分析处理测量结果所获得的信息与预先设定的参数进行比较，然后根据误差信号做出工艺决策（如报警、停车、反馈调节等），以保证产品的质量或生产线处于最佳运行状态。

在线检测技术是一门综合性技术，是由经典的计量学、生产工艺学、仪器仪表学、信息工程与计算机学科以及自动控制理论交叉结合而成的新学科。国际计量技术联合会（IMEKO）计量理论委员会主席霍夫曼曾指出："20世纪科学技术革命的特点是广泛采用自动控制手段和自动化生产过程，这就引起了整个计量科学技术的根本性变化和发展，它要求综合考虑计量测试技术与实验研究及工艺过程的结合。在企业内，通过计量检测技术与工艺相结合，把废品减少到最低限度，直至消灭在制造过程中，这就是质量保证的核心所在，也是计量保证的主要目的。"

3. 在线检测的分类与特点

在线检测的参数多种多样，主要分为以下几类：

1）按照参数的多少可分为：单参数检测、多参数检测、综合指标检测和性能检测。

2）按照参数是否随时间变化可分为：静态参数和动态参数。动态参数又可分为周期参数、非周期参数和随机变化参数。

3）按照被测参数的物理化学性质可分为：长度、力、时间、温度和电磁场等。

4）只进行计数的在线检测，例如产品的计数（包括合格率、废品率的检测）、缺陷的计数、多相混合物中某种成分的计数等。

按照检测对象来分，在线检测主要有以下两种：

1）直接检测系统。这种在线检测系统直接检测工件的加工误差，并做出补偿，是一种综合检验的方式，但检测装置的安装位置、加工中的切削液、切屑和振动的影响都是比较难处理的问题。误差信号的采集和分离也比较复杂。这种系统的主要优点在于直接反映了加工误差。

2）间接检测系统。该系统检测产生加工误差的误差源，并进行补偿，如对机床主轴的回转运动误差进行检测和补偿，以提高工件的圆度。这种在线检测系统相对来说较简单，但它与加工状况和环境的关系不大。

在线检测的主要特点如下：

1）能够连续检测加工过程中的变化，了解加工过程中的误差分布和发展，从而为实时误差补偿和控制创造了条件。

2）检测结果能反映实际加工情况，如工件在加工过程中的热变形情况就可以通过在线检测得到，而离线检测只能测量工件在冷态下的精度。

3）在线检测由于是在加工过程中进行，因而会受到加工过程中的一些限制，如检测传感器的安置，切削液和切屑的状况，传感器的性能及尺寸等都会影响在线检测的可行性和测量结果的正确性。因此，在线检测的难度较大。

4）在线检测大都用非接触传感器，对传感器的性能要求较高，如测量工件圆度的电容传感器，测量工件直线度和机床导轨直线度的激光干涉仪等。非接触测量不会破坏已加工表面，对精密和超精密加工是十分重要的。

5）在线检测一般是自动运行的，在线检测系统包括误差信号的采集、处理和输出、与误差补偿控制系统的连接。因此它往往不是一种单纯的检测方法。

二、在线检测的基本原理

实现在线检测，首先要选择和确定所用的测量原理和测量方法。测量原理是指测量方法的科学基础，而测量方法定义为根据给定的原理，在实施测量中所涉及的理论运算和实际操作的方法。

在线检测的对象及物理量十分广泛，因此，所用的测量原理也十分广泛，表 4-7、表 4-8、表 4-9 列出了工业在线检测中常用的几种测量原理。

表 4-7 长度和线位移测量原理

测量原理	测量范围/mm 10^{-10} 10^{-8} 10^{-6} 10^{-4} 10^{-2} 10^{0} 10^{2} 10^{4}	输出量
光学杠杆放大		角位移
显微放大		图形
光栅测长		光强
光波干涉测长		光强
光波散斑		光强
电阻式		电阻
电容式		电容
电感式		电感
直线感应同步器		电压
晶体压电效应		电荷
隧道放电效应		电流

表 4-8　角度和角位移测量原理

测量原理	测量范围/mm 10^{-10}	10^{-8}	10^{-6}	10^{-4}	10^{-2}	10^{0}	10^{2}	10^{4}	输出量
圆周等分法			—	—	—	—			角度
光学准直法		—	—						角度
光波干涉法		—	—						光强
光栅盘			—	—	—	—			光强
磁栅盘			—	—	—	—			磁强
旋转变压器			—	—	—	—			电压
自整角机			—	—	—	—			电压
电阻式			—	—	—	—			电位
电容式			—						电容
电感式			—						电感

表 4-9　表面粗糙度的测量原理

测量原理	测量范围/mm 10^{-10}	10^{-8}	10^{-6}	10^{-4}	10^{-2}	10^{0}	10^{2}	10^{4}	输出量
轮廓光学显微放大			—	—					长度
光波干涉条纹法			—	—					长度
电动触针式轮廓测量			—	—					电压
激光光针式轮廓测量			—	—					光强
激光散斑式表面测量			—	—					光强
隧道放电式轮廓测量		—	—						电流
原子力式轮廓测量	—	—	—						电压

三、在线检测实例

图 4-11 所示是在磨削加工中的零件内径在线检测装置原理，其中，图 4-11a 是一点式测量并用电触点连接信号灯指示尺寸是否到公差界限的装置，图 4-11b 是两点式测量并用传感器或指针式表头指示尺寸变化，图 4-11c 是三点式测量并用传感器或指针式表头指示尺寸变化。

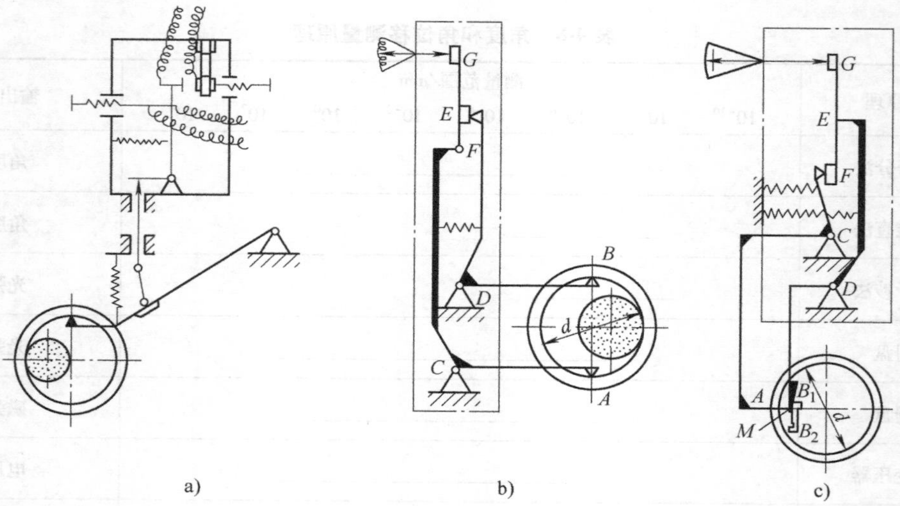

图 4-11　磨削加工中的零件内径在线检测装置原理图

德国柏林工业大学研究开发了具有实用价值的超声波检测方法，如图 4-12 所示。10MHz 的超声波通过冷却介质的喷嘴流注向工件，该方法测量工件的直径达到±2μm 精度，不足之处是混入冷却介质中的气体会直接影响测量精度。

图 4-13 所示是工件直线度在线检测系统，该系统只需对电涡流传感器 A 和 B 的安装略做改动就可以用来检测深孔的直线度误差，在此基础上做些扩展还能测量深孔的圆度和圆柱度。该方法不受机床溜板运动直线度的影响，可在多种机床上使用，特别适用于大型和重型零件直线度的在线检测。

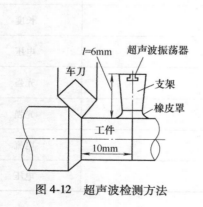

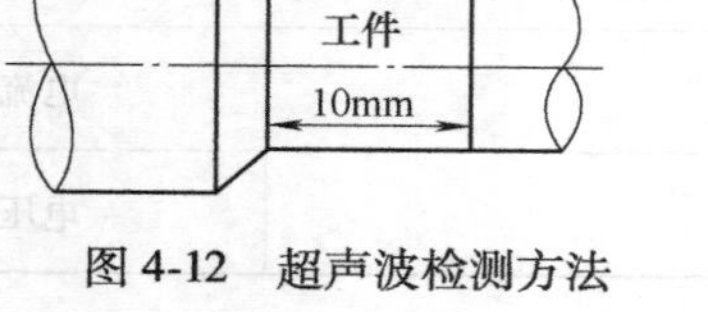

图 4-12　超声波检测方法

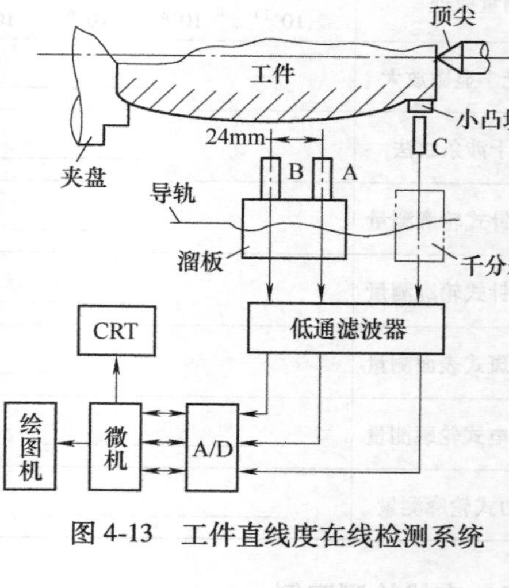

图 4-13　工件直线度在线检测系统

第六节　超精密加工的误差补偿

一、误差补偿方法

误差补偿技术最早应用于三坐标测量机（Coordinate Measuring Machine，CMM），采用误差补偿技术的 CMM 在测量性能得到提高的同时，制造及维护成本也得到了降低。

提高精密机床制造精度的传统措施是在设计和制造阶段采取误差避免技术。该方法需要较高的投资，而且需要精心设计、反复修改，制造费用随着机床精度等级的提高而呈指数级增长。误差补偿技术允许机床误差的存在，通过分析、检测和建模，获得机床的误差估算，然后利用不同误差估算，对制造误差进行适当的补偿，达到提高机床制造精度的目的，其最大的优点就是能使用低等级的机床加工出高精度的工件。这种“不用精密设备的精密加工”引起了广泛的关注，误差补偿技术也逐渐受到重视，被认为是今后生产精密机床、提高产品质量的必由之路。

误差补偿方法可依据系统的可重复性划分为两类，一类是预校准补偿，也称为静态误差补偿。该方法是于制造过程之前或之后测出误差量，然后在随后的加工中根据测出的误差量对加工过程进行校准。该方法要求假定整个加工过程和测量过程是高度可重复的，如装备有螺距误差补偿和反冲补偿装置的机床可抵消相应的静态误差。另一类方法是实时误差补偿，也称为动态误差补偿。该方法考虑机床误差的连续性和不同误差分量间的相互作用对机床制造误差进行动态补偿。通常静态误差补偿用来确定和校正机床的基本误差，而动态误差补偿用来校正热和切削力引起的误差。

实现动态误差补偿的基本步骤如下：

1）误差信号的在线检测。它是误差补偿控制的前提和基础，由误差检测系统来完成。误差检测系统应根据误差补偿控制的具体要求来设计。误差信号检测的可行性和正确性直接影响误差补偿的成功与否。

2）误差信号的处理。由误差检测系统获得的误差信号，其中必然包含着某些频率的噪声干扰信号，也会有几种误差信号混合在一起，这就需要分离不需要的信号，提取需要的信号，以满足误差补偿的需要。现在大多采用性能优良的微型计算机来进行误差信号处理。

3）误差信号的建模。建模就是找出工件加工误差与在补偿作用点上的补偿控制量之间的关系，称为误差模型。对于系统误差的处理和建模比较方便，而对于随机误差的处理和建模则比较困难。当前，已出现随机过程建模方法，即把加工过程看成是一个随机动态过程，用时间序列分析方法建立其误差模型，它不仅可以描述实际加工过程的误差值，还可以预测未来加工过程的误差值，从而弥补了误差补偿控制与误差检测之间的时间滞后。

4）补偿控制。根据所建立的误差模型，并根据实际加工过程，用计算机计算预补偿的误差值，输出补偿控制量。对于数控系统，补偿控制量就是正负脉冲数。

5）补偿执行机构。用于具体执行补偿动作设置在补偿点上。由于补偿是一个高速动态过程，要求位移精度和分辨率高，频响范围宽，结构刚度好，因此补偿执行机构多用微进给机构来完成。

二、误差补偿系统应用实例

1. 数控车床实时误差补偿技术

如图 4-14 所示为一台数控双主轴车床，该车床有左、右两根主轴和分别称为 *X* 轴、*Z* 轴、*U* 轴和 *W* 轴的四根运动轴。*Z* 轴移动大拖板做上下运动，其移动距离为 175mm；*X* 轴移动中拖板做左右运动，其移动距离为 70mm；*U* 轴移动左小拖板（左轴切削刀架基座）做左右运动，其移动距离为25mm。其中，左、右两小拖板叠在中拖板上做移动，中拖板叠在大拖板上做移动。左、右两主轴合用大、中拖板。

该机床几何、热误差的23个误差元素可分为两类：与拖板位置有关的误差元素和与拖板位置无关的误差元素。用激光测量器测量与拖板位置有关的误差元素和垂直度，用位移传感器测量与拖板位置无关的误差元素，如主轴热漂移误差和原点热漂移误差。在测量误差的同时，记录机床的温度场和拖板位置，测量后将误差元素建模成机床位置和温度的函数，最后把测得和求得的各误差元素带入综合误差公式。为检测机床温度场，有16个热传感器被安置在机床上，如图4-14所示。

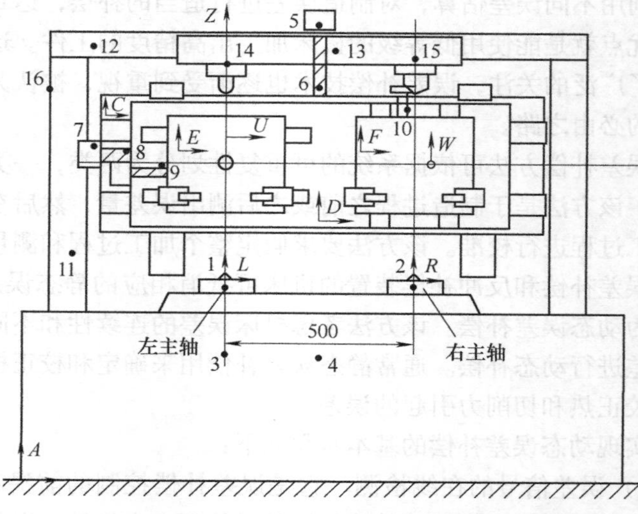

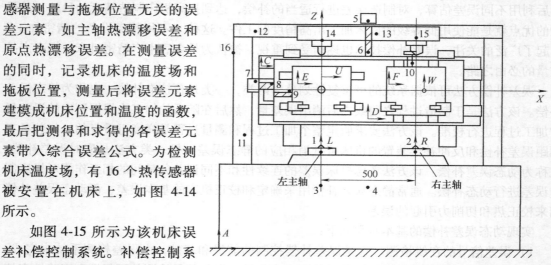

图4-14 数控双主轴车床结构及误差测量方案

如图4-15所示为该机床误差补偿控制系统。补偿控制系统主要由微型计算机结合机床控制器构成，把机床的温度信号（和热误差有关）和拖板的运动位置信号（和几何误差有关）通过A/D板送入微型计算机，根据预先输入微型计算机的综合误差数学模型，算出瞬时综合误差值，然后把补偿值（误差值的相反数）送入机床控制器，机床控制器再根据补偿值对刀架进行附加进给运动完成实时补偿。

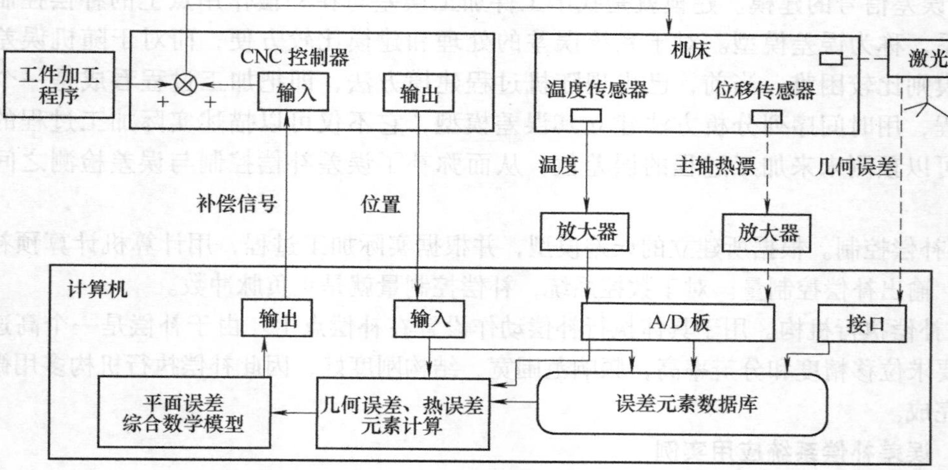

图4-15 机床误差补偿控制系统

2. 镗削工件内孔圆柱度的补偿控制装置

威斯康星大学研究的镗削工件内孔圆柱度的补偿控制系统如图4-16所示。分析表明，造成工件内孔圆柱度误差的主要原因是镗杆径向圆跳动误差和直线运动的直线度误差。由激光器发出的激光束作为基准光线照射在装在镗杆上的棱镜上，棱镜反射光线位置的变动就反映了镗杆的运动误差，用一只 X、Y 双向光传感器检测棱镜反射光线位置的变动，所测得的信号经测量系统分析处理后传给计算机系统建模，然后预报出镗杆在镗刀各个切削位置的误差补偿运动，通过驱动压电陶瓷镗削补偿执行机构做内孔镗削补偿加工。补偿加工后的工件内孔圆柱度误差与无补偿相比较减少了 56%～64%。

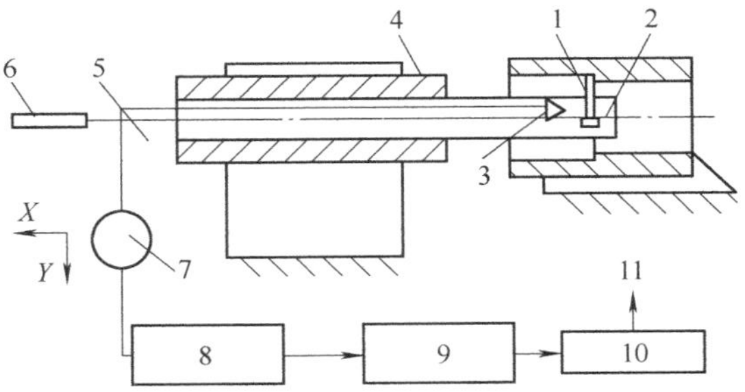

图 4-16　镗削工件内孔圆柱度的补偿控制系统
1—镗刀　2—补偿执行机构　3—棱镜　4—主轴轴系
5—分光镜　6—激光器　7—X、Y 双向光传感器
8—测量系统　9—建模与预报　10—控制器
11—至压电陶瓷补偿执行机构

3. 超精密车床加工精度在线测量补偿

哈尔滨工业大学基于研制的亚微米超精密数控车床，通过误差补偿技术提高其在线测量精度，为实现超精密车床加工测量一体化打下了基础。

零件加工精度的在线测量分为两种情况：一是在加工过程中直接测量工件加工表面，加工过程一结束，就能得到所需要的精度指标，这是在线测量最理想的情况；二是加工过程结束后，工件仍然安装在机床上，用合理的测量仪器对工件进行测量。在超精密加工中，热变形对加工精度的影响是不可忽视的，因此必须在加工过程中用恒温油淋浇或切削液冷却，在有冷却液和工件转速高的情况下，零件加工精度的检测主要是采用传统的离线测量方法，而离线测量的费用在很多情况下等于甚至超过零件的加工费用。

基于上述原因，哈尔滨工业大学对第二种情况进行研究，实现了零件的在线测量，其实质是把车床作为坐标测量机使用。由于亚微米超精密车床运动部件的运动精度很高，甚至比很多测量仪器和测量机的运动精度还高，如果把车床和合适的测量仪器有机地结合起来即可实现零件加工精度的在线测量，这样车床既可作为加工用，又可作为测量用，扩大了车床的应用范围，同时也解决了零件的测量问题。

车床作为坐标测量机使用时，在线测量精度也受到测量传感器的精度、测量策略和数据处理策略的影响。在该超精密车床设计制造过程中采用了许多先进技术以减少或消除热变形误差对车床运动精度的影响，如该车床采用空气静压主轴且选用白色密玉作为主轴和轴承的材料；车床溜板采用空气静压导轨；车床主轴箱、溜板、床身和导轨均选用花岗岩材料；加工车间温度控制为±0.1℃等，因此影响测量精度的误差源主要是机床的几何误差，共有 21 项，即每个运动部件的 6 个误差和 3 轴之间的 3 个相互位置误差。21 项误差源见表 4-10。准确迅速地对误差源进行辨识是实现高精度在线测量的基础，由于测量过程和加工过程的运动方式很相似（刀具由传感器或测量探针代替，当然二者的误差补偿模型也是相似的），非误差敏感方向上的误差源对测量精度的影响可以忽略。

表 4-10　车床 21 项误差源

序号	符号	几何意义	序号	符号	几何意义
1	$\delta_X(X)$	X 轴定位误差	12	$\gamma(Z)$	Z 轴俯仰误差
2	$\delta_Y(X)$	X 轴 Y 向直线度误差	13	$\delta_X(\Phi)$	主轴 X 向跳动
3	$\delta_Z(X)$	X 轴 Z 向直线度误差	14	$\delta_Y(\Phi)$	主轴 Y 向跳动
4	$\alpha(X)$	X 轴翻滚误差	15	$\delta_Z(\Phi)$	主轴 Z 向窜动
5	$\beta(X)$	X 轴偏摆误差	16	$\alpha(\Phi)$	主轴绕 X 转角误差
6	$\gamma(X)$	X 轴俯仰误差	17	$\beta(\Phi)$	主轴绕 Y 转角误差
7	$\delta_Z(Z)$	Z 轴定位误差	18	$\gamma(\Phi)$	主轴绕 Z 转角误差
8	$\delta_X(Z)$	Z 轴 X 向直线度误差	19	$\alpha_{Z\Phi}$	主轴和 Z 轴平行度误差
9	$\delta_Y(Z)$	Z 轴 Y 向直线度误差	20	$\beta_{X\Phi}$	主轴和 X 轴垂直度误差
10	$\alpha(Z)$	Z 轴翻滚误差	21	β_{XZ}	X 轴和 Z 轴垂直度误差
11	$\beta(Z)$	Z 轴偏摆误差			

该车床主要加工圆柱面、端面、锥面和球面等零件，在不考虑主轴回转误差的情况下，在线测量圆柱面母线的形状或圆柱度误差时只需要 X 向误差补偿；在线测量端面时需要 Z 向误差补偿；在线测量锥面和球面等曲面时需要同时进行 Z 向和 X 向误差补偿，这时误差补偿模型必须是二维的。当然用 3 个电容传感器也可以补偿主轴回转误差对测量精度的影响。

误差补偿量的辨识通常有两种方法：一是首先离线辨识各项误差源，通过一定的合成法则（如齐次坐标变换）得到机床加工空间各点的误差补偿量；二是通过测量零件已加工表面得到误差补偿量。第一种方法费时且建模过程中的假设会影响建模精度，而第二种方法只能补偿测量具体零件，不能把补偿区域扩大到整个加工区。可以把两种情况结合起来辨识误差补偿量，既保证精度又节省时间。通过辨识影响测量精度的误差源得到误差补偿量，然后利用 MATLAB 5.1 神经网络工具箱建立在线测量误差补偿模型，非常方便。全部网络拓扑结构可采用基于 Levenberg-Marquardt 优化算法的 BP 网络，隐层用“tansig”函数，输出层用“purelin”函数。

基于神经网络的误差补偿模型建立后，用测量精度为 0.01μm 的电感传感器代替刀具对两种加工零件进行在线测量的结果如下：

1）如图 4-17 所示，车削一个圆柱面（母线为 100mm），在线测量工件的母线直线度，母线直线度误差为 0.26μm（补偿加工后直线度为 0.10μm）；在主轴安装码盘的条件下，在线测量工件圆柱度误差为 0.38μm（补偿加工后为 0.21μm）。

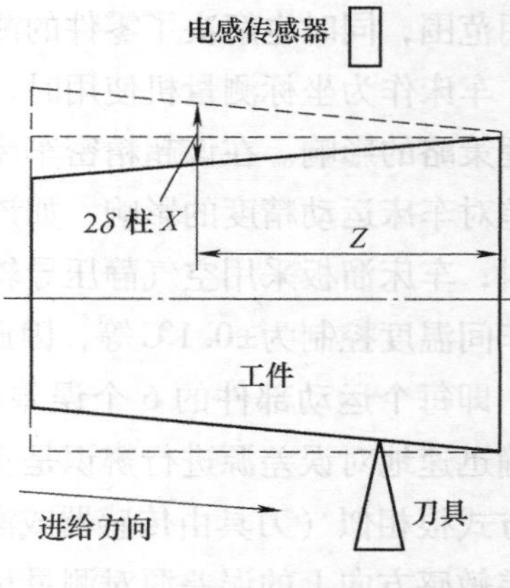

图 4-17　圆柱母线误差测量示意图

2）车削一个端面（直径为 100mm），在线测量工件端面的平面度误差，测量结果为非补偿零件平面度误差为 0.8μm，离线测量结果为 0.78μm，补偿加工后零件的平面度误差为 0.12μm。

由测量结果知道，通过误差补偿后，在线测量精度是令人满意的，如果同时补偿主轴的回转误差，在线测量精度会更高。这里没有高精度测量探针，因此不能在线测量球面等曲面，如果有高精度测量探针及相应的数据处理软件，则车床完全可以作为高精度坐标测量机使用。为了实现在线测量的自动化，可以把测量传感器或探针储存在刀架上，如在车床上用一个转动刀架，加工时刀具靠近工件，测量时传感器靠近工件，这个转换过程可以自动进行。完全由机床本身即加工测量一体化自动保证零件的加工精度是制造技术发展的目标，在线测量技术是零件质量保证和提高生产率的重要手段，在机械加工中扮演着十分重要的角色。

第七节 超精密加工的检测设备与仪器

一、双频激光干涉仪

在科学技术和工业生产需求的推动下，尤其是 0.633μm 氦氖激光问世以来，激光干涉仪得到飞速发展和普及。由于用激光作为光源的干涉仪与用其他光源的干涉仪相比，具有测量速度高、测量范围大、测量精度高等优点，故在精密和超精密机械中广泛用作激光干涉测量检测系统。

激光干涉仪有单频激光干涉仪和双频激光干涉仪两种。双频激光干涉仪与单频激光干涉仪相比具有对外界环境变化的抗干扰能力强，适于生产现场测量，可实现光学二倍频，用途范围广等特点，故被广泛用于超精密加工的检测系统中。

1. 双频激光干涉仪的工作原理

双频激光干涉仪是在单频激光干涉仪的基础上发展的一种外差式干涉仪。被测信号载波在一个固定频率上，整个系统成为交流系统，大大提高了抗干扰能力，特别适合在现场条件下使用。仪器与不同光学部件组合，可测量长度、角度、速度、直线度、平行度、平面度和垂直度等，素有“小型计量室”之称。

图 4-18 为双频激光干涉仪原理图。单模激光器 1 置于纵向磁场 2 中，由于塞曼效应使输出激光分裂为具有一定频差（约 1~2MHz）、旋转方向相反的左、右圆偏振光，双频激光干涉仪就是以这两个具有不同频率（f_1、f_2）的圆偏振光作为光源。左、右圆偏振光通过 λ/4

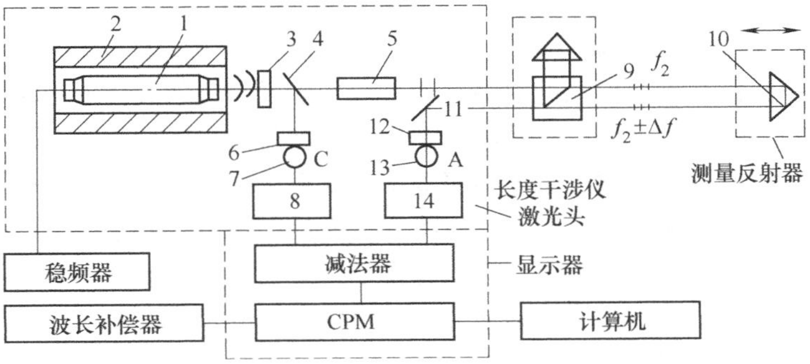

图 4-18 双频激光干涉仪工作原理框图

1—单模激光器 2—纵向磁场 3—波片 4—折光镜 5—扩束器 6—检偏器 7—光电探测器 8、14—前置放大整形电路 9—偏振分光镜 10—测量反射镜 11—反射镜 12—与主截面成 45°放置的检偏器 13—光电探测器波片 3 后成为正交的线偏振光（f_1 垂直于纸面，f_2 平行于纸面），折光镜 4 将一部分光反射，经过与主截面成 45°放置的检偏器 6，在 C 处由光电探测器接收，接收信号经前置放大整形电路 8 处理后，作为后续电路处理的基准信号。通过折光镜 4 的光经扩束器 5 扩束后射向偏振分光镜 9，偏振分光镜按照偏振光方向将 f_1 和 f_2 分离，偏振方向平行于纸面的 f_2 透过偏振分光镜到测量反射镜 10。当测量反射镜移动时，产生多普勒效应，返回光频率变为 $\pm\Delta f$，Δf 为多普勒频移量，它包含了测量反射镜的位移信息。返回的 f_1、$f_2\pm\Delta f$ 光在偏振分光镜再度汇合，经反射镜 11、与主截面成 45°放置的检偏器 12 在 A 处由光电探测器 13 接收，接收信号经前置放大整形电路 14 处理后，作为系统的测量信号。

2. 双频激光干涉仪的测量应用

（1）直线度测量　用双频激光干涉仪测量直线度的原理图如图 4-19 所示。正交的线偏振光 f_1 和 f_2 经折光镜在渥拉斯顿棱镜 2 上以 θ 角分离，射向双平面反射镜 3，当双平面反射镜发生横向位移 Y 时，反射后的两束光分别产生多普勒频移 $\pm\Delta f_1$ 和 $\mp\Delta f_2$，它们经折光镜下部的反射镜返回，可以导出

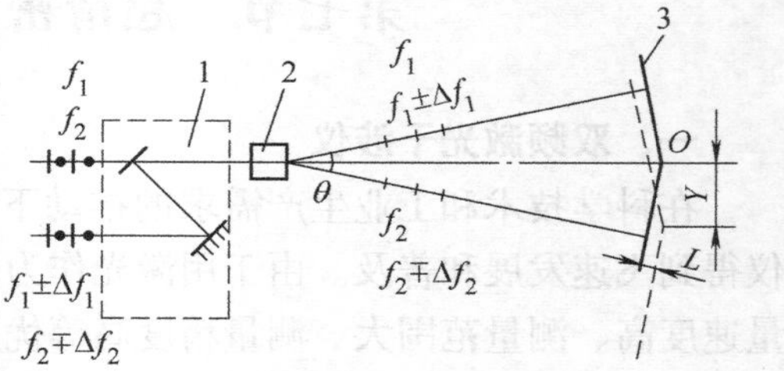

图 4-19　直线度测量原理

1—折光组件　2—渥拉斯顿棱镜　3—双平面反射镜

$$Y=\frac{L}{2\sin(\theta/2)}$$

式中，L 为双频激光干涉仪的长度显示值。

在直线度干涉仪中，当双平面反射镜或渥拉斯顿棱镜沿光轴方向移动时，两束线偏振光 f_1 和 f_2 产生符号相同、大小相等的多普勒频移，在减法器中相减抵消，干涉仪对这一方向的位移是不能感受的。但是，如果在测量过程中双平面反射镜有摆动，如图 4-20 所示，两束线偏振光 f_1 和 f_2 同样会产生多普勒频移 $\pm\Delta f_1$ 和 $\mp\Delta f_2$，符号相反，造成与横向位移测量信息的混淆，而且双平面反射镜的夹角 θ 很小，它对偏摆的感受比对横向位移的感受更为灵敏，导致测量结果中偏摆值和横向位移难以区分，所以在实际使用时，一定要在偏摆极小的情况下才能将双平面反射镜作为移动件。

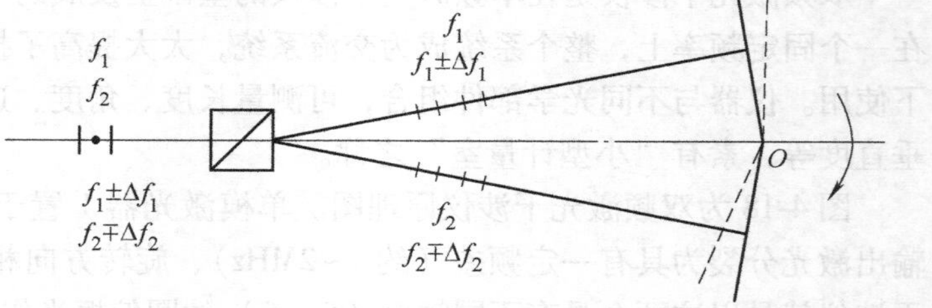

图 4-20　偏摆角对直线度测量的影响

一般在被测部件存在偏摆的情况下，应将双平面反射镜置于固定件上，渥拉斯顿棱镜安装在移动件上。由于渥拉斯顿棱镜可以近似看作平行平面板，因此对偏摆角不敏感；而双平面反射镜固定意味着在测量过程中作为基准线的双平面镜分角线不变，因此在使用直线度干涉仪时，这种安排是最合理的。

图 4-21 为直线度测量布局示意图，图 4-21a、图 4-21b 分别为水平轴和垂直轴直线度测量的一般方法。有时由于被测机床结构空间的限制，双平面反射镜难以固定，可采用如图 4-21c 所示的布局，将该布局转 90°，也适用于水平轴的直线度测量。

（2）垂直度测量　垂直度测量使用直线度干涉仪附件，在测量垂直方向时，需增加一

些转向光学附件，如图 4-22 所示。

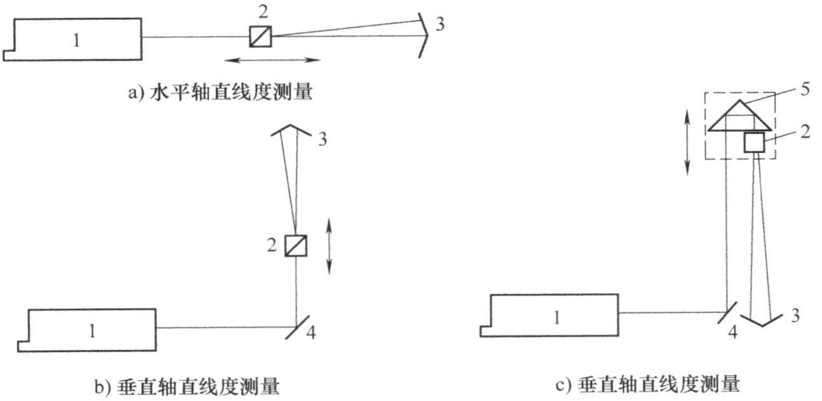

图 4-21　直线度测量布局示意图

1—激光头　2—渥拉斯顿棱镜　3—双平面反射镜　4—折向镜　5—往复反射镜

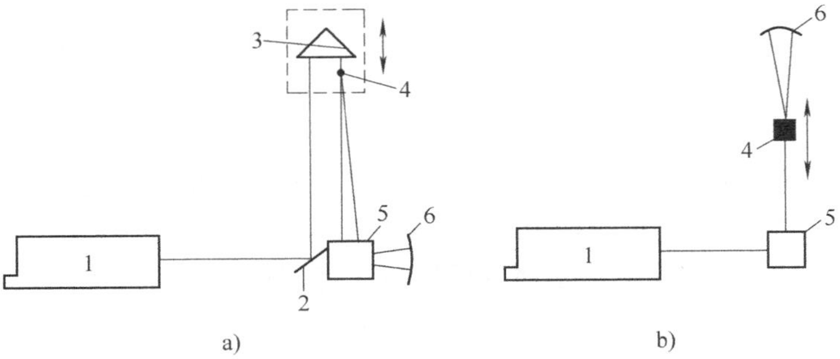

图 4-22　垂直轴直线度测量的两种布局方式示意图

1—激光头　2—转向平面镜　3—往复反射镜　4—渥拉斯顿棱镜　5—光学直角尺　6—双平面反射镜

垂直度是指两个垂直轴的直线度包容线的夹角与 90°之差。测量时，可以先测量水平轴的直线度，然后再测量垂直轴的直线度。如图 4-22 所示为测量垂直轴直线度的两种布局方式。如前所述，在测量直线度时，双平面反射镜的角分线为测量基准线，所以在测量水平轴和垂直轴直线度时，双平面反射镜必须保持不动。将如图 4-22 所示的布局旋转 90°，也可以用于测量水平面内的两轴垂直度。

（3）平行度测量　平行度的测量方法有两种：线性法和旋转法。前者主要用于测量机床运动部件往返直线运动轨迹或者两平行轴的平行度；后者则用于测量机床回转轴线与导轨的平行度。

平行度测量使用渥拉斯顿棱镜和双平面反射镜，实际是测量两个轴（或者单个轴的往返方向）的直线度，其包容线的夹角即为平行度。

图 4-23 为线性法测量平行度示意图，图 4-23a 所示为测量工作台往返运动轨迹平行度，测量时双平面反射镜固定不动，渥拉斯顿棱镜固定于工作台上，分别测量工作台在两个方向上的直线度，从而得到往返轨迹的平行度；图 4-23b 所示为测量两轴平行度，分别移动双平面反射镜和渥拉斯顿棱镜，测得两轴的直线度。使用这种方法时需注意被测轴线不能有明显

的偏摆，在条件允许的情况下，应尽量将双平面反射镜固定，如果渥拉斯顿棱镜先后安装在两个工作台上做两次直线度测量，则效果更好。

图 4-24 为旋转法测量车床主轴轴线与刀架运动轨迹平行度的示意图。首先移动刀架进行第一次测量，然后车床卡盘旋转 180°（即双平面反射镜旋转 180°），进行第二次测量。两次测量值包容线夹角的一半即为平行度。

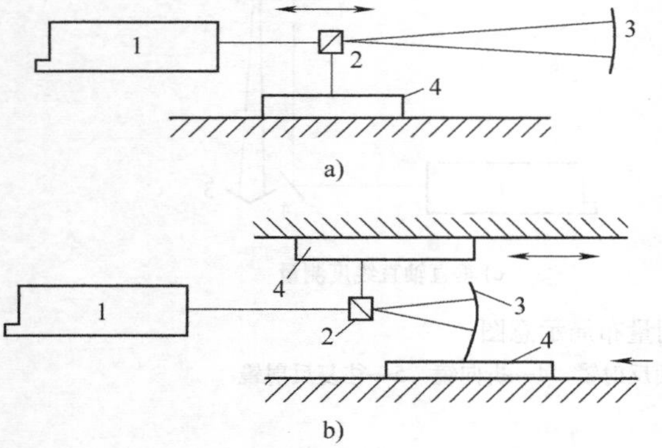

图 4-23 线性法测量平行度示意图

1—激光头 2—渥拉斯顿棱镜

3—双平面反射镜 4—工作台

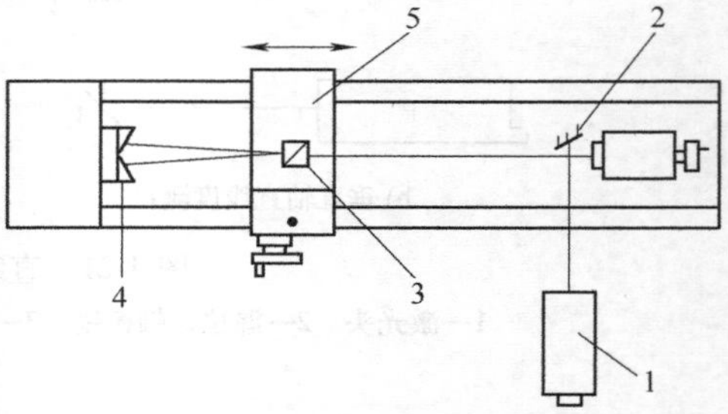

图 4-24 旋转法测量平行度示意图

1—激光头 2—折向镜 3—渥拉斯顿棱镜

4—双平面反射镜 5—车床刀架

（4）平面度测量 平面度测量使用角度干涉仪分光镜、角度反射镜、平面反射镜和标准桥板，偏差量通过角度变化量与跨距计算而得到。

图 4-25 为平面度测量示意图。平面度反射镜 3 将测量光束折向测量线方向，角度干涉仪分光镜置于测量线起点，角度反射镜固定在标准桥板上。测量时桥板沿直尺 5 首尾相连逐点采样。在 MJS 双频激光干涉仪中，测量数据可按最小包容法或 Moody 法处理，如图 4-26 所示为平面度测量数据处理结果拓扑图。

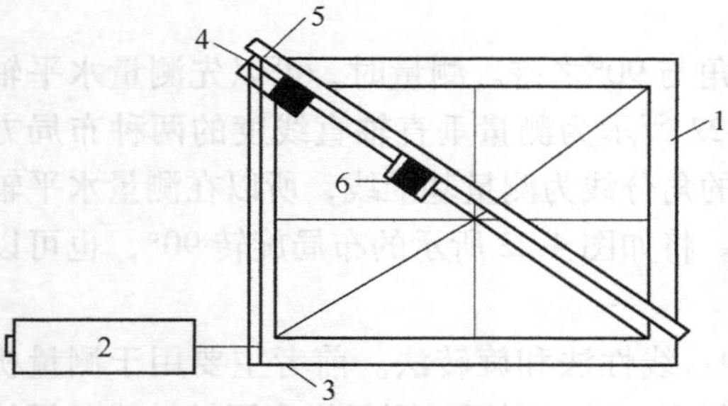

图 4-25 平面度测量示意图

1—被测平板 2—激光头 3—平面度反射镜

4—角度干涉仪+平面度反射镜 5—直尺

6—角度反射镜+桥板

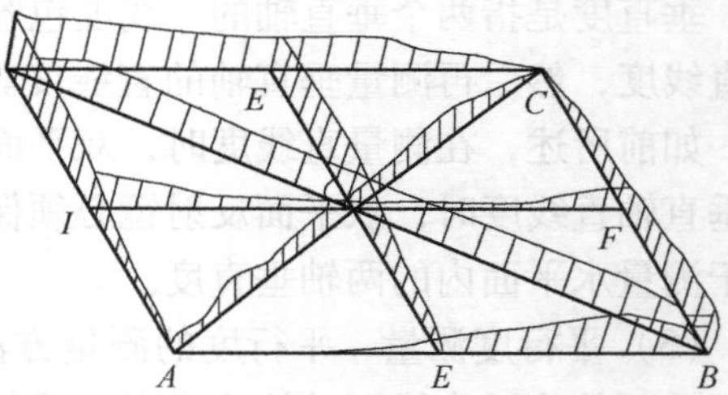

图 4-26 平面度测量数据处理结果拓扑图

3. 双频激光干涉仪的应用实例

超精密机床是实现超精密加工的主要设备，而高精度的在线测量系统是超精密机床的技术关键。作为现代高精度位移测量技术，双频激光干涉仪可以达到纳米级分辨率，是理想的高精度测量系统，是现代超精密机床普遍应用的精密位置测量方式。表 4-11 为美国惠普公司 5526A 双频激光干涉仪的主要性能。

表 4-11　双频激光干涉仪的主要性能

项　目	性　能
运算器误差	$\pm0.2\pm5\times10^{-7}$
稳频误差	终态修正
稳频操作	完全自动调谐
激光器寿命	1000h
采样运算速度	200 次/s
折射率测量精度	$\Delta p=0.75$mmHg $\Delta f=\pm10\%$ $\Delta t=\pm0.1$℃

项　目		性　能
测角	分辨率	0.1″
	精度	+0.1″
直线度	分辨率	0.01μm
	精度	±0.4μm
单光束干涉仪		配有 f=127，254，762
扩展器		有 $6^{\times}$，$10^{\times}$ 并有另外配件自动补偿
系统误差		$\pm0.2\pm0.3\times10^{-8}L$

注：1mmHg=133.322Pa；L 为测量棱镜的移动距离。

由于双频激光干涉仪所具有的独特优点，美国早期的超精密机床大多采用双频激光干涉仪作为高精度检测系统。如摩尔超精密车床的滑板工作台的双直线坐标（X、Z 方向）用双频激光测量系统作为工作台移动的位置测量及反馈；LODTM 车床，采用高分辨率（分辨率为 0.625nm）的 7 路双频激光测量系统，用以检测刀具各方向移动的位置，其中 4 路监测滑板在横梁上运动，3 路监测刀架竖直运动，通过计算机（32 位电子计算机）运算可以精确知道刀尖的位置，能在线测量滑板和刀架的歪斜并予以误差补偿，因此该机床能够达到很高的加工精度；美国 Rank Pneumo 公司的 MSG-325 型超精密车床，在车床内装有 2 套密封的双频激光干涉测距系统，用于精确监测 Z 向和 X 向的位移。

哈尔滨工业大学研制的超精密机床的双坐标激光位置测量系统如下：

（1）机床要求及激光器技术指标

HCM-I 型超精密车床主要用来加工有色金属和非金属，可以加工外圆、平面、圆锥和圆弧曲面等。与位置测量有关的主要性能指标如下：加工精度，包括加工零件圆度（0.05~0.02μm）、直线运动精度（0.2~0.1μm/100mm）和表面粗糙度（Ra0.02~0.01μm）；数控系统的分辨率为 0.01μm，重复定位精度≤0.1μm。

为了保证进给系统的高精度，实现亚微米级的加工精度，测量系统必须达到相应的精度。该测量系统的性能指标如下：输出功率 0.001W，测量范围 0~10m，测量精度±0.1μm，响应速度 630mm/s。本测量系统能同时测量 X 和 Z 双向运动，是双坐标测量系统，完全能满足机床性能的要求。其在机床中的布局如图 4-27 所示。

（2）双频双坐标激光测量系统的组成

研制的双频双坐标激光测量系统由以下四大模块组成（见图 4-28）：

1）双频激光器、光学元件、光电接收器和信号放大器、稳频电箱组成的一次信号处理系统；该前置处理电路部分采用国内成熟技术，由北京科学仪器厂采购。

2）数据采集及处理的专用微型计算机系统。

3）用于修正波长变化的空气参数补偿系统。

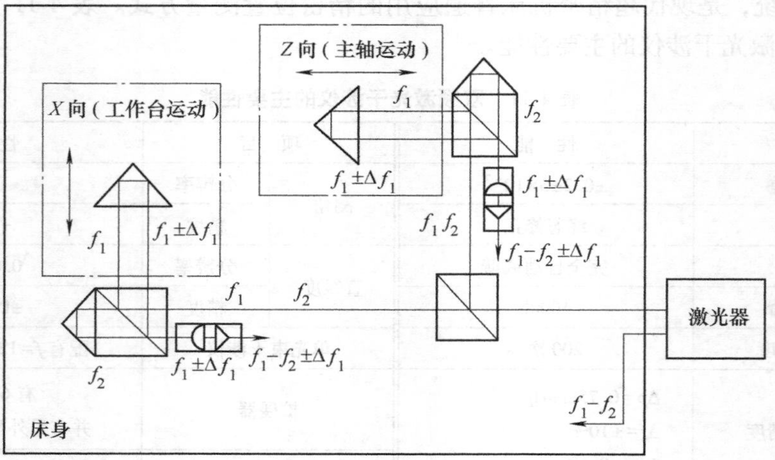

图 4-27 激光位置测量系统布局

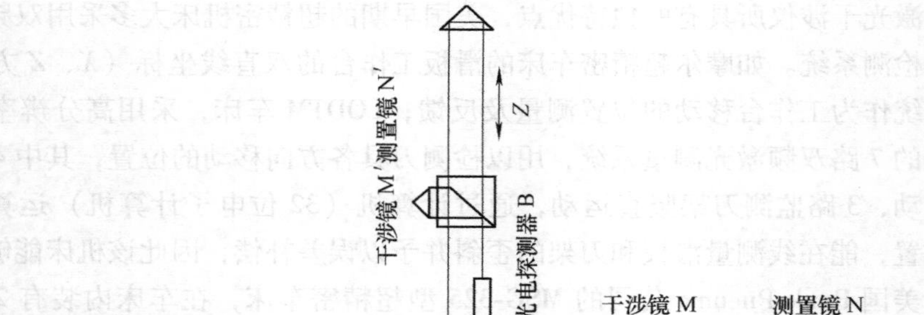

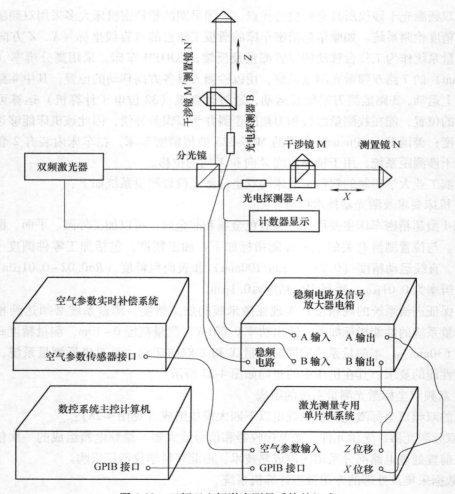

图 4-28 双频双坐标激光测量系统的组成

4）GPIB 数据通信设备。为了实现进给系统的闭环控制，必须采用数据传输快、性能稳定的通信接口。GPIB 是一种功能强、数据传输快的标准并行接口。在本系统中，GPIB 数据通信对象设备为工控机；它既作为三线挂钩中的控制者发送控制命令，又作为听者读取数据。专用微型计算机在三线挂钩中被定义为讲者，负责发送数据。两者通过 24 针电缆线相连，实现了进给系统的闭环控制。

（3）减少系统测量误差的措施

该超精密车床整体布局为纵轴、横轴分离的 T 形结构，这给在线测量带来了很大方便，减少了许多误差来源。在光路布局方面，由于采取了如下措施而提高了测量精度。

1）合理选择测量轴线。根据误差分析，测量过程中应尽可能使测量轴线和运动轴线重合，以减小阿贝误差。本测量系统在安装时，横向溜板的动反射镜固定在刀尖对面，使动反射镜移动轴线和刀尖运动轴线尽量重合，以消除阿贝误差。纵向溜板由于结构的限制，动反射镜固定在溜板的侧面，故存在阿贝误差，此误差可通过补偿消除。

2）空程误差的减小。空程误差的主要表现为零点漂移，是在系统进行定位测量时，由于系统的热膨胀而引起的温度效应所产生的测量误差。该系统在光路设计时，尽可能使干涉仪接近可动棱镜，最大限度地减少了空程误差。同时干涉仪应尽可能接近机器的基准面，这有助于补偿热膨胀的影响。

3）其他措施。光束在经过棱镜的反射或折射后，会产生一定的微小相变和偏折而给测量带来误差。减少所用的光学元件的数量，可减少光束的能量损失，同时减少误差来源；测量轴线上空气的扰动是因为空气温度、压力、湿度变化而引起的，在光路布局时，测量轴线尽可能地避开了电动机、气源等有温度梯度的区域，同时设计了光路封闭罩，提高了系统的测量精度；采用光路封闭罩还可以防止切屑、切削液和灰尘等对光束的影响。

综上所述，该测量系统以双频激光干涉仪为测量基准，数据采集系统快速可靠，测量分辨率达到 0.01μm；空气补偿系统的使用，使测量精度达到亚微米级，满足了超精密机床的要求；GPIB 数据通信系统的设计，与机床主控系统构成了闭环，从而实现了超精密车床的高定位精度，确保了所研制机床的加工精度指标；由于采取了一系列措施，使激光测量系统在超精密车床应用中达到要求的精度，满足了研制超精密机床的加工精度需要。该测量系统还可以用于其他需要双坐标精密测量的机床和仪器。

二、光栅检测系统

激光干涉检测系统受环境的影响很大，工作环境的温度、振动和大气波动都会使激光器频率发生变化，从而影响测量的精确度，所以这种测量方法对环境要求很高，使用成本较高。近年来廉价的光栅越来越多地被选作为超精密加工领域的检测工具。

光栅在精密计量中应用非常广泛。计量光栅即在玻璃、金属等光栅基体上刻有密集规则线条的计量元件，是人类刻线技术发展的自然产物。目前，比较精制的光栅，每毫米刻制的线纹数可以达到 1000 条以上。

1. 光栅测量的基本原理

下面以长度测量为例来介绍光栅基本原理。

用于长度测量的光栅，由标尺光栅和指示光栅组成。标尺光栅是一个固定的长条光栅，指示光栅是一个可以在标尺光栅上移动的矩形光栅，它们的线纹密度是一样的，一般为每毫米 10~100 线，甚至可以达到 1000 条以上。把两种光栅保持一定的间隔平行放置，并使刻线相互倾斜一个微小的角度 θ。当光线照过光栅时，由于光的衍射和干涉作用，就会产生若干条明暗相间的条纹，通常称为莫尔条纹，如图 4-29 所示。当指示光栅和标尺光栅相对做左右移动时，莫尔条纹沿夹角 θ 的平分线上下移动，其移动的方向与标尺光栅移动的方向垂直。当光栅移过一个栅距时，莫尔条纹正好移过一个条纹间距。因此，通过测量莫尔条纹移过的数目，就可测出标尺光栅移过的距离。

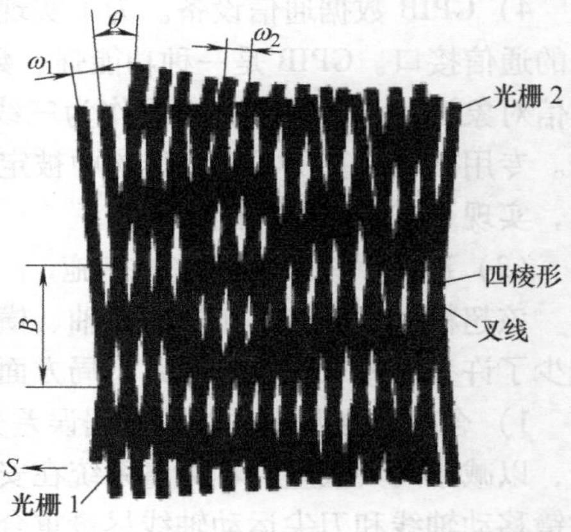

图 4-29 光栅及莫尔条纹的形成

如被测物体长度为 x（见图 4-30），则

$$x = ab = \delta_1 + N\omega + \delta_2 = N\omega + \delta$$

式中，ω 是光栅常数，又叫栅距；N 是 a，b 间包含的光栅栅线对数；δ_1，δ_2 是被测距离两端对应光栅上小于一个栅距的小数。

如将光栅栅距细分 n 等分，则光栅系统的分辨率为 $\tau = \omega/n$，则

$$x = M\tau$$

$$M = Nn + m$$

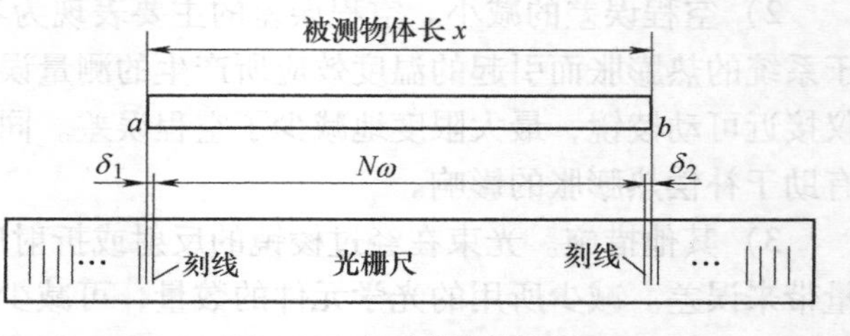

图 4-30 长光栅测量原理

式中，m 是以细分分辨率为单位的总计数值，m=0，1，2，…。

又由光学理论可以得到莫尔条纹的间距 B 为

$$B = \frac{\omega}{2\sin\frac{\theta}{2}} \tag{4-1}$$

式（4-1）中，标尺光栅和指示光栅的光栅常数是相等的，即 $\omega_1 = \omega_2 = \omega$。由于 θ 角很小，从式（4-1）可以得到如下关系：

$$B = \frac{\omega}{\theta} \tag{4-2}$$

从式（4-2）可知，较小的夹角可以获得较大的条纹间距。因此，莫尔条纹对栅距有显著的放大作用，其放大倍数 K 为

$$K = \frac{B}{\omega} \tag{4-3}$$

对于每毫米 50 线的光栅，其光栅常数 ω=0.02mm，θ=0.1°，B=11.4592mm，K=573，用其他方法不易得到如此大的放大倍数。也就是说，尽管栅距很小而难以观察到，但莫尔条纹却清晰可见。

2. 光栅测量装置的组成

光栅测量装置（或称光栅式测量系统）是利用光栅原理对输入量（位移量）进行转换、显示的整个测量装置。它包括三大部分：①光栅光学系统；②实现细分、辨向和显示等功能的电子系统；③相应的机械结构及机械部件等。下面主要介绍光栅光学系统。

（1）光栅光学系统　光栅光学系统（简称为光栅系统）是指形成莫尔条纹和拾取莫尔条纹信号的光学系统及其光电接收元件。它的作用是把标尺光栅的位移转换成光电元件的输出信号。光栅系统不包括实现细分、辨向和显示等功能的电子部分。

光栅系统有很多类型，但是不论哪一类系统，都由几个基本部分组成，现用图 4-31 为例来说明其基本组成。

1）照明系统。包括光源及聚光系统。图 4-31 中，光源 1 发生的光经透镜 2 变成平行光束，照明光栅。

2）光栅尺。图 4-31 中，光栅尺包括标尺光栅 G_1 和指示光栅 G_2，两者在平行光照射下形成莫尔条纹。整个测量装置的精度由标尺光栅的精度所决定，计量光栅的种类很多，可按不同特征进行分类。

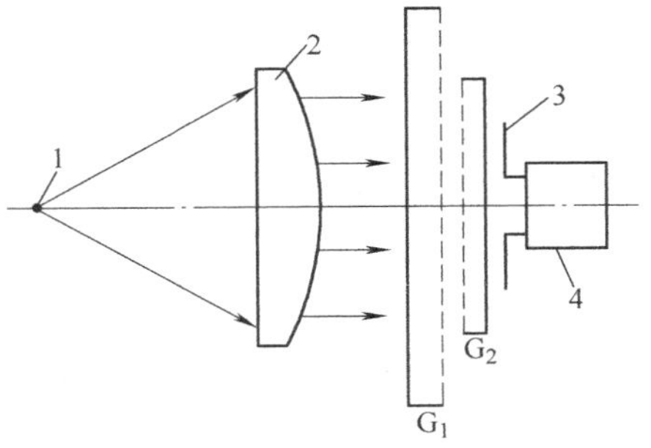

图 4-31　长光栅测量位移系统
1—光源　2—透镜　3—光阑　4—光电元件

3）光电接受系统。图 4-31 中的 4 为光电元件，它把莫尔条纹的光强度的强弱变化转换为电信号输出。利用光敏元件，可以实现对莫尔条纹的检测。常用的光敏元件有硅光电池、光敏二极管和光敏晶体管等。

4）光阑。光阑的主要作用是作为选频滤波器，选择所需的频跃，保留期望的成分，滤去或抑制不期望的谐波成分，而达到改善和控制信号质量的目的。如图 4-31 所示的光阑 3，其作用是从透过两块光栅的衍射级次序列中，把需要的衍射级次从所有其余序列中分离出来，滤掉不需要的衍射级次。

（2）光栅读数头　在光栅光学系统中，除去标尺光栅之外的、由其他几个组件组合在一起的机械光学部件称为光栅读数头。如图 4-31 所示的 1、2、G_2、3、4 几个部分一般组装成一体，该组件便称为光栅读数头。光栅读数头或固定不动，或随机床拖板移动。其作用是在与标尺光栅作相对位移的过程中，根据标尺光栅读出移动件的位移量。

3. 计量光栅的分类

计量光栅的种类很多，可按不同特征进行分类，如图 4-32 所示。

按光栅对入射光波的振幅进行调制还是对相位进行调制，可分为振幅光栅和相位光栅。振幅光栅也称黑白光栅，在尺面上刻有透光和不透光的刻线。根据光栅用途的不同，可分为长光栅和圆光栅。长光栅用来测量长度位移，圆光栅用来测量角度（角位移）。根据光栅尺对光线是透射或反射，可分为反射光栅和透射光栅。根据光栅尺坯材料的不同，分为玻璃光栅尺和金属光栅尺。

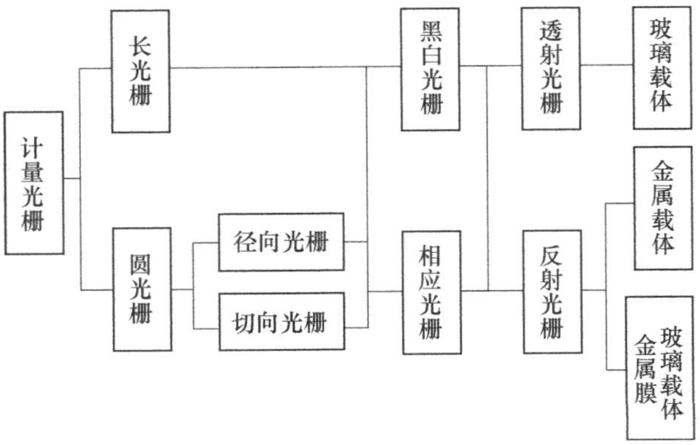

图 4-32　计量光栅的类型

4. 光栅测量的特点

计量光栅是增量式光学编码器，它有许多优点：

（1）测量精度高　计量光栅应用莫尔条纹原理，莫尔条纹是由许多刻线综合作用的结果，故对刻划误差有均化作用，利用莫尔条纹信号所测量的位置精度较线纹尺高，可达亚微米级。

（2）取数率高　莫尔条纹的取数率一般取决于光电接收元件和所使用电路的时间常数，取数率范围可从每秒零至数十万次，既可用于静止的也可用于运动的测量，非常适于动态测量定位系统。

（3）分辨率高　常用光栅栅距为 10~50μm，细分后可达 0.1~1μm 的分辨率，目前最小分辨率可达到 0.1nm。

（4）易于实现数字化、自动化　莫尔条纹信号接近正弦，比较适合于电路处理，故其测量位移的莫尔条纹可用光电转换以数字形式显示或输入计算机，易于实现自动化，且稳定可靠。

由于计量光栅优点多，目前在精密、超精密仪器的计量检测中应用日益广泛，如超精密加工机床、三坐标测量机、动态测量仪器及大规模集成电路的设备及检测仪器等。

5. 提高光栅分辨率的措施

计量光栅是一种利用光栅莫尔条纹现象进行长度和角度测量的传感器，由于其测量分辨率高、使用可靠、体积小、易维护等特点，在超精密加工中应用日益广泛。光栅的测量精度与分辨率直接影响到机器系统的精度与性能。当前，提高光栅传感器测量精度与分辨率的方法一般有两种：其一，采用增加光栅刻线密度的方法来提高测量精度和分辨率。如采用直径为 50mm 的圆光栅（每毫米 250 刻线），通过专用图像传感器实现细分。但光栅高密度刻线技术的工艺复杂，难以制造；另外，用图像传感器实现细分，将使系统电路复杂化，体积增大。其二，采用莫尔条纹的细分技术提高光栅系统的分辨率。近年来莫尔条纹细分技术日益成熟，方法也越来越完善。目前，利用莫尔条纹信号细分处理技术已可以达到纳米级光栅测量的精度与分辨率，为光栅在超精密加工和纳米加工中的应用提供了广阔前景。如天津大学研制出的高分辨率、高频响的光栅纳米测量细分方法——动态跟踪细分法，综合了计算机正切细分法细分份数大、电阻链细分法工作速度快、频响亮的优点，电路原理清晰、结构简单，能够同时适用于动态和静态测量，较好地解决了光栅纳米测量的信号处理过程中的高速度与高分辨率、高准确度的矛盾。实验表明，动态跟踪细分法能够在 400 细分时实现 100kHz 以上的频率响应速度，配合信号周期 2μm 的光栅传感器，可以得到 5nm 的测量分辨率，为光栅纳米测量技术应用于实时测量和实时控制打下了良好的基础，是一种非常有发展前途的新的莫尔条纹细分方法。

莫尔条纹细分一般可分为空间位置细分和时间域相位细分两类，具体可采用机械细分法、光学细分法和电子细分法的方法实现，也可用三者结合的方法。机械细分法、光学细分法离不开电子细分法，在实际应用中，电子细分法应用最广泛。如图 4-33 所示。

6. 计量光栅产品实例

计量光栅技术的基础是莫尔条纹，1874 年由英国物理学家首先提出这种图案的工程价值，直到 20 世纪 50 年代人们才开始利用光栅的莫尔条纹进行精密测量。1950 年德国的 Heidenhain 首创 DIADUR 复制工艺，也就是在玻璃基板上蒸发镀铬的光刻复制工艺，制造出了精度高、价廉的光栅刻度尺，使计量光栅进入商品市场。1953 年，英国提出了一个四相信号系统，可以在一个莫尔条纹周期实现四倍频细分。并能鉴别移动方向，这就是四倍频鉴

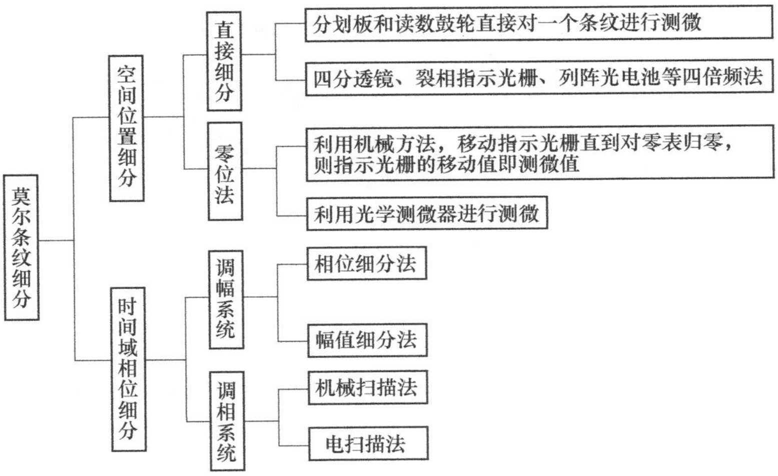

图 4-33 莫尔条纹的细分方法

相技术，是光栅测量系统的基础，并一直广泛应用至今。

现在光栅测量系统已十分完善，应用的领域很广泛，全世界光栅直线传感器的年产量在 60 万件左右，其中封闭式光栅尺约占 85%，开启式光栅尺约占 15%。在 Heidenhain 公司的产品销售额中大约直线光栅编码器占 40%，圆光栅编码器占 30%，而数显、数控及倍频器占 30%。

光栅根据形成莫尔条纹的原理不同分为几何光栅（幅值光栅）和衍射光栅（相位光栅），又可根据光路的不同分为透射光栅和反射光栅。微米级和亚微米级的光栅测量是采用几何光栅，光栅栅距为 20~100μm，远大于光源光波波长，衍射现象可以忽略，当两块光栅相对移动时产生低频拍现象形成莫尔条纹，其测量原理称为影像原理。纳米级的光栅测量是采用衍射光栅，光栅栅距是 8μm 或 4μm，栅线的宽度与光的波长很接近，则产生衍射和干涉现象形成莫尔条纹，其测量原理称为干涉原理。下面介绍的是德国 Heidenhain 公司开发的几种计量光栅的测量原理。

（1）具有四场扫描的影像测量原理（透射法）（见图 4-34） 采用垂直入射的光学系统均为四相信号系统，将指示光栅（扫描掩模）开四个窗口分为四相，每相栅线依次错位 1/4 栅距，在接收的四个光电元件上可得到理想的四相信号，这称为具有四场扫描的影像测量原理。Heidenhain 的 LS 系列产品均采用此原理，其栅距为 20μm，测量步距为 0.5μm，准确度分为 ±10μm、±5μm、±3μm 三种，最大测量长度为 3m，载体为玻璃。

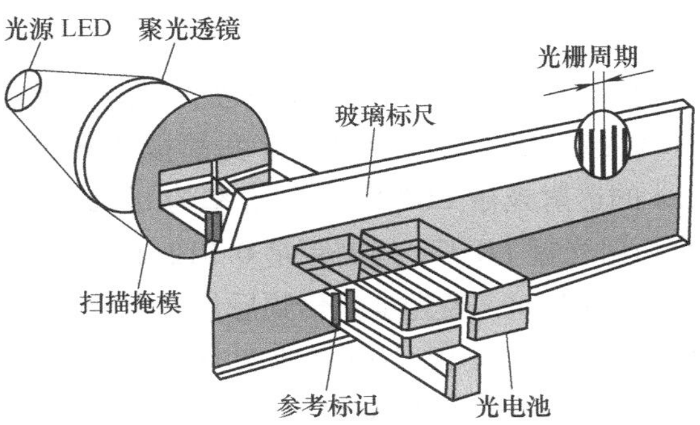

图 4-34 玻璃透射光栅及四场扫描测量原理图

（2）具有准单场扫描的影像测量原理（反射法）（见图 4-35） 反射标尺光栅是采用

40μm 栅距的钢带，指示光栅（扫描掩模）用两个相互交错并有不同衍射性能的相位光栅组成，这样一来，一个扫描场就可以产生相移为 1/4 栅距的四个图像，称此原理为准单场扫描的影像测量原理。由于只用一个扫描场，标尺光栅局部的污染使光场强度的变化是均匀的，并对四个光电接收元件的影响是相同的，因此不会影响光栅信号的质量。与此同时，指示光栅和标尺光栅的间隙和间隙公差能大一些。Heidenhain LB 和 LIDA 系列的金属反射光栅就是采用这一原理。LIDA 系列开式光栅栅距为 40μm 和 20μm，测量步距为 0.1μm，准确度有±5μm、±3μm 两种，测量长度达 30m，最大速度为 480m/min。LB 系列闭式光栅栅距都是 40μm，最大速度可达 120m/min。

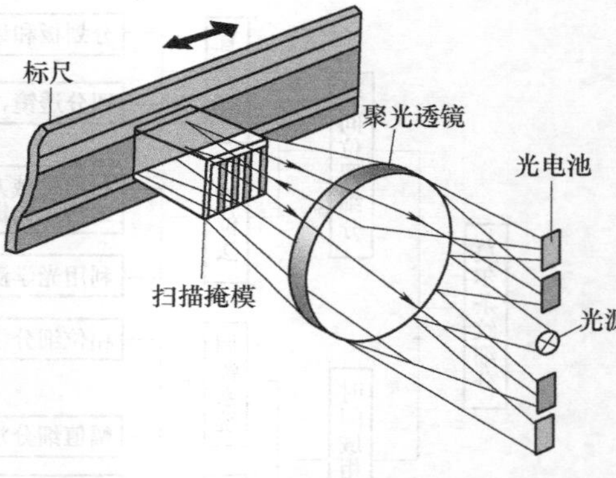

图 4-35 金属反射光栅及准单场扫描的影像测量原理图

（3）单场扫描的干涉测量原理（见图 4-36） 对于栅距很小的光栅，指示光栅是一个透明的相位光栅，标尺光栅是自身反射的相位光栅，光束是通过双光栅的衍射，在每一级的诸光束相互干涉，形成了莫尔条纹，其中+1 和−1 级组干涉条纹是基波条纹，基波条纹变化的周期与光栅的栅距是同步对应的。光调制产生三个相位相差 120°的测量信号，由三个光电元件接收，随后又转换成通用的相位相差 90°的正弦信号。Heidenhain 的 LF、LIP、LIF 系列光栅尺均采用干涉原理工作，其光栅尺的载体有钢板、钢带、玻璃和玻璃陶瓷，这些系列产品都是亚微米和纳米级的，其中最小分辨率达到 1nm。

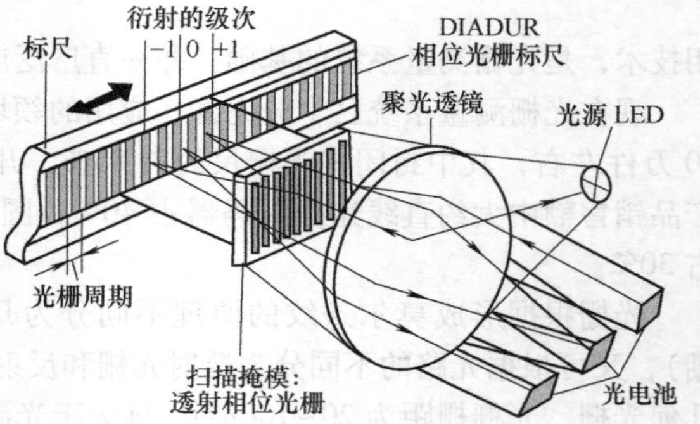

图 4-36 单场扫描的干涉测量原理图

由于采用了新的干涉测量原理，对纳米级的衍射光栅安装公差放得比较宽，如指示光栅和标尺光栅之间的间隙和平行度都很宽（见表 4-12）。而在 20 世纪 80 年代后期栅距为 10μm 的透射光栅 LID351（分辨率为 0.05μm），其间隙要求比较严格，为 0.1±0.015mm。只有衍射光栅 LIP372 的栅距是 0.512μm，经光学倍频后信号周期为 0.128μm，其他栅距均为 8μm 和 4μm，经光学二倍频后信号周期为 4μm 和 2μm，其分辨率为 5nm 和 50nm，系统准确度为±0.5μm 和±1μm，速度为 30m/min。LIF 系列栅距为 8μm，分辨率为 0.1μm，准确度为±1μm，速度为 72m/min。其载体为温度系数近于零的玻璃陶瓷或温度系数为 $8\times10^{-6}K^{-1}$ 的玻璃。衍射光栅 LF 系列是闭式光栅尺，其栅距为 8μm，信号周期为 4μm，分辨率为 0.1μm，准确度为±3μm 和±2μm，最大速度为 60m/min，测量长度达 3m，其载体采用钢尺和钢膨胀系数（$10\times10^{-6}K^{-1}$）一样的玻璃。

表 4-12 指示光栅和标尺光栅之间的间隙和平行度

光栅型号	信号周期/μm	分辨率/nm	间隙/mm	平行度/mm
LIP372	0.218	1	0.3	±0.02
LIP471	2	5	0.6	±0.02
I. IP571	4	50	0.5	±0.06

思 考 题

1. 试述精密和超精密加工机床的加工精度范围。
2. 试述精密和超精密机床的国外发展概况。
3. 试述我国超精密机床发展概况。
4. 能代表超精密机床最高水平的是哪几台超精密机床?
5. 简述我国超精密加工设备的研发对策与展望。
6. 超精密加工机床的关键技术有哪些?
7. 试述在线检测和误差补偿技术在精密加工中的作用。

第五章　研磨与抛光

第一节　研磨加工

一、研磨的概念

研磨是一种具有悠久历史的精整和光整加工方法。它是利用附着和压嵌在研具表面上的游离磨料磨粒，借助于研具和工件在一定的压力下的相对运动，从工件表面上切除极小的切屑，以使工件获得极高的尺寸精度和几何形状精度及极低的表面粗糙度值的表面。

1. 研磨加工的特点

1）可以获得极高的尺寸精度、形状精度及部分相互位置精度。通过研磨，可以使工件表面获得 $Ra0.1 \sim 0.006\mu m$ 以下的表面粗糙度，可以进行 $0.1\mu m$ 以下的微量尺寸切削。

2）可以使偶件配研表面获得非常精密的配合。

3）研磨是在低速、低压力条件下进行的，因此产生的热量很小，工件表面变质层极薄，表面质量好。

4）研磨装置和研磨机床结构较简单，既适用于单件手工生产，同时也适用成批机械化生产。手工研磨的加工精度，依靠与工件精度相适应的研具精度和工人的操作技巧来保证；机械研磨的加工精度，也依靠精密的研具、合理的运动轨迹和正确的操作方法来保证。

5）研磨可以用简单的研具，磨出高质量的工件表面。

6）研磨的加工效率较低。研具的材料一般比工件材料软，在研磨过程中也同时受到磨粒的切削，易磨损，应及时修复，保持研具应有的精度。

2. 研磨的分类

研磨可以加工各种钢、铸铁、铜和硬质合金等金属材料，还可以加工陶瓷、半导体、玻璃和塑料等材料。可以加工的工件表面形状有平面、内外圆柱面和圆锥面、凹凸面、螺纹、齿轮等型面。要获得高的精度和表面质量，一般先用其他加工方法使工件获得较高的预加工精度，否则研磨的效率将受到影响。

研磨按研磨剂的使用条件，可分以下三种：

1）湿研。即敷砂研磨。它是把研磨剂连续加注或涂敷在研具表面上，在一定的压力和运动下，使磨料在工件与研具间不断地滑动和滚动，形成对工件表面的切削运动。一般采用粗于 W7 的微粉进行研磨。

2）干研。也是嵌砂研磨。把磨料均匀压嵌在研具的表面层中，研磨时只需在研具表面涂加少量的润滑剂。一般采用细于 W7 的微粉进行研磨。

3）半干研。这类研磨类似于湿研，是采用浆糊状的研磨膏进行研磨。粗研、精研均可采用。

3. 研磨的原理

研磨时，在研具和工件表面之间，加入适量的研磨剂，在一定的压力作用下，进行往复运动和旋转的复合运动，或旋转和行星运动的复合运动，使研磨剂中的磨粒在研具和工件之间进行滑擦或滚动，进行切削。由于磨料的磨粒很细，只能切削极薄的工件材料层，因而可以使工件表面得到极细的网状运动轨迹，从而得到极高的加工精度和表面质量。

（1）湿磨过程的原理　研磨前期，只有少数较大的磨粒参加切削，切削量不大。研磨中期，是多磨粒研磨阶段。磨料在研磨力下粉碎，使磨粒大小均匀化，研具上磨料均发挥作用，使研磨作用加强，磨削效率增大。研磨后期，是堵塞研磨阶段。研磨剂中的磨粒继续细化，使工件和研具之间填满了很细的磨粒和切屑，切削效率下降。湿磨的过程如图 5-1 和图 5-2 所示。

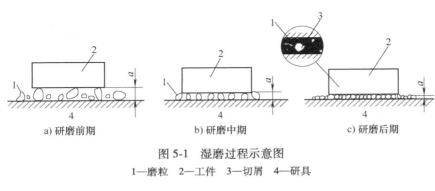

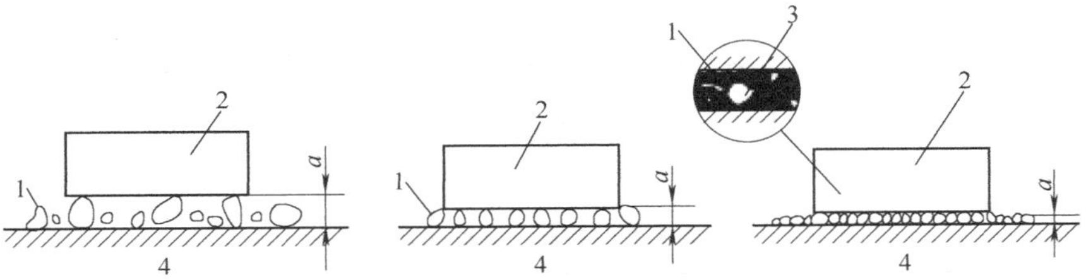

图 5-1　湿磨过程示意图

1—磨粒　2—工件　3—切屑　4—研具

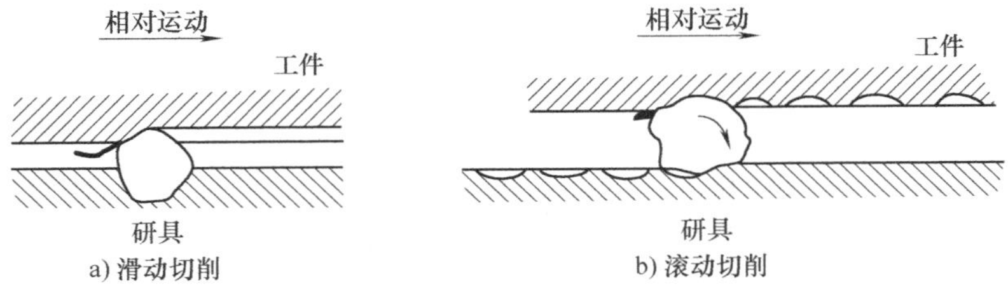

图 5-2　研磨中磨粒切削情况

以上机理是研磨过程中不继续供给研磨剂和工作液的情况。如果继续供给研磨剂和工作液，则研磨过程处于第二阶段，即研磨中期阶段，研磨效率和切除量处于最大状态。

（2）干研过程的原理　干研主要用于精研，以提高工件的加工精度和降低工件加工表面粗糙度。干研可以使加工表面获得镜面，其切除量一般为湿研的 1/10。干研的过程也可分为三个阶段：镶嵌阶段、饱和细研阶段、钝化压光阶段。

1）镶嵌阶段。研磨开始，在研具和工件表面间的游离磨粒，在一定压力的作用下，使磨粒镶嵌到较软的研具表面上，有的被镶在较软的金属组织中。在这阶段，研具带动镶嵌的磨粒和镶嵌不牢固的磨粒，对工件表面突出的峰部冲击、碰撞，并切除极细微的切屑，使工件表面得到初步的修整。

2）饱和细研阶段。随着研磨的进行，停滞在研具气孔等空隙的磨粒被压实，同时镶嵌和未镶嵌在研具表面的磨粒，不断破碎变成更细的微粉，并继续镶嵌在研具表面上，磨粒在研具上镶嵌的牢固程度提高，使切削能力增强。研具带动大量的磨粒微粉运动并滑擦工件被研表面，使表面粗糙度值大大降低。

3）钝化压光阶段。研具表面镶嵌和未镶嵌的磨粒，被在研磨的压力与运动作用下粉碎和磨钝后，逐渐变成圆滑的微粉，只起挤压与研光作用，去除工件表面微观峰部，逐渐使工件表面呈镜面。在干研时，由于研具和工件表面间没有冷却研磨液，会造成压力增大、温度升高。用干研方法得出的镜面光泽比较暗淡，不如在研磨液中研磨出的镜面光泽明亮美观。

在生产实际中用得最多的是湿研和干研混合的半干研，其机理是两种研磨机理的混合。无论是干研、湿研或半干研，磨粒均同时存在如图 5-2 所示的滑动切削过程和滚动切削过程。

4. 研磨能达到的精度

研磨之所以能保证工件达到极高的尺寸精度和极低的表面粗糙度值，是因为在良好的预加工基础上，能对工件进行 0.1μm 甚至 0.01μm 的微量切削。研磨能达到的各项精度水平见表 5-1。

表 5-1　研磨的精度水平

精度项目	工件名称	精度水平	研磨方式
长度尺寸	000 级量块（长度 25mm）	±0.025μm	机研、干研
螺距	微分螺杆（长度 175mm）	0.3μm	机研、半干研
圆度	标准球体（ϕ70mm）	0.025μm	机研、半干研
	圆柱体（ϕ30mm）	0.1μm	手研、液中研磨
角分度	多齿分度台	±0.1″	机研、半干研
	72 面棱体	±1″	手研、干研
表面粗糙度 *Ra*	圆柱体	0.006μm	机研、半干研
	量规	0.006μm	机研、干研

二、研磨剂的磨料、磨料的粒度、研磨液的选择

1. 研磨剂的磨料选择

研磨剂是由磨料、研磨液和辅助填料混合组成。根据研磨方法和工作材料的不同，可以制成液态研磨剂、研磨膏和固态研磨剂。磨料是研磨剂的基本成分，它的性能优劣和选择合理与否，将对研磨效率和质量产生直接影响。

常用的磨料有氧化物系的刚玉和碳化物系的碳化硅，还有高硬度的金刚石和碳化硼。在精研和进一步降低工件表面粗糙度时，还采用软磨料，如氧化铁、氧化铬和氧化铈等，其中氧化铬多用于淬火钢的镜面加工，氧化铈多用于玻璃、水晶和硅等非金属的研磨与抛光。在研磨一般钢件材料时，应采用氧化物系的刚玉磨料。因为这类磨料的强度高、韧性大，并不与钢铁发生化学反应。在研磨铸铁、硬质合金、宝石和陶瓷等硬脆材料时，应采用硬度高、强度和韧性低的碳化硅或碳化硼等碳化物系的磨料。在研磨硬质合金、陶瓷、宝石和光学玻璃等硬脆材料时，应选用硬度最高的金刚石磨料。立方氮化硼的硬度仅次于金刚石，耐热性高于金刚石近一倍，而且对铁族金属的化学惰性高，适用于研磨硬而韧的高速钢、模具钢等材料。

2. 研磨剂的磨料的粒度选择

研磨剂中磨料粒度选择的合理与否，将直接影响到工件研磨的表面粗糙度与研磨效率。磨料粒度细，工件研磨表面粗糙度值小，研磨效率低。研磨剂磨料粒度与选用见表 5-2。

表 5-2　磨料粒度与选用

<table>
<tr><th>微粉号</th><th>微粉公称尺寸/μm</th><th colspan="2">适用范围</th><th>加工效果 Ra/μm</th></tr>
<tr><td>W40</td><td>40~28</td><td rowspan="4">连续施加磨料研磨范围</td><td></td><td>0. 4</td></tr>
<tr><td>W28</td><td>28~20</td><td rowspan="12">敷砂研磨范围</td><td rowspan="2">0. 2</td></tr>
<tr><td>W20</td><td>20~14</td></tr>
<tr><td>W14</td><td>14~10</td><td rowspan="2">0. 1</td></tr>
<tr><td>W10</td><td>10~7</td><td></td></tr>
<tr><td>W7</td><td>7~5</td><td rowspan="7">嵌砂研磨范围</td><td rowspan="2">0. 05</td></tr>
<tr><td>W5</td><td>5~3. 5</td></tr>
<tr><td>W3. 5</td><td>3. 5~2. 5</td><td rowspan="2">0. 025</td></tr>
<tr><td>W2. 5</td><td>2. 5~1. 5</td></tr>
<tr><td>W1. 5</td><td>1. 5~1</td><td rowspan="2">0. 012</td></tr>
<tr><td>W1</td><td>1~0. 5</td></tr>
<tr><td>W0. 5</td><td>0. 5~更细</td><td>0. 006</td></tr>
</table>

3. 研磨液的选择

在研磨过程中，研磨液起着冷却与润滑的作用，并使磨料的磨粒均匀地分布在研具表面上。对研磨液的一般要求有：能有效地散发研磨过程中产生的热量，以避免研具的烧伤；黏性应低些，以利于提高研磨效率；研磨液的表面张力要低，使粉末或颗粒易于沉积，以利于获得较好的研磨效果；化学物理性能稳定，不会因放置或温升而分解变质、发臭，不锈蚀工件，而且能与磨料的磨粒很好地混合。

研磨液的黏度，在粗研时取低值，在精研时取较高值。常用的研磨液见表 5-3。

表 5-3　常用的研磨液

工件材料	研磨工序	研磨液种类及配制
钢	粗研	10 号机械油
	精研	10 号机械油 1 份，煤油 3 份，透平油或锭子油少量，轻质矿物油或变压器油适量
铸铁	粗研	煤油
铜	粗、精研	动物油（熟猪油加磨料，拌成糊状，加 30 份煤油），锭子油少量，植物油适量
淬火钢、不锈钢、淬碳钢	粗、精研	植物油、透平油、乳化液
金刚石	粗、精研	橄榄油、圆度仪油（用于稀释油剂）或蒸馏水
硬质合金	粗、精研	汽油（用于稀释）
金、银、白金	粗、精研	酒精
玻璃、水晶	粗、精研	水

三、常用的研具材料和研磨时常用的辅助填料

1. 常用的研具材料

常用的研具材料有铸铁、软钢、黄铜、纯铜、软金属、硬木等。

1）铸铁。耐磨性和润滑性能好，研磨质量和效率高，适用于精细研磨，制造容易，成本低，适用于各种材料的研磨。铸铁是能较全面满足研具各项要求的良好材料。用它研磨平板时，具体材质有相应的要求：湿研平板的材质，多采用普通铸铁，金相组织以铁素体为主；为保持研磨平板的几何形状，可采取适当增加珠光体比例的方法。铸铁的硬度HB120~140为宜；为了提高铸铁研具的耐磨性，可使用石墨球化和增加磷共晶等办法。对于干研平板的材质，要求同一研磨机两块铸铁平板的硬度差小于HB6~8，在采用W3.5~W2.5微粉时，要求铸铁的金相组织为粗片状珠光体占70%、游离碳呈A型（4~5）级、硬度为HB156；当采用W1.5~W1微粉时，要求铸铁的金相组织为薄片状及细片状珠光体约占85%、二元磷共晶网状分布、游离碳呈A型（4~5）级、铸铁硬度为HB192。这样的铸铁组织，有利于使微粉磨粒弹性嵌固在珠光体网络中，所以干研铸铁研具应以珠光体为基体组织。

2）软钢。用于M5以下螺纹和直径8mm以下的小孔及形状复杂的小型工件的研磨。

3）黄铜和纯铜。研磨效率高，但研磨后的工件表面粗糙度大，适用于研磨工件余量较大的粗研和宝石的研磨。

4）硬木。适用于研磨铜和其他软金属。

5）软金属。采用锡、铅等软金属作为研具，由于研具的材料很软，其研具形状可以随工件的形状变化，因此不能提高工件的几何形状精度，只能提高工件的表面质量。

2. 研磨时常用的辅助填料

辅助填料在研磨的过程中，能起到吸附和提高加工效率的作用，无论是干研和湿研都是必不可少的。辅助填料是一种混合脂，常用的是由硬脂酸或油酸、脂肪酸、工业甘油等主要成分调制成的。表5-4是推荐的硬脂酸混合脂的配方。它的配制方法是：将各种成分按比例配好后，加热至100~120℃，并搅拌成混合液，用脱脂棉过滤，待冷凝后成为块状，即成硬脂酸混合脂。

表5-4 硬脂酸混合脂的配方

种类	成分（%）				备注
	硬脂酸颗粒	石蜡（柏子油）	工业用猪油	蜂蜡	
Ⅰ	44	28	20	8	用于春季，温度18~25℃
Ⅱ	57		26	17	用于冬季，温度低于18℃
Ⅲ	47	45		8	用于夏季，温度高于25℃

四、研磨剂的配制

研磨剂常制成液态研磨剂、研磨膏和固态研磨剂等三种。

1）液态研磨剂。在湿研时，用煤油、混合脂加研磨微粉。配比不严格，浓度（重量比）约取30%~40%。一般磨料的微粉愈细，其比例应减小，而混合脂的比例应加大。当研磨剂由机床自动供给时，浓度约取10%~15%。

干研时，压研用研磨剂的配比为：研磨微粉 15g、混合脂 8g、航空汽油 200ml 和煤油 35g，浸泡一周后使用。其中航空汽油是微粉颗粒的分散剂，无其他作用，压研时自行挥发。

2）研磨膏。配方与选用见表 5-5。是将油酸、混合脂（或凡士林）加热到 90～100℃，搅成混合液，待冷却至 60～80℃时，逐渐加入微粉，不断搅拌直至无沉淀为止，再加入少许煤油，继续搅拌成半软膏后，自冷备用。

3）固态研磨剂（研磨皂）。一般用它来提高工件表面光泽。其配方是：氧化铬 57%、石蜡 21.5%、蜂蜡 21.5%、硬脂酸混合脂 11%和煤油 7%。

表 5-5　氧化铝研磨膏的配方

研磨膏粒度号	成分（%）					用途
	微粉	油酸	混合脂	凡士林	煤油	
W20	52	22	26		少许	粗研
14	45	26	29		少许	半精研
10	41	28	31		少许	半精研
7	41	28	31		少许	研端面及精研
5	41	28	31		少许	精研
3.5	45	25	18	12		精细研
1.5	20	30	35	15		配研

五、平面研具的设计和平面研磨的运动轨迹

1. 平面研具的设计

平面研具，有研磨平板和研磨圆盘。研磨平板多制造成易于获得平面精度的正方形，规格有 200mm×200mm、300mm×300mm、400mm×400mm。研磨盘多为机研研具，环宽视工件及研磨轨迹而定，一般为工件长度的 0.8～1.2 倍。湿研研具常在平板上开出相隔 15～20mm、相交成 90°或 60°的沟槽，槽宽为 1～3mm。圆盘表面开螺旋槽，螺旋方向使研磨盘旋转时，研磨液向内循环移动，防止研磨液在离心力作用下甩出。如用研磨膏时，选用阿基米德螺旋槽为好。研磨圆盘的沟槽型式如图 5-3 所示。

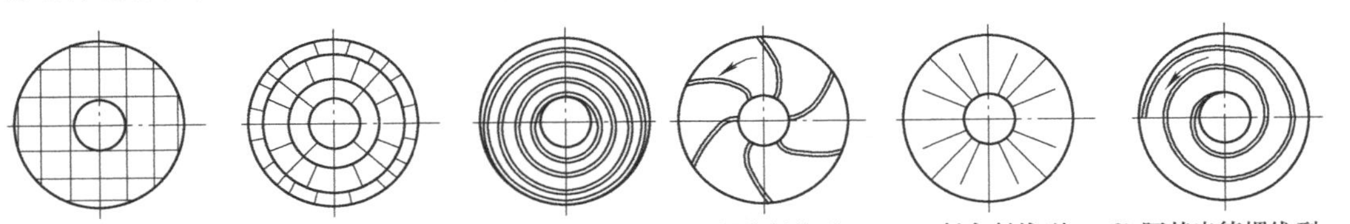

a) 直角交叉型　b) 圆环射线型　c) 偏心圆环型　d) 螺旋射线型　e) 径向射线型　f) 阿基米德螺线型

图 5-3　研磨圆盘的沟槽型式

2. 平面研磨的运动轨迹

平面研磨机，有单面研磨和双面研磨两种。单面研磨机，如图 5-4 所示，它是由研磨盘旋转的摩擦力，带动保持架及其内部的工件运动，工件的运动轨迹为简单的图形，研磨精度不如双面研磨机。

1）直线往复式。如图 5-5a 所示。这种运动轨迹，适用于手工研磨和鼓轮卡带式研磨机（见图5-6）的机械研磨。工件在平板上做平面平行运动，运动比较平稳，研磨的行程同一性较好，可使工件表面获得较低的粗糙度值。主要用于成型研磨和研磨狭长而高的工件。由于工件运动轨迹难以走遍整个研磨盘面，而影响研磨盘的均匀磨损。

2）正弦曲线式。如图 5-5b 所示。正弦曲线式这种运动轨迹是在直线往复式的基础上发展起来的，研磨后的工件表面粗糙度也比直线往复式好。这种研磨轨迹不易重复，可避免划痕深化，纹理排列规则，轨迹网络稠密，而且随研磨时间增加而变得更细密。工件在较小的区域内做正弦曲线往复运动，磨粒的切削刃易钝化，这样有利于工件表面粗糙度值的降低，适用于工件表面要求较高的研磨。

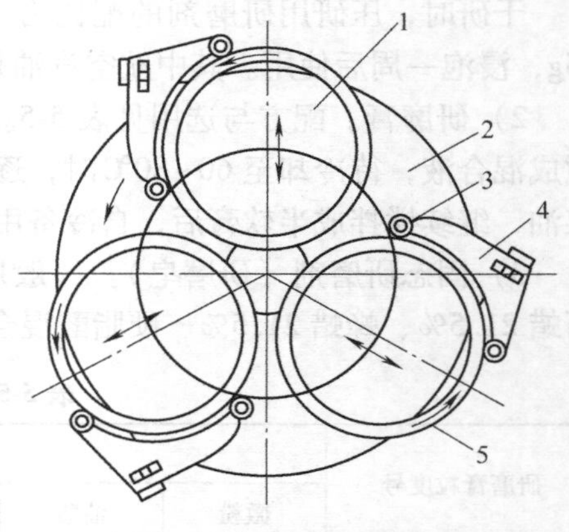

图 5-4 单面研磨机示意图
1—工件放在此处 2—研磨圆盘 3—滚动轴承 4—支架 5—保持架

3）圆环线式。如图 5-5c 所示。其轨迹是拉开的圆环，其形状随研磨压力和摩擦力的大小而变化。工件能较好地走遍整个研磨盘面，研磨行程的同一性较好，但运动的平稳性较差，多用来研磨长宽比较小而高度较低的工件。形成圆环线式研磨轨迹的是单偏心平板型传动结构，如图 5-7 所示。

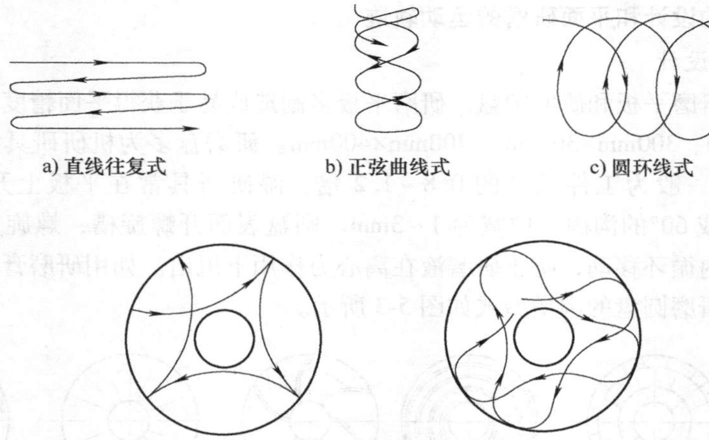

图 5-5 研磨运动轨迹

4）摆线式。分为图 5-5d 所示的内摆线式和图 5-5e 所示的外摆线式。摆线式运动轨迹可由三偏心平板型和行星轮式传动结构来实现，三偏心平板型结构如图 5-8 所示，行星轮式结构如图 5-9 所示。改变传动结构和运动参数，可以得到不同形状的内、外摆线式轨迹。外摆线式研磨轨迹一般较内摆线式均匀。

采用行星轮式结构研磨机的工件尺寸，应小于齿轮式保持架的尺寸，否则靠近保持架中心处的运动轨迹接近为圆，较难获得良好的平面度。三偏心轴式结构研磨机与单偏心轴式一样，能获得平面平行运动和公转运动，但工件上各点的研磨行程的一致性不如行星轮式。

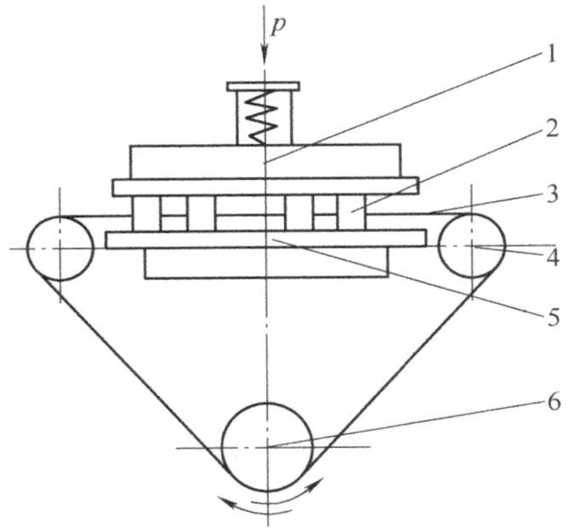

图 5-6 鼓轮卡带式传动结构
1—上研磨板 2—工件 3—卡带
4—导轮 5—下研磨板 6—鼓轮

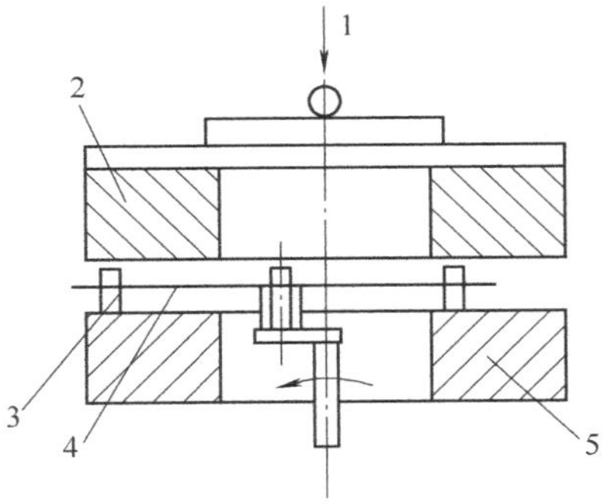

图 5-7 单偏心平板型传动结构
1—压力 2—上研磨盘 3—工件
4—保持架 5—下研磨盘

内、外摆线式，适用于研磨圆柱形工件端面及底面为正方形或矩形长宽比小于 2∶1 的扁平工件。研磨质量好、效率高，适用于大批量生产。

六、工件保持架的设计和研磨压力、研磨速度的选择

1. 工件保持架的设计

在机械研磨中，为了带动工件做研磨运动并防止工件相互碰撞，需要使用工件保持架。保持架分为平板型和行星型两种。前者多用于研磨圆柱形工件，后者多用于研磨平面形工件。用平板型保持架研磨圆柱形工件时，摆放工件的孔槽应与保持架中心线成 α 角，如图 5-10 所示。α 角一般为 12°~20°，适用于长度为 2~8 倍直径的工件。当工件长度超过 8 倍工件直径，工件精度要求高时，α 角可选得小些。α 角的方向与研磨盘的旋向相同。

2. 研磨压力的选择

研磨时的压力，在一定范围内增加，可提高研磨效率，当继续增加压力，研磨效率增加并不明显，而当压力超过 30MPa 时，反而使生产效率有下降的趋势。所以研磨，特别是平面研磨，先选用较大的压力、较粗粒度的磨料进行粗研磨，然后再用 3~5MPa 的小压力和较细粒度的磨料进行精研。这样不仅提高了生产效率，同时也保证了工件表面质量。通常研磨时的压力可按表 5-6 选取。

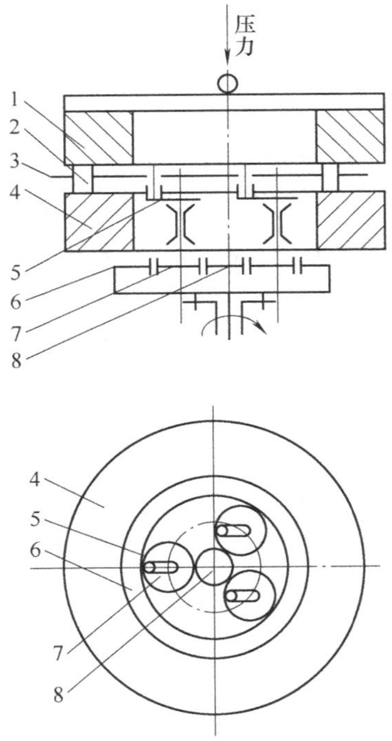

图 5-8 三偏心平板型传动结构
1—上研磨盘 2—工件 3—保持架
4—下研磨盘 5—偏心平板
6—内齿轮 7—行星齿轮
8—中心齿轮

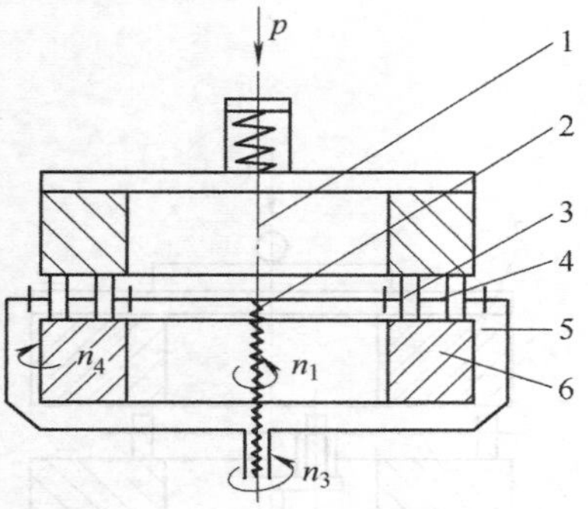

图 5-9 行星轮式传动结构

1—上研磨盘 2—中心齿轮 3—工件

4—保持架 5—内齿轮 6—下研磨盘

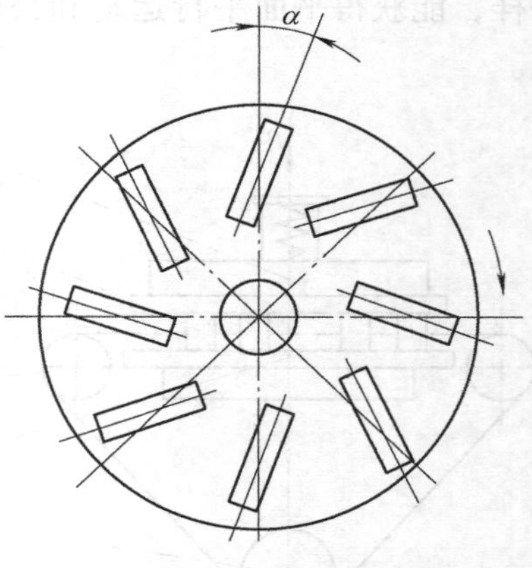

图 5-10 平板型保持架

表 5-6 研磨压力的选择

研磨类型	各种型面的研磨压力/MPa			
	平面	外圆	内孔（5~20mm）	其他
湿研	10~25	15~25	12~28	8~1.2
干研	1~10	5~15	4~16	3~10

3. 研磨速度的选择

研磨效率一般与研磨速度成正比，但过分地提高研磨速度，会引起研磨中热量的增加和切削量的相对降低。研磨速度的范围可按表 5-7 选用。

表 5-7 研磨速度的选择

研磨类型	各种型面的研磨速度/(m/min)				
	单面	双面	外圆	内孔	其他
湿研	20~120	20~60	50~75	50~100	10~70
干研	10~30	10~15	10~25	10~20	2~8

注：1. 工件材料软或精度要求高时，研磨速度取小值。

2. 孔径范围直径 6~10mm。

第二节 抛 光 加 工

一、抛光的概念

抛光是一种光整加工方法。一般以布和软质的材料（棉布、毛毡、皮革等）制成圆盘，使其粘附住游离磨粒，进行高速旋转，并压向工件，以提高工件表面光亮度和降低表面粗糙度。采用硬研具进行研磨时，称为研磨加工，采用软研具时，称为抛光。基本上所有固体材料的工件都可以进行抛光。通常把砂光和擦亮结合起来的过程，也称为抛光。砂光是指用胶固定磨料的磨粒，进行工件表面的粗抛工作。擦亮是指用油脂粘住磨粒进行的工作，称为精抛工作。

抛光，不是以提高工件尺寸精度和几何形状精度为目的，而主要是为了得到光滑表面或镜面的光泽。有时工件不需要很亮的光泽，也可用粗粒度的磨料，采用抛光的工艺，将表面打毛。

抛光工艺，在产品零件的机械加工中占有重要地位，特别是现代，各种模具以及电镀前的外观要求高的产品或零件等，都需进行抛光。抛光质量的好坏，将直接影响到产品外观质量。

根据抛光的过程和所得到的加工表面质量的不同，可将抛光加工分为粗抛、中抛和精抛三个阶段。粗抛时，一般采用预先用黏合剂粘好磨料的抛光轮。由于磨粒粘得很牢固，因此抛光过程近似于砂轮和砂带磨削一样的光整加工。在中抛和精抛时，先将抛光剂涂压在抛光轮上，然后将工件压在高速旋转的抛光轮上，进行加工，如图 5-11 所示。如图 5-11a 所示为往抛光轮上涂压抛光剂，如图 5-11b 所示为对工件进行抛光。

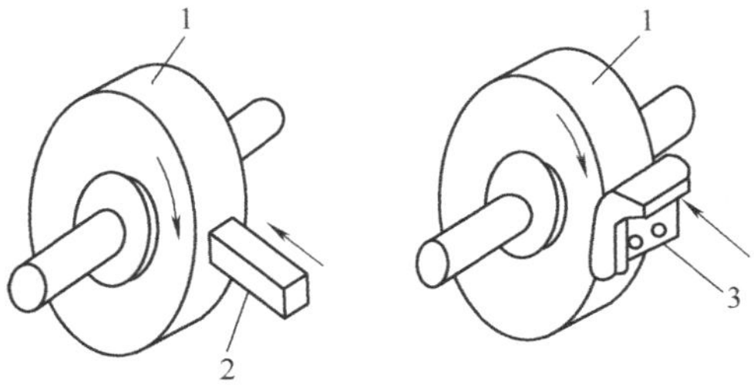

a) 压黏磨料　　b) 抛光工件

图 5-11 抛光过程

1—抛光轮 2—抛光剂 3—工件

二、抛光轮的材料和抛光剂

常用的抛光轮本体材料有棉布、麻、毛毡、皮革、硬壳纸、软木材、毛织品等比较软的材料。粗抛光需要使用大的抛光力，以提高加工效率，可采用帆布、毛毡、硬壳纸、软木、皮革、麻等比较硬的抛光轮材料。中抛和精抛则选用柔软性好及与抛光剂保持性好的棉布、毛毡等抛光轮材料。

抛光加工，是由附着在抛光轮上的抛光剂对工件进行软磨削加工的。抛光剂在抛光轮上保持性的好与差，对抛光质量和效率影响较大。抛光轮的材料，对抛光剂的吸附性和保持性好，抛光的能力与质量就好。

抛光轮的材料，在制作前还需进行处理，处理的目的是：增大刚性，提高抛光能力；强化纤维，延长使用寿命；增加柔软性，增强“仿形”能力；提高对抛光剂的保持性、润滑性和耐燃性。处理的方法有漂白、上浆、蜡处理、树脂处理及药剂处理等。

抛光剂是由粉状抛光材料与油脂及其他适当成分的介质均匀混合而成的。按其常温下的特征可分为固体抛光剂和液体抛光剂。

固体抛光剂在常温时是固体，根据介质的组成或性质，分为油脂性型和非油脂性型的两种。液体抛光剂，在常温下为流动的液体，根据介质的组成或性质，可分为乳浊状型、液体油脂性型和非油脂性型三类。用得较多的是固体抛光剂，其种类与用途见表 5-8。

三、抛光用磨料的粒度

抛光剂中磨料的粒度对工件表面抛光后的粗糙度有直接影响。磨料粒度粗，工件表面粗糙度值大；磨料粒度细，工件表面粗糙度值就小。磨料粒度也影响抛光效率。所以在抛光过程中，粗抛选用较粗粒度，精抛选用较细粒度。抛光时磨料粒度的选择见表 5-9。

表 5-8　固体抛光剂的种类与用途

类别	种类通称	抛光材料	用途	
			适用工序	工件材料
油脂性型	赛扎尔抛光膏	熔融氧化铝（Al_2O_3）	粗抛光	碳素钢、不锈钢、非铁金属
	金刚石膏	熔融氧化铝、金刚砂（Al_2O_3、Fe_3O_4）	粗抛光、中抛光	碳素钢、不锈钢等
	黄抛光膏	板状硅藻岩（SiO_2）	中抛光	铁、黄铜、铝、锌（压铸件）塑料
	棒状氧化铁（紫红铁粉）	氧化铁（粗制）（Fe_2O_3）	中抛光、精抛光	铜、黄铜、铝、镀铜面等
	白抛光膏	焙烧白云石（MgO、CaO）	精抛光	铜、黄铜、铝、镀铜面、镀镍面
	绿抛光膏	氧化铬（Cr_2O_3）	精抛光	不锈钢、黄铜、镀铬面
	红抛光膏	氧化铁（精制）（Fe_2O_3）	精抛光	金、银、白金
	塑料用抛光剂	微晶无水碳酸（SiO_2）	精抛光	塑料、硬橡皮、象牙
	润滑脂修整棒（润滑棒）		粗抛光	各种金属、塑料（作为抛光轮、抛光皮带、扬水轮等的润滑用加油剂）
非油脂性型	消光抛光剂	碳化硅（SiC）、熔融氧化铝（Al_2O_3）	消光加工（无光加工，梨皮加工也用于粗加工）	各种金属和非金属

表 5-9　抛光时磨料粒度的选择

加工表面粗糙度 *Ra*/μm	3.2	1.6	0.8	0.4	0.2	0.1	0.05	0.025	≤0.12
粒度	46	46~60	60~100	100~180	180~240	240~W28	W28~W20	W20~W5	≤W5

第三节　研磨抛光新技术

为了保证各种功能陶瓷材料制成的电子和光学器件的性能，必须对其表面进行超光滑无损伤加工。抛光中发生的加工变质层是由于磨粒的机械作用及抛光盘的摩擦作用引起的。如机械作用小的液中研磨、化学机械抛光、EEM、浮动抛光等抛光法可实现无损伤加工。

目前，抛光加工中材料的去除单位已在纳米甚至是亚纳米级，在这种加工尺度内，加工区域的化学作用就成为抛光加工不可忽视的一部分。图 5-12 所示为物理作用与化学作用复合的加工方法。物理作用与化学作用复合的加工方法已成为超精密加工技术的重要发展方向。例如，光学玻璃的抛光中，氧化物磨粒的机械作用产生软质变质层，使得材料的去除率高。硅片的化学机械抛光（Chemical Mechanical Polishing，CMP），加工液在硅片表面生成水合膜，可以减少加工变质层的发生。因此，在加工过程中的化学反应结果，对材料的去除及加工变质层的减少是有利的。对蓝宝石应用干式化学机械抛光时，采用石英玻璃抛光盘及干燥状态下的 0.01μm 直径的 SiO_2 磨粒来抛光蓝宝石，磨粒与蓝宝石之间发生界面固相反应，生成富铝红柱石，然后通过玻璃抛光盘的摩擦力将其从蓝宝石表面剥离，实现抛光加工。

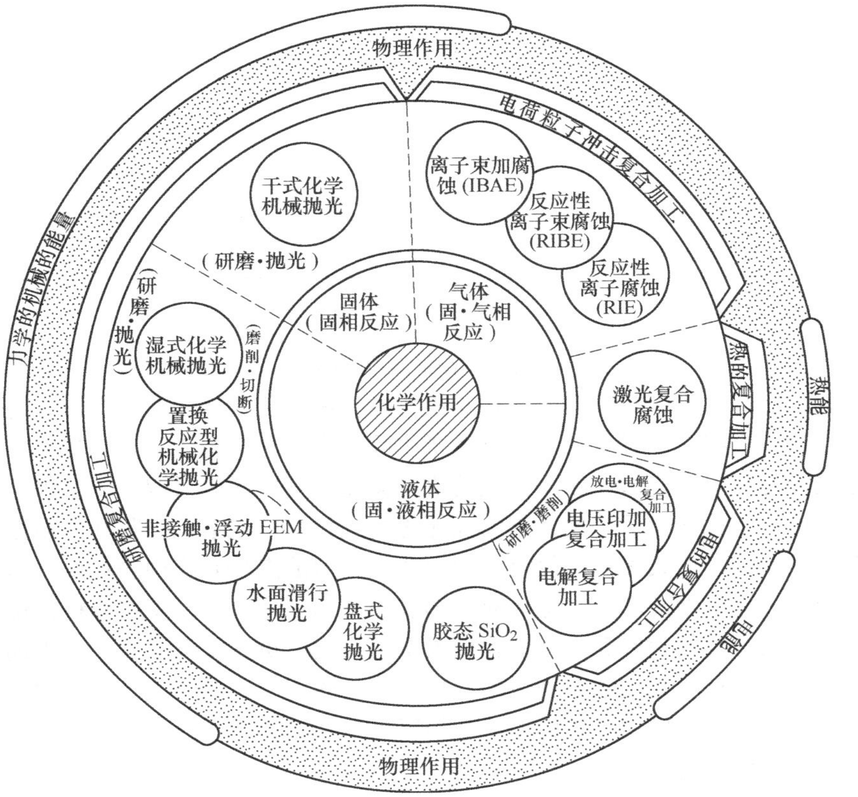

图 5-12　物理作用与化学作用复合的加工方法

近 30 多年以来，众多学者采用各种原理或方式开发了一系列的无加工变质层、无表面损伤的超精密抛光方法（见表 5-10）。这些超精密抛光方法如加工条件控制恰当，抛光表面粗糙度均可达到亚纳米级。其中应用最为广泛、技术最为成熟的是 CMP 技术。Yasunaga 等用 SiO_2 抛光蓝宝石，用 $BaCO_3$、CeO_2 和 $CaCO_3$ 抛光单晶硅，用 Fe_2O_3 和 MgO 抛光石英，获得了 10^{-1}nm 级表面粗糙度的抛光表面，提出并验证了 CMP 的概念。CMP 加工通过磨粒、工件和加工环境之间的机械、化学作用，实现工件材料的微量去除，获得超光滑、少/无损伤的加工表面；加工轨迹呈现多方向性，有利于加工表面的均匀一致性；加工过程遵循“进化”原则，无需精度很高的加工设备。

表 5-10　新原理的超精密抛光方法

抛光方法	抛光剂
化学机械抛光	化学溶液加磨粒
机械化学抛光	软质磨粒（与工件发生固相反应）

（续）

抛光方法	抛光剂
水合抛光	过热水蒸气
无污染抛光	纯水或冰
水面滑行抛光	化学溶液
悬浮抛光	软质磨粒
弹性发射加工	软质磨粒
磁流体抛光	磁流体
电泳抛光	电场控制磨料
磁悬浮抛光	磁流体
磁磨料抛光	磁性磨料

一、超精密无损伤抛光

超精密无损伤抛光是以不破坏极表层结晶结构的加工单位进行材料微量去除的加工方法。可以按加工状态，将无损伤抛光看作是由机械作用和化学作用所进行的，它们的组合形成了各种抛光法，这些方法可分为：机械微量去除抛光、化学抛光、化学机械复合抛光。机械微量去除抛光是只限定在磨粒作用区域的机械抛光，其抛光效果取决于被加工材料和磨粒的硬度、磨粒形状、抛光盘保持抛光剂的性能等物理特性。化学抛光是在软质抛光盘上用化学液进行腐蚀抛光，其最大优点是没有变形损伤层，但缺点是有腐蚀破坏层，需要特殊工序将化学腐蚀剂及表面腐蚀破坏层去除。对于多孔材料（如铸铁）、烧结材料，化学腐蚀液和化学腐蚀层会进入一定的表层深度，清除极为不易。化学机械复合抛光中有借助施加机械能作用，引起被加工材料表面发生物理化学变化，产生固相反应的干式机械化学抛光；也有在机械作用同时再施加化学作用，借助加工中的摩擦热和局部应力应变，并由加工液促进化学作用的湿式化学机械抛光。

化学机械复合抛光中的化学作用不仅可以提高加工效率，而且可以提高加工精度、降低表面粗糙度值，因此化学作用所占的比重较大，甚至可能是主要的。化学机械复合抛光的关键是根据被加工材料选用适当的添加剂及其成分含量，化学机械复合抛光通常是在恒温、超净环境下进行，而且是在恒温抛光液中进行抛光，以防止空气中的尘埃混入研抛区。由于是恒温，可抑制工件、夹具和抛光工具的变形，因此可获得较高的加工精度和表面质量。近年来化学机械复合抛光应用十分广泛，已成功用于加工半导体硅片材料，而且已有专门的抛光机床问世。

与化学机械抛光类似的加工方法有化学机械研磨和化学机械珩磨等。当采用硬质材料制成研抛工具时，则研抛工具为研具，为研磨加工；当采用软质材料制成研抛工具时，研抛工具为抛光器，则为抛光加工；当采用中硬橡胶或聚氨酯等材料制成研抛工具时，则兼有研磨和抛光双重作用。

超精密无损伤抛光中，机械作用起到微量去除作用和摩擦作用，而包含电解作用的化学作用起到溶去作用和皮膜形成作用。例如，用于不锈钢镜面加工的电解复合抛光用硝酸钠水溶液，通过电解作用形成非导体化膜，然后用固着磨料和游离磨料的擦划作用进行加工。更为极端的是，完全不使用磨料的化学抛光法，如进行式机械化学抛光（Progressive

Mechanical and Chemical Polishing, P-MCP），其机械作用通过抛光盘的摩擦获得，材料的去除是通过抛光液的化学溶去进行的。P-MCP 抛光可在一次加工中自动实现由机械作用向化学作用的转移，最终阶段的抛光液层的腐蚀效果可使加工面完全没有加工变质层，这种方法用于 CaAs 基片的镜面加工时，使用溴甲醇抛光液可以获得 Ra 0.3nm 的表面粗糙度。

二、非接触抛光

非接触抛光是指使工件与抛光盘在抛光过程中不发生接触，仅用抛光液中的微细粒子冲击工件表面，以获得加工表面的完美结晶性和精确形状，去除量为几个到几十个原子级的抛光方法。以 EEM 为例，如图 5-13 所示，在微细粒子悬浮液中，使聚氨酯球加工头边旋转边向工件表面接近，微细粒子以接近水平的角度与被加工材料碰撞，完成加工。微细粒子的作用区域十分微小（ϕ1～2mm），在接近材料表面处产生最大的剪断应力，既不使基体内的位错、缺陷等发生移动（塑性变形），又能产生微量的弹性破坏来进行去除加工。如果对聚氨酯球的加工头和工作台采用数控装置，则能进行曲面加工。

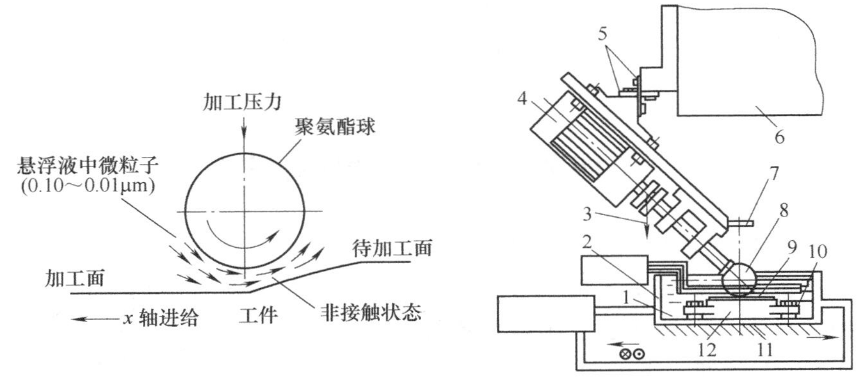

a) EEM 加工的磨粒运动　　b) EEM 加工原理示意图

图 5-13 EEM 加工原理示意图

1—悬浮液 2—抛光液容器 3—重心 4—无级变速电动机 5—抛光头架连接机构 6—抛光头架固定用床身 7—抛光头保持架 8—抛光头 9—工件 10—保持环 11—工件夹具数控工作台 12—载物盘

非接触抛光既可用于功能晶体材料抛光（注重结晶完整性和物理性能），也可用于光学零件的抛光（注重表面粗糙度和形状精度）。

三、界面反应抛光

过去，硬脆电子功能陶瓷材料的加工基本上是利用以硬质磨粒的机械压入、刻划作用为主的研磨和抛光，通常在工件表面留有加工变质层。为了消除加工变质层，一般采用化学抛光和电解抛光加工，但这样又会造成形状精度降低。为了克服上述缺点，必须开发新的抛光法，以实现功能陶瓷的高精度高质量抛光加工。

在工件与磨料的摩擦界面上的机械能一部分将转化为热能，使界面真实接触部位处于高温高压状态，而处于这种状态的界面是不稳定的，各物质之间很容易互相渗透，化合物很容易产生和分解。这种界面反应一般称为机械化学反应。如果将反应生成物控制在工件表层极小的深度内（一般只有数个 Å），因其加工单位很小，就可以在不伤及母材的情况下使其脱落，可以获得一般机械加工无法达到的超精密表面。这就是一边反应生成易于去除的局部软质生成物，一边进行加工的界面反应抛光方法。可用于抛光加工的界面反应现象有机械化学固相反应现象和水合反应现象，相应的抛光方法称为机械化学抛光和水合抛光。

这些新方法与传统的抛光法相比在加工机理上完全不同。由于不必使用弹性抛光盘，加工的面形精度从而得以提高。由于利用了化学反应，所形成的加工变质层极小。界面反应抛光将可能成为功能陶瓷元器件基片超精密加工的主要方法。迄今为止，在蓝宝石、水晶、硅等材料的加工中都具有使用这种新方法的可能性。

四、电、磁场辅助抛光

电、磁场辅助抛光（Field-Assisted Fine Finishing，FAFF）或场致抛光是通过控制电、磁场的强弱改变磨粒对工件的作用力，进行抛光的加工方法。磁场辅助抛光主要包括磁性磨粒加工、磁流体抛光和磁流变加工三种。磁流体抛光有悬浮式和分离式两种，前者将磨粒混入磁流体中，通过磁流体在磁场作用下的“浮置”作用进行抛光；后者的磨粒不混入磁流体中，而是利用磁流体向强磁场方向移动的特性，通过橡胶等弹性体挤压磨料，对工件进行抛光。磁性磨粒加工和磁流变加工的相关内容将在下一节中进行介绍。电场辅助抛光主要是指电泳抛光，它利用胶体粒子在电场作用下产生的电泳现象进行抛光。

第四节 曲面超精密抛光

超精密抛光还大量应用于曲面的最后精加工，各种光学透镜和反射镜最后的精加工，一般都使用超精密抛光，以便能加工出表面粗糙度 Ra 为 2~10nm 的镜面。手工抛光效率很低，且不易保证曲面的几何精度，故国外已发展了多种精密曲面抛光机床。这类精密曲面抛光机床，都有精密在线测量系统，在机床上检测加工工件的几何精度，再根据测出的误差继续进行抛光加工。加工出的曲面镜，不仅表面是优质的镜面，同时还具有很高的几何精度。美国为加工大型光学反射镜，专门研制了大型精密 6 轴数控抛光机。如图 5-14 所示是日本佳能公司研制的一台大型数控精密抛光机。该抛光机的工作台可做 x 和 y 方向运动，并可旋转，抛光头可自动控制向下的加工量。工件在机床前部进行抛光加工后，可以移到机床后部，可以用该部位的精密测头测量工件的几何形状精度。测头的 z 向垂直运动凭借空气导轨和光学测量系统，保证了其测量运动精度。机架和机座用低膨胀铸铁制造，整台机床由空气隔振垫支承，以防止振动。

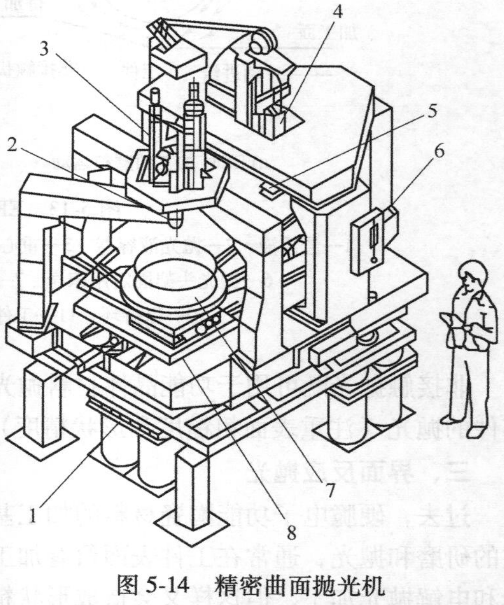

图 5-14 精密曲面抛光机

1—空气隔振垫 2—抛光头 3—抛光头升降机构 4—z 向空气导轨 5—测量头 6—z 向光学测量 7—工作台面 8—$xy\theta$ 工作台

近年来，出现的新型曲面研磨抛光方法包括磁性磨粒加工、磁流变加工、气囊抛光、应力盘抛光等几种。

一、磁性磨粒加工（Magnetic Abrasive Finishing，MAF）

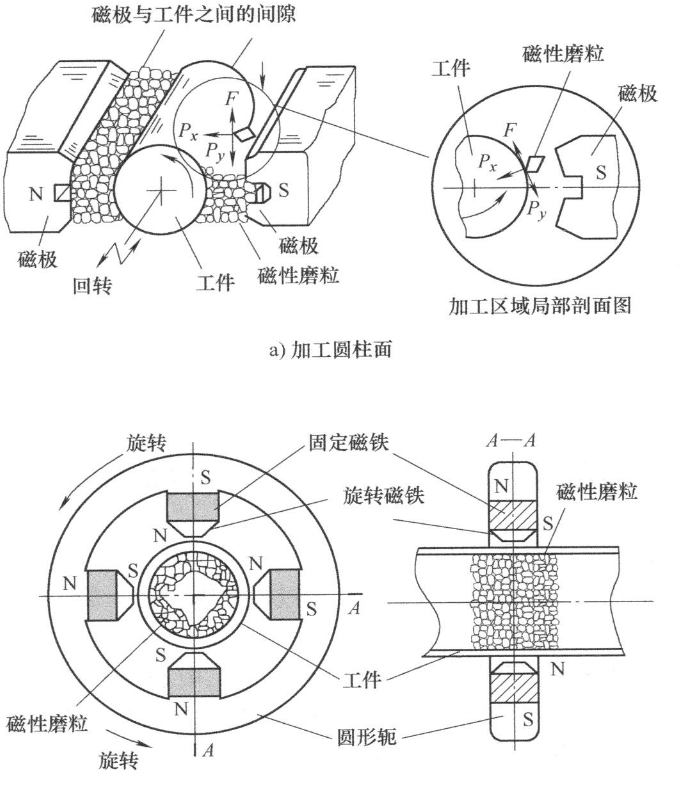

a) 加工圆柱面

b) 加工圆管内表面

图 5-15　磁性磨粒加工原理图

磁性磨粒加工是利用磁性磨粒（由磨粒与铁粉经混合、烧结再粉碎至一定粒度制成）对工件表面进行研磨抛光的加工方法。加工时在工件和磁极间充满磁性磨粒，如图 5-15 所示，磁性磨粒在磁场作用下沿磁力线形成“磁刷”，通过工件和磁极的相对运动完成加工。磁性磨粒加工的特点可概括如下：① 几乎不受工件几何外形限制，可研磨抛光平面、圆柱面、圆管内表面、外圆球面、复杂曲面和缩颈气瓶内表面（内圆球面）等多种形面；② 对设备精度和刚度要求不高，没有传统精密设备的振动或颤动等问题；③ 磨粒与工件表面之间并非刚性接触，所以即使有少数大磨粒存在或工件表面偶然出现不均匀硬点，也不会因为切削阻力的突然改变而使工件表面被划伤；④ 加工中磁性磨粒的切削刃不断更换，具有自锐功能；⑤ 加工压力可由激磁电流控制磁场强度决定，整个加工过程可做到全面自动化；⑥ 可使工件表面产生残留压缩应力，提高工件的抗疲劳强度。但该方法的主要问题是磁性磨粒的制备过程复杂因而成本高昂，故应用受到一定限制。

二、磁流变抛光（Magnetorheological Finishing，MRF）

磁流变抛光技术是 20 世纪 90 年代初由 Kordonsky 等发明的，它利用磁流变液（由磁性颗粒、基液和稳定剂组成的悬浮液）在磁场中的流变特性对工件进行研磨抛光加工。MRF 具有流体抛光法的优点，抛光后无亚表面破坏层，由抛光引起的表面残余应力小，可获得很好的超光滑表面。MRF 抛光效率也比流体抛光的效率高很多。磁流变液的流变特性可以通过调节外加磁场的强弱来控制。磁流变加工设备如图 5-16 所示。磁流变液由喷嘴喷洒在旋转的抛光轮上，磁极置于抛光轮的下方，在工件与抛光轮所形成的狭小空隙附近形成一个高梯度磁场。当抛光轮上的磁流变液被传送至工件与抛光轮形成的狭小空隙附近时，高梯度磁场使之凝聚、变硬，成为黏塑性的宾汉介质（类似于“固体”，表观黏度系数增加两个数量级以上）。具有较高运动速度的宾汉介质通过狭小空隙时，在工件表面上与之接触的区域产生很大的剪切力，从而使工件的表面材料被去除，而离开磁场区域的介质重新变成可流动的液体。

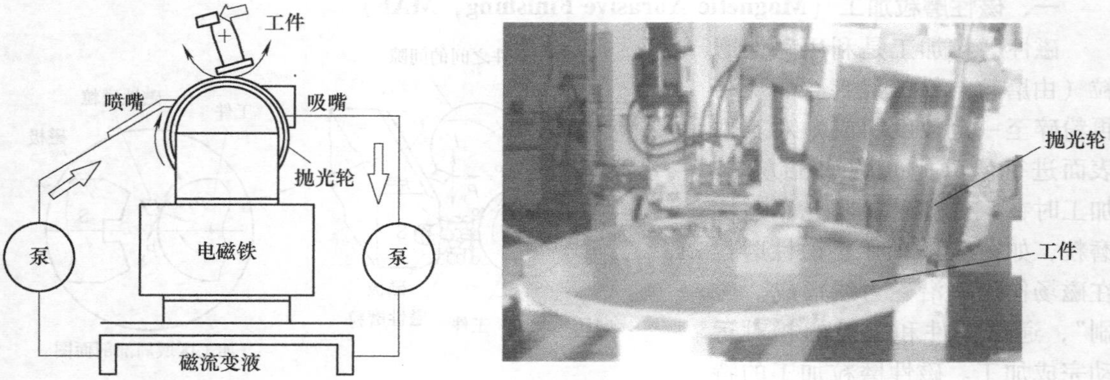

a) 系统原理图　　b) 加工装备图

图 5-16　磁流变加工系统

磁流变抛光方法，可以认为是以磁流变抛光液在磁场作用下，在抛光区范围内形成具有一定硬度的“小磨头”对工件进行抛光。“小磨头”的形状和硬度可以由磁场实时控制。磁流变抛光是一种柔性抛光方法，不产生亚表面损伤层、加工效率高、表面粗糙度低，而且能够实现复杂表面的抛光加工；通过控制磁场的分布形状和加工区域的驻留时间，可以实现确定量抛光。

1998 年，罗彻斯特大学的光学加工中心与 QED 公司合作推出了第一台磁流变抛光机 Q22-X，成功使 MRF 技术商业化。目前，QED 生产的 MRF 设备，加工零件尺寸已扩大到 750mm×1000mm，非球面光学器件加工精度可达到 P-V $\lambda/20$，表面粗糙度值 Ra 达到 0.5nm 以下，具备离轴非球面的加工能力。

三、液体射流抛光（Fluid Jet Polishing，FJP）

液体射流抛光是通过专门设计的喷嘴将含有磨料颗粒的液体射向工件，依靠磨料的高速冲击和冲刷而实现材料去除的一种方法。FJP 技术由于对抛光距离不敏感，因此适合对高陡度非球面和大长径比内腔等复杂形面进行确定性抛光。FJP 技术已经实现商品化，英国 Zeeko 公司推出了液体射流抛光设备 FJP600（见图 5-17）。FJP600 抛光自由曲面时面形精度优于 P-V 60nm，表面粗糙度能达到 *RMS* 1nm。加拿大 Light Machinery 公司的水射流抛光机床 FJP-1150F 可加工最大尺寸为 150mm×150mm 的工件，面形精度可达±3nm，表面粗糙度可达 *RMS* 1nm。由于 FJP 技术的液体束流容易受到扰动，结合了 FJP 和磁流变抛光技术的一项新技术——磁射流抛光技术（Magnetorheological Jet Polishing，MJP）在最近已经出现。MJP 技术利用低黏度磁流变液在外磁场作用下会发生磁流变效应、表观黏度增大来增加射流束表面的稳定性，使得磁射流抛光的稳定性优于普通液体射流的稳定性。QED 公司已经利用 MJP 技术将一个凹形玻璃体（曲面半径为 20mm，直径为 23mm）的精度提高了 8 倍，验证了磁射流抛光技术在保形光学方面的应用。

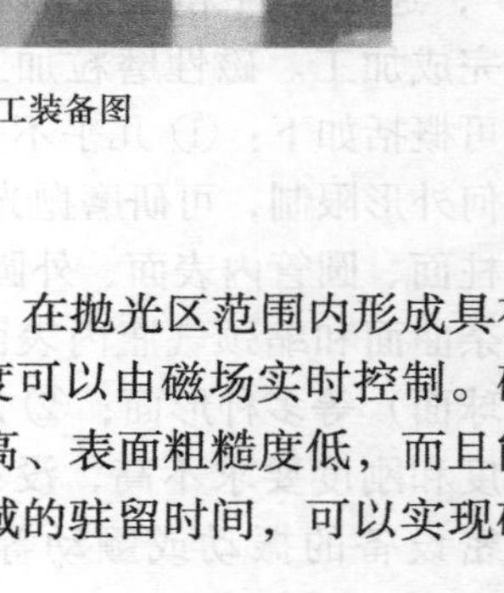

图 5-17　Zeeko 公司研制的液体射流抛光设备 FJP600

四、计算机控制光学表面成形技术（Computer-Controlled Optical Surfacing，CCOS）

计算机控制光学表面成形技术是近年来普遍采用的技术之一。其基本思想是利用一个比被加工器件小得多的抛光工具，根据光学表面面形检测的结果，由计算机控制加工参数和加工路径，完成加工。

目前，世界上很多大型天文观测反射镜的加工都采用 CCOS 方法以及应力盘抛光方法。由于计算机控制抛光可以精确地控制研抛过程中的材料去除量，和传统的研抛相比，大大提高了加工效率，缩短了加工周期，并且提高了成品率。例如，美国 Arizona 州的 Steward 天文台大镜实验室已经成功应用该技术加工了一系列的大镜，先后完成了 1. 8mf/1. 0VATT 主镜、3. 5mf/1. 5SOR 主镜、3. 5mf/1. 75ARC 主镜、6. 5mf/1. 25MMT 主镜和 6. 5mf/1. 25Magellan 主镜的加工；2005 年完成了 Large Binocular 望远镜（LBT）8. 4mf/1. 14 主镜的加工，加工后面形误差仅为 *RMS* 20nm。2006 年，Tinsley 公司仅用三个多月时间就完成了对 JWST 主镜的一块子镜（材料为铍）的抛光，面形 P-V 值由最初的 250. 57μm 收敛到 22. 40μm，*RMS* 值由最初的 49. 101μm 收敛到 1. 460μm，比预计完成日期提前了 41 天。美国哈勃空间望远镜 ϕ2. 4m 的主镜，由 Perkin-Elmer 公司承担第一块轻型主镜的加工，最终面形误差仅为 *RMS* 12nm。法国 REOSC 空间光学制造中心使用 CCOS 技术成功地加工了 8m 的 VLT 大镜，面形精度达到了 *RMS* 8. 8nm，远远优于要求的 35nm 指标。

计算机控制抛光已经成为超精密抛光技术的主流，具体的计算机控制抛光包括 CCOS、SLP、MRF、IBF、BTP 和 FJP 等，国外如美国的亚利桑那大学光学中心、罗彻斯特大学光学制造中心、iTek 公司、Tinsley 公司、劳伦斯利弗莫尔国家实验室、Eastman Kodak 公司、QED 公司，英国的伦敦大学、Zeeko 公司，法国的空间光学制造中心，俄罗斯的 Vavilov 国家光学研究所，德国的 Zeiss 公司，以及日本的 Canon 公司等都大量使用计算机控制抛光技术。

五、气囊式抛光

图 5-18 所示的曲面的气囊抛光装置是由伦敦大学光学科学实验室和英国 Zeeko 公司于 2000 年联合提出的。其运动方式与普通计算机数控抛光不同，采用独特的进动方式，其原理如图 5-19 所示：进动抛光是一种新颖的光学器件的抛光方法，它具有高斯型收敛的去除函数，陀螺式的旋转使得工件在抛光区域任意一点产生不同方向的摩擦力，从而使得抛光纹理错综交叉而且细腻无方向性划痕。以柔性头作为抛光工具并结合数控抛光技术，使得该方法很容易加工出高精度、高表面质量的光学器件。

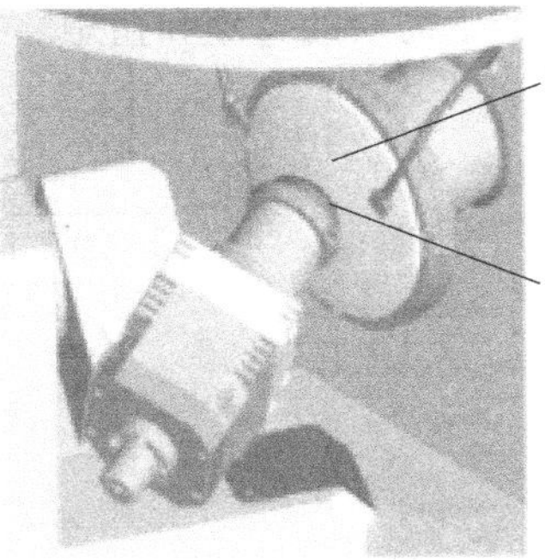

图 5-18　曲面的气囊抛光装置示意图

它使用的抛光工具是特制的柔性气囊，气囊的外形为球冠，外面粘贴专用的抛光模，如聚氨酯抛光垫、抛光布等。将其装于旋转的工作部件上，形成封闭的腔体，腔内充入低压气体，并可控制气体的压力。抛光头本身旋转形成抛光运动。工件可以旋转，并可做 x、y、z 向的数控联动运动。当工件为回转体表面时，工件旋转并做 x、z 向的数控联动运动；当工件为自由曲面时，工件不旋转而做 x、y、z 向的数控联动运动。为使抛光头气囊表面抛光模磨损均匀，在抛光时，抛光头需要做一定的摆动（但气囊球面的中心位置不变）。气囊式抛光方法适合平面、球面、非球面甚至任意曲面的抛光（质量控制）和修整（面形控制），可以加工非球面（包括离轴非球面）和自由光学曲面等，能够抛光光学玻璃、镀镍铝、不锈钢和石墨纤维等多种材料。

Zeeko 公司生产的 IRP 系列多轴抛光设备，加工工件口径为 200～2000mm，面形精度达 P-V 80nm，表面粗糙度达 Ra 3nm，粗抛光材料的去除率为 2.0mm³/min，精抛光材料的去除率大于 0.25mm³/min。

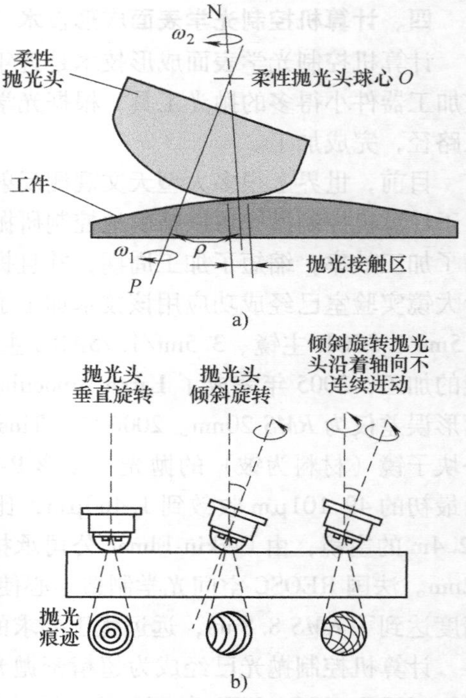

图 5-19 气囊式抛光原理

六、应力盘抛光

CCOS 的整个加工过程是一个闭环控制过程，对局部误差的修正非常有效，但容易产生局部的中高频残差（加工后的面型可以看成是要求面型与低、中、高频残差的叠加），对最终光学系统的质量产生影响。为此出现了应力盘抛光方法，该方法采用大尺寸弹性盘为工具基盘，在周边可变应力的作用下，盘的面型可以实时地转变成所需要的面型，与非球面工件的局部面型相吻合，进行研磨抛光加工。应力盘抛光技术具有优先去除表面最高点或部位的特点，具有平滑中高频差的趋势，可以很好地控制中高频差的出现，有效地提高加工效率。应力盘面型控制的一种实现方式如图 5-20 所示，应力盘周围装有 12 个驱动器和连杆装置，12 个驱动器分为 4 组，每 3 个构成一组并成等边三角形分布，每个驱动器装有着力点和测力传感器，4 组等边三角形合力可以产生需要的弯矩和扭矩。在 12 个变力矩的作用下，应力盘能够产生需要的转变。

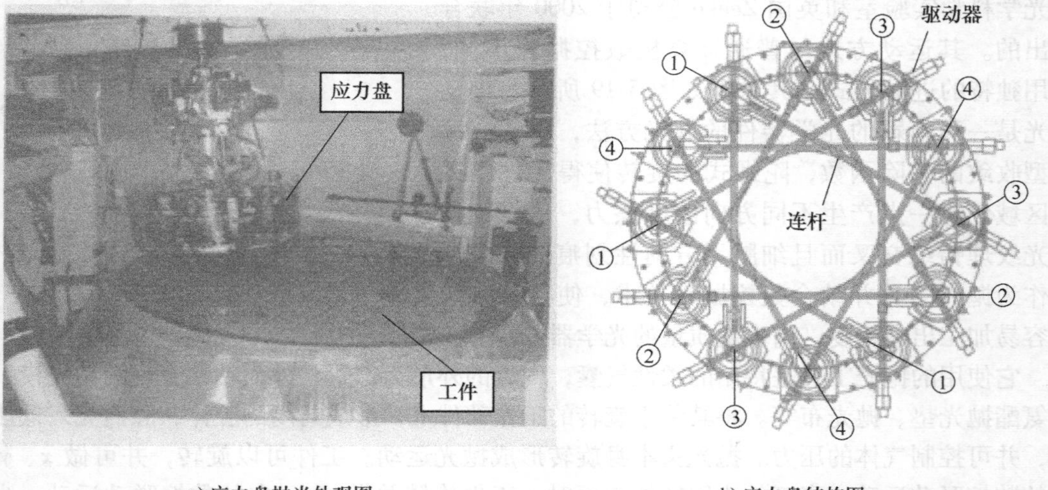

a) 应力盘抛光外观图　　b) 应力盘结构图

图 5-20 应力盘抛光设备及应力盘实现方式

思 考 题

1. 试述研磨加工的原理和特点。
2. 如何选择研磨剂的磨料、磨料的粒度和研磨液?
3. 试述平面研具的设计和平面研磨的运动轨迹。
4. 为保证研磨效率和研磨质量，如何选择研磨工艺?
5. 试述抛光加工的机理和特点。
6. 简述无损伤抛光方法。
7. 简述非接触抛光原理及应用。
8. 简述界面反应抛光原理。
9. 简述电场和磁场辅助抛光方法的原理。
10. 简述曲面研磨抛光方法、原理及适用范围。

第六章　超精密特种加工技术

第一节　概　　述

超精密特种加工是相对于传统的超精密切削、磨削加工而言的。超精密特种加工是将电、磁、声、光和热等物理能量，化学能量或其组合甚至与机械能组合直接施加在被加工的部位上，从而使材料被去除、变形及改变性能等的非传统超精密加工方法。所以超精密特种加工实际上就是非机械超精密加工技术。

微细加工的特点是被加工的尺寸微小，精度比并不高，但由于定位精度、重复精度和加工尺寸精度往往都需要达到亚微米级，其技术措施和难度都和超精密加工技术相似，因此也被称为超精密加工技术。超精密特种加工技术常用于微细加工中，因此又被称为特种微细加工。

一、超精密特种加工技术特点

1）刀具材料的硬度可以大大低于工件材料的硬度。

2）利用电能、电化学能、声能或光能等能量对材料进行加工时，加工过程中的机械力不明显，工件很少产生机械变形和热变形，有助于提高工件的加工精度和表面质量。

3）各种加工方法可以有选择地组合成新的工艺方法，使生产效率成倍增长，同时加工精度也相应提高。

4）几乎每产生一种新的能源，就有可能产生一种新的精密、超精密特种加工方法。

二、超精密特种加工的适用范围

超精密特种加工方法因具有上述特点而广泛适用于：各种难切削材料的超精密加工，如耐热钢、不锈钢、超级合金、淬火钢、硬质合金、陶瓷、宝石、金刚石等以及锗和硅等各种高强度、高硬度、高韧性、高脆性以及高纯度的金属和非金属的加工；各种复杂的、有特殊要求的零件表面的超精密加工，如热锻模、冲裁模和冷拔模等高精度模具模腔和型孔、喷气涡轮机叶片、喷油嘴和喷丝头的微小异形孔的加工以及航空航天、国防工业中高精度要求的陀螺仪、伺服阀以及低刚度的细长轴、薄壁筒和弹性元件等的加工。

第二节　激光加工

激光是20世纪60年代初发展起来的一种新光源。它是一种亮度高、方向性好且单色性好的相干光，因此在理论上经聚焦后能形成直径为亚微米级的光点，焦点处的功率密度可达$10^8 \sim 10^{11}$W/cm^2，温度高达10000℃以上，可在千分之几秒内急剧熔化和汽化各种材料。目前，激光加工已相当受到重视，几乎对所有金属和非金属材料都可以加工，如钢材、耐热合金、陶瓷、宝石、玻璃、硬质合金及复合材料。

一、激光加工原理

激光是一种通过入射光子的激发，使处于亚稳态的较高能级的原子、离子或分子，跃迁到低能级时完成受激辐射所发出的光。由于这种受激辐射所发出的光与引起这种受激辐射的入射光在相位、波长、频率和传播方向等方面完全一致，因此激光除具有一般光源的共性之外，还具有亮度高、方向性好、单色性好和相干性好四大特性。激光具有普通光源望尘莫及的优异特性，由于激光的单色性好且发散角很小，因此在理论上可聚焦到尺寸与光波波长相近的小斑点上，其焦点处的功率密度高，温度也高至上万摄氏度，任何坚硬的材料都将在瞬时被急骤熔化和蒸发，并通过所产生的强烈的冲击波被喷发出去。因此，利用激光可以进行各种材料（金属、非金属）的加工。

二、激光加工的特点

1）加工材料范围广。激光束加工功率高，可加工各种金属和非金属材料。对陶瓷、玻璃、宝石、金刚石、硬质合金、石英等难加工材料用激光加工非常有效。对于一些透明材料，也可通过采取色化或打毛等措施后进行加工。

2）加工精度高。激光束斑直径可达 1μm 以下，可进行超微细加工，同时它又是非接触工作方式，力、热变形非常小，易保证高加工精度，目前激光微细加工的精度可达亚微米级以下。

3）加工性能好。激光加工可以将工件离开加工机进行。不需要真空，也不需要对 X 射线进行防护。可透过玻璃等透明材料进行加工，在某些特殊情况（如真空）下加工也比较方便。不需要工具，可通过调整光束大小、能量、脉宽等参数进行打孔、切割、焊接等不同工作，与电子束、离子束加工相比其经济性更好。

4）加工速度快、效率高。

三、激光加工设备的组成

激光加工设备虽有多种不同的类型，但其基本组成一般分为四部分：激光器（将电能转变成光能，产生激光束）、激光器电源（为激光提供能量）、光学系统（用来聚焦光束、观察焦点的位置以及显示工件加工的情况）和机械系统（机床床身、三坐标移动工作台及电控制部分）。

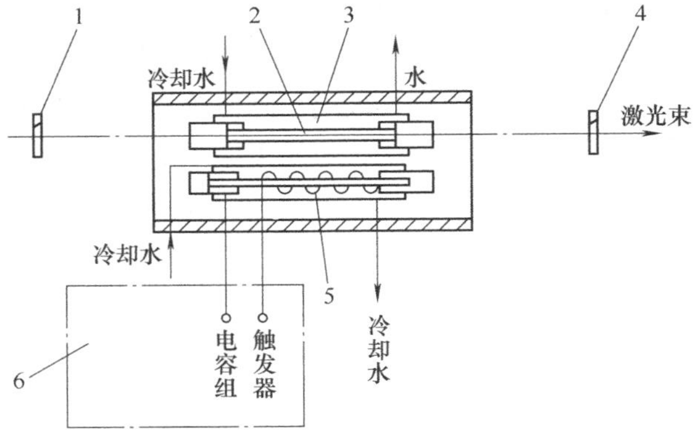

图 6-1　固体激光器结构示意图

1—全反射镜　2—工作物质　3—玻璃套管
4—部分反射镜　5—氙灯　6—电源

产生激光束的激光器种类很多，按其工作物质的不同可分为固体激光器、气体激光器、液体激光器、半导体激光器和化学激光器等。图 6-1 为固体激光器的结构示意图。用于微细加工的激光器主要有红宝石激光器、YAG（钇铝石榴石）激光器、准分子激光器和氩离子激光器等。

四、激光微细加工技术应用

激光加工已广泛用于激光打孔、切割、焊接、电阻微调、表面处理和存储等。激光加工的精度在不断提高，新的激光加工技术也在不断涌现。目前激光微细加工的尺寸可达亚微米级以下，其在航空航海、光通信、半导体、个人计算机和生物医疗等领域有着广阔的应用前景。

1. 激光微细加工中心

激光微细加工的先进设备是激光微细加工中心，美国 ART 公司研制出了一种三坐标激光微细加工中心，该加工中心的视觉系统可提供加工过程的连续形象，并自动寻找、对准、测量和修正加工对象，精度在百分之几微米内。它还有一个专门的能束成形镜片，能产生加工各种特定形状所需要的光束。微细加工程序由一种简单的专用语言编制，而不需要复杂的通用计算机语言。该中心适用于加工如氧化铝、碳化硅等硬脆材料，刻蚀线宽达 0.25μm，打孔直径小于 70μm，深 75μm；也适用于加工压电陶瓷圆环，加工直径仅 20μm，高 15μm；还可以对两个微型配合表面的接缝和各种材料的裸芯、多芯电缆或光导纤维进行微细焊接。

2. 飞秒激光加工

飞秒激光加工技术是一种以多光子吸收为基础，能够实现无热影响的精密加工的新型激光加工技术。该技术将给 21 世纪各产业的发展带来巨大的影响。

（1）飞秒激光加工的原理与特点　飞秒激光器的飞秒是时间单位，1 秒的一千万亿分之一是飞秒（fs）。飞秒激光器的峰值功率非常高，假设脉冲频率为 100fs，脉冲能量为 1mJ，则峰值功率将达到 10GW（1kW 的一千万倍）；若参数为 20fs、20mJ，则峰值功率将达到 1TW。一旦将这种光聚焦在小范围内就有可能无热影响地照射材料使其直接电离，从而产生强大的电场和磁场。

飞秒激光照射在加工材料上时，材料对光子的吸收机理与普通激光加工时的光子吸收机理不同。如图 6-2 所示为普通激光吸收与多光子吸收过程。

在激光加工中，如图 6-2 左侧部分所示，具有与加工件相同能量的光子被吸收，而能量低时则光子不被吸收。当加工件是玻璃、晶体等透明材料时，一般情况下只吸收紫外线，而光子能量小的可见光、红外线则不被吸收而透过。用这一吸收波段的激光照射工件便可进行加工。

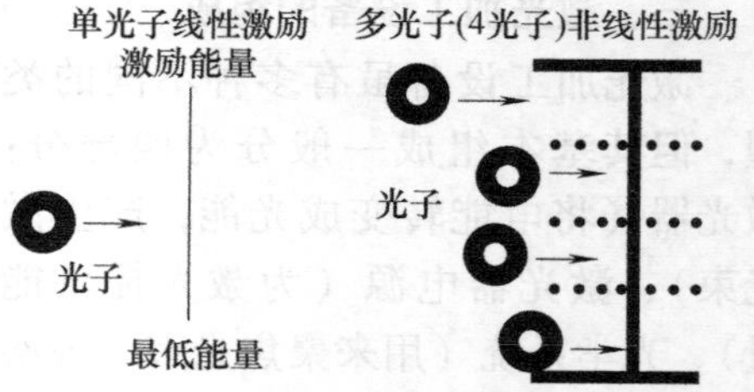

图 6-2　普通激光吸收与多光子吸收过程

像飞秒激光器那样以高峰值功率状态聚焦激光，则光子的密度变大，使多光子吸收过程成为可能（见图 6-2 右侧部分）。若同时照射多光子，即使单光子的能量比吸收光谱的能量小，也能被材料吸收。因此，飞秒激光器的典型波长约为 800nm（属红外波段）。通常情况下，这一波段的光照射在透明材料上不被吸收，但利用上述多光子吸收机理，在某种条件下有可能被吸收。这种吸收机理与加工材料的等级无关，适用于所有物质。因此，这种红外飞秒激光器也能加工那些用紫外光才能加工的材料。

飞秒激光加工是通过聚光透镜的聚光点产生多光子吸收，从而实现在材料内部的加工。

普通激光照射在加工材料表面时，一部分光能转换成热能使工件周围的温度上升，因此导致工件周围热变形，而薄、脆性材料将产生永久性变形或微小裂纹。然而，当用飞秒激光照射时则不会产生上述热变形和热变质等损伤，也不会对随温度上升而产生物理变化的半导体材料、脆性材料造成损伤，可以实现高精度加工。

（2）在超精密加工中的应用　由于飞秒激光器所独具的优异性能，人们对其在工业各领域中应用的可能性进行了广泛的研究，其中在超精密加工中的应用研究如下：

1）在透明材料中的应用。在透明材料中的应用主要指制造光通信器件。用飞秒激光器可在工件内部进行加工，因此通过改变晶体的折射率可在透明晶体内部形成光波导或在光纤内部实现折射（波长滤光、反射、色散）。此外，还可以用于制作光子晶体，对昂贵的工业用蓝宝石、金刚石和水晶等进行切割、钻孔。

2）在半导体材料中的应用。传统的半导体加工是采用激光照射，利用材料内部的应变，并以热变质的方式达到实用化。采用飞秒激光器加工材料不仅使材料表面几乎没有热变质层，而且也避免了由热变形造成的材料损伤，可实现微米级、亚微米级的加工。

3）在金属加工及其他领域中的应用。在金属加工方面，小于100μm的微孔加工具有潜在的应用前景。这种尺寸的孔，目前主要依赖于金属丝放电加工，但加工精度和速度十分有限；而采用飞秒激光器可实现高精度、高速微孔加工，并可以加工适用于金属丝放电加工的材料。这种加工方法现已在欧美国家的汽车工业中得到应用。

最近CSI研制出一种装有高功率飞秒激光光源的微细加工系统，其机械精度可控制在50nm，可加工小于200nm的元件，且不受波长的影响，可加工任何材料。其特点是：利用超短脉冲，可获得50GW以上的峰值功率；以1kHz频率工作时，可达到3.5mJ脉冲的高功率；脉宽可从5~30fs间选择；最大重复频率为10kHz。

此外用飞秒激光脉冲还可以进行快速三维微细加工。日本德岛大学的研究人员利用795nm、120fs脉冲的掺钛蓝宝石激光器，通过程序控制在硅玻璃里面写入了三维图样，然后用腐蚀液腐蚀掉激光照射过的区域，使设计要求的结构显露出来。

（3）飞秒激光双光子三维微细加工实例　飞秒钛宝石激光器进入了微细加工领域后，推动激光加工技术进一步向三维微细加工方向发展。与传统的光刻技术（如紫外光刻和LIGA工艺）相比，双光子技术在微细加工方面有其独特的优势：如一次性直接写入成形，且整个加工过程中不需要牺牲层；柔性好，加工的模型可以通过CAD软件直接生成；实现了真正的三维立体加工。因此，它在光子器件（Photonic Devices）、微机电系统（Micro-Electro-Mechanical System，MEMS）的制作中得到了广泛应用。

光是一种电磁波，当光通过介质时，介质也会相应地产生极化。通常情况下，由于激发光的强度相对较弱，极化与电场强度的非线性关系表现得并不明显。随着脉冲激光，特别是超短脉冲激光（飞秒激光）的出现，激发光与物质相互作用所表现出来的非线性现象也越来越明显。双光子吸收（Two-Photon Absorption，TPA）作为一种非线性光学现象，在激发光两个光子（也可以是两个不同频率的激发光）的能量与物质从基态跃迁到激发态所需要的能量相当时，双光子吸收就有可能发生。但是，只有具备了很强的激发功率才能诱导材料发生显著的双光子吸收。

飞秒激光作为一种新型的激发光源，可以在很低的平均输出功率下实现很高的脉冲功率，经放大后，其脉冲功率甚至可达到吉瓦级。将飞秒激光技术引入到三维微细加工中实现材料的双光子吸收，这种新型的微细加工技术便表现出了很多优良特性。由于材料发生双光子吸收的概率与激发光强度的二次方成正比，由双光子吸收引发的光化学反应将被局限在焦点周围光强度很高的极小区域内（体积的数量级为λ^3，λ为入射激光的波长），光束途经的其他部分几乎不受影响。在实际应用该技术时，材料吸收峰频率应为入射飞秒激光频率的两倍，且其吸收边界频率应明显大于入射激光频率。这样既保证了两个入射光子的能量与跃迁所需能量相当，也使材料发生单光子吸收的概率变得极低。系统通过控制激光焦点在材料中各个方向的扫描运动，可以实现高精度三维成形。

双光子加工过程中只要精确地控制激光束焦点的扫描动作就可以实现对材料的“直接写入”，从而快速地加工出预先设计的微器件。这同时也使得双光子微细加工具有很强的柔性：通过改变 CAD 的设计模型就可以实现新器件的加工，而不需要对加工系统的结构做任何调整。飞秒钛宝石激光器是双光子微细加工技术常用的激发源，它的中心波长通常为 800nm 左右，这一波长的激光具有的对材料优异的穿透性（对常见的紫外光刻胶，其穿透深度大于 200μm），保证了系统工作时有较大的纵向加工深度，同时也使得多种通常用作紫外光刻的材料在双光子加工中得到了应用。

激光双光子加工技术是一项集超快激光技术、显微镜技术、超高精度定位技术、CAD/CAM 技术以及光化学材料技术于一体的新型微细加工技术。中国科学技术大学精密机械与精密仪器系联合中国科学院分子反应动力学国家重点实验室自主开发了一套双光子微细加工实验系统，该系统的结构示意图如图 6-3 所示。从功能上划分，系统由以下四个部分组成：①飞秒激发源，由泵浦激光源和飞秒超快谐振腔组成；②光束导向系统，其中包括对飞秒光束的滤光、衰减和扩束，最后通过一个大数值孔径的物镜将激光束聚焦到样品中，加工光束的通断由光路中的光闸通过计算机控制来实现；③用于实现三维扫描的 PZT 移动平台，该平台动作由计算机控制，纳米级的移动精度保证了其曝光点的准确定位；④实时监测部分，激光焦点处材料所发生的变化可通过 CCD 进行实时监测。

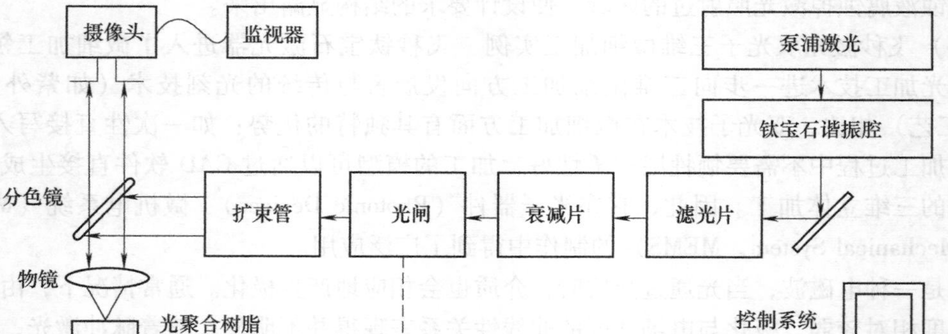

图 6-3 双光子微细加工实验系统示意图

利用该双光子微细加工系统，应用现有的紫外光刻胶经双光子聚合后，已成功地加工出了多个三维微器件，如双联齿轮和“USTC”图样，如图 6-4a 和图 6-4b 所示。双联齿轮所使用的材料为一种由聚氨酯丙烯酸酯单体/低聚物和紫外光引发剂的混合物构成的光刻胶，底部大齿轮外径为 25μm，小齿轮外径为 15μm，整个结构全高 16μm；“USTC”图样由 Shipley1830 加工形成，整体字长 18μm。

3. *准分子激光微细加工*

所谓准分子，是指在激发态结合为分子、基态离解为原子的不稳定缔合物。用作激光介

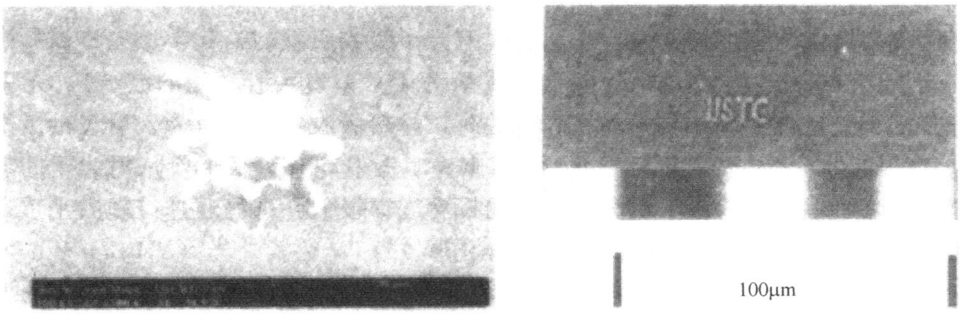

a) 双联齿轮的SEM照片　　b) “USTC”的CCD照片

图 6-4　三维微器件

质的准分子有 XeCl、KrF、ArF 和 XeF 等气态物质，其发出的激光波长属于紫外波段，波长范围为 193~351nm，如 XeCl 为 308nm，KrF 为 248nm。准分子激光加工常常被称为冷加工，能完成激光热加工（主要指 CO_2和 YAG 等红外激光加工）所不能完成的一些工作，在微细加工、脆性材料和高分子材料加工等方面具有激光热加工无法比拟的优越性，具有广阔的应用前景。

（1）准分子激光加工原理　准分子激光器的激光加工机理，主要靠激光剥离（Laser Ablation）加工材料。即由于准分子激光能量比材料分子、原子连接键能量大，材料吸收能量后（吸收率高），光子能量耦合于连接键，就破坏了原有的键连接而形成微小碎片，碎片材料自行脱落，每个脉冲可去除亚微米级深度的材料，如此逐层剥离材料，达到加工目的。

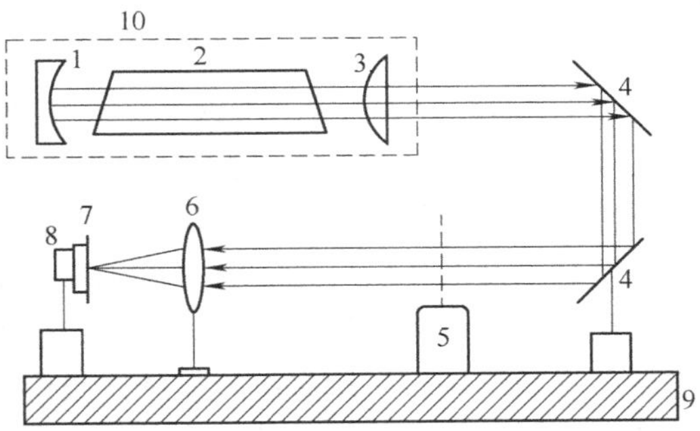

图 6-5　准分子激光加工刻蚀加工原理图

1—后腔镜　2—放电室　3—前脖镜　4—反射镜
5—能量仪　6—聚焦透镜　7—靶子　8—靶托与电动机
9—隔振平台　10—准分子激光器

准分子激光器的基本结构与 CO_2激光器相同。目前准分子激光器主要为脉冲工作方式，商品化的准分子激光器平均功率为 100~200W，最高功率已达 750W。图 6-5 为准分子激光加工刻蚀加工原理图。

（2）准分子激光加工特点　准分子激光加工是一种光化学加工。由于准分子激光的波长短，具有脉冲能量和光子能量较强、重复频率较高、脉冲宽度较短和热效应很小等特性，所以具有许多优良性能，如下：

1）加工质量好，对被加工区域周围的影响小，材料无烧损现象，也无残渣毛刺。从基体上去除材料时，基体几乎不受影响。

2）分辨率高、精度高（分辨率可达亚微米，在加工深度方向的控制以亚微米为单位）。加工时，单脉冲去除深度在 0. 13μm 以下，而且去除的重复性好、加工精度高且尺寸准确。

3）准分子激光加工通常采用掩模系统，用宽光束进行面加工，加工形状可自由设定。

4）加工应用范围广。准分子激光加工可用于包括半导体、医疗、微电子工业在内的许多领域，如光刻、掺杂、烧蚀、淀积和微调等；在通常的切割、打孔、标记以及表面处理等方面也有所应用。在去除量小、加工面积小、所需功率或能量不很大的场合，准分子激光加工的优越性更为突出，如迅速发展起来的微结构、微机械的加工领域。

(3) 准分子激光加工的应用及实例

1）准分子激光能获得快速、高分辨率的光刻。尽管电子束、X射线、离子束具有更短的波长，在提高分辨率方面有更多好处，但在曝光源、掩模、抗蚀剂、成像光学系统方面存在极大的困难。而相反，快速、高分辨率的准分子光刻有着明显的经济性和现实性，它将光学光刻扩展至纵深紫外光（Deep Ultra-Violet，DUV）和真空紫外光（Vacuum Ultra-Violet，VUV），其高功率大大缩短了基片曝光时间，易获得亚微米线宽分辨率，掩模和抗蚀剂问题也易解决，因此人们从未停止对准分子光刻设备的开发。1992年美国IBM公司将准分子光刻机应用于生产线上，商品化的XL-J型193nm光刻机能获得0.25μm线宽光刻胶图形。最近的相移掩模技术，已经将准分子光刻分辨率提高到0.13μm以下。

2）准分子激光易于直刻有机物和无机物材料。准分子激光在直刻有机物和无机物材料方面有着独到之处，单脉冲去除深度在0.05~0.1μm之间，这使得通过简单的脉冲技术即可获得高精密切削。将准分子光刻装备进行适合于材料加工的改进，如使掩模及整个光学系统能承受更大激光峰值功率密度，采用高倍率投影物镜，以及设计实时残渣去除系统等，则非常适于新近迅速发展起来的微结构、微机械的加工技术。目前，英国Exitech公司、德国Microlas公司和日本滨松光子公司先后推出了商品化的微结构加工用准分子激光微加工装备。

3）多用途准分子激光加工装备。微细加工是准分子激光加工应用的主要领域之一，如北京工业大学国家产学研激光技术中心研制成功的NCLT型实用准分子激光微加工机，就是一个整体化多用途的激光加工装备。它适合于在有机物及陶瓷和晶体等无机物材料上进行微钻孔、微切割及制作微结构，它能以工件扫描方式均匀移动激光束在整个基片面积上进行光栅式扫描，亦可用多种掩模投影方法制作图形。对于重复性图形，可用分步重复法制作；对于复杂图形或结构，可用多级掩模依次投影刻蚀或多种投影光阑串行钻孔或雕刻操作而得；此外还可由掩模架与工件台的同步运动，来制作旋转对称或非对称的结构。该装备特别适合为LIGA工艺（一种基于X射线光刻技术的MEMS加工技术）制造微器件原型。

4）准分子激光刻蚀加工球面调制靶。在激光惯性约束聚变研究之中，激光聚变靶的制备是一个极其重要的组成部分。球面调制靶的制备技术可以分为两部分：空心玻璃微珠（Hollow Glass Microsphere，HGM）的制备和对HGM外表面的微细加工（在HGM外壁表面生成离散性分布的凹坑）。准分子激光器在加工玻璃材料方面具有刻蚀精度高、质量好以及加工形状设定比较自由等独特的优势，因而可选择准分子激光刻蚀加工的方法加工球面调制靶。

a. 激光系统。采用华中科技大学的激光加工设备Maestro Series Excimer Laser Work-station，它可以提供两种不同波长的准分子激光（波长为248nm的KrF准分子激光和波长为193nm的ArF准分子激光）进行微细刻蚀加工，工作站整体外观如图6-6所示。

光学系统是激光加工系统的主要组成部分，在功能上需要满足以下要求：将加工激光束从激光器输出口精确引导至HGM外表面，并在指定的加工部位获得理想的光斑形状尺寸、光强分布和能量密度；实时监测激光光束的工作状态以及加工HGM的过程。针对这些要求，采用如图6-7所示的准分子激光直写刻蚀加工光路。

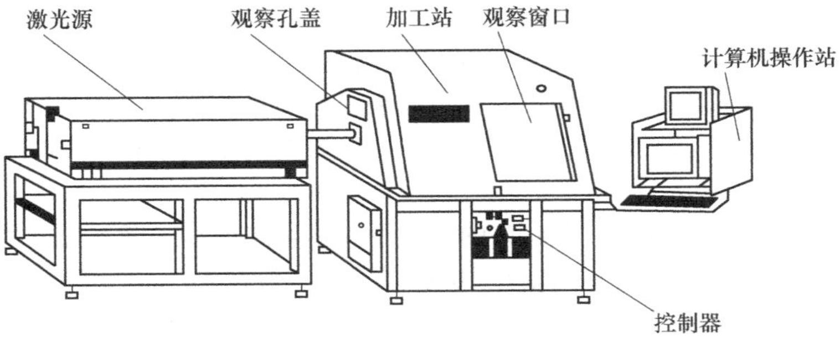

图 6-6　准分子激光工作站整体外观图

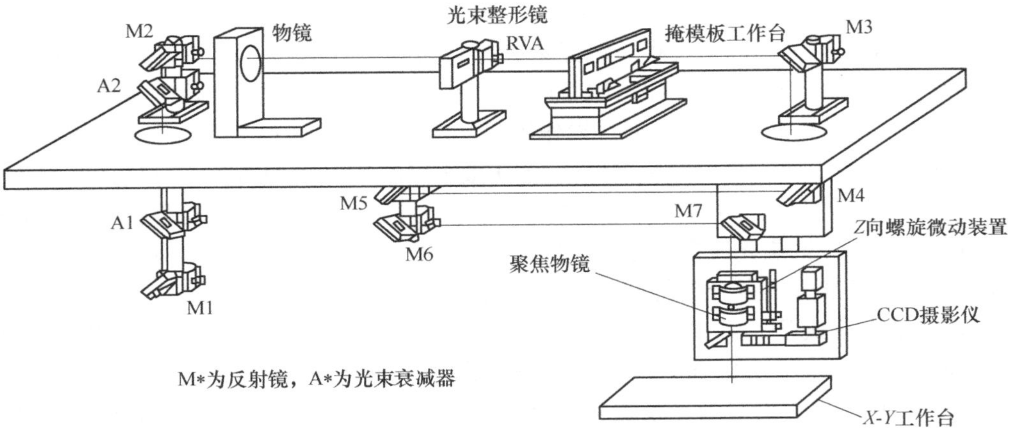

图 6-7　准分子激光直写刻蚀加工光路示意图

经过光束衰减器、光束整形器、掩模板工作台和显微聚焦物镜等一系列光学器件进行处理后的准分子激光束射向固定在 *X-Y* 精密工作台上的夹持加工台，进行工件的刻蚀加工，获得的激光聚焦光斑最小直径可以达到 1.5~2μm；附属 CCD 摄影仪用作整个微加工过程的监视器（CCD 摄影系统的附加反射镜面可调，用以从不同方向观察 HGM 加工形貌），另外可以添加一部小型 He-Ne 激光器及照明光源，以辅助紫外激光进行光路调整以及聚焦光斑的精确定位。

b. 准分子激光束参数的确定。在空心玻璃微珠（HGM）的激光加工工艺中，为保证加工的非破坏性和高精确度，在分析 HGM 物理特性的基础上对准分子激光的波长、脉冲频率以及脉冲能量等影响加工效果的各个参数予以确定。这里选择准分子激光工作站所产生的波长为 248nm 的 KrF 准分子激光进行刻蚀加工，其指标参数见表 6-1。

表 6-1　KrF 准分子激光的指标参数

指标参数	数值	指标参数	数值
最大脉冲能量/mJ	400	高电压范围/kV	26~35
最大平均功率/W	80	脉冲持续时间/ns	12~20
最大脉冲频率/Hz	200	激光波长/nm	248

由于 HGM 壁厚仅在 1~2μm 范围内，且属于脆性材质，在进行激光刻蚀加工时很容易对 HGM 产生冲击破坏现象，因而对于脉冲激光频率的选择应适当放慢，从而留有一定的时间进行应力释放，避免剧烈频繁的累积效应造成裂纹扩展。该准分子激光的脉冲频率也不能过低（低于 1Hz），以免造成脉冲波动。进行加工时脉冲频率应根据 HGM 壁厚以及刻蚀深度的不同，稳定在 2~3Hz 为宜。

同时，为尽量减小破坏概率，在允许的情况下应尽量降低加工激光束脉冲能量。通过试验性加工的检验，激光脉冲能量要控制在 10mJ 以下，一般在 1~4mJ 范围内为宜。

一般加工环境下，激光脉冲数与刻蚀加工深度之间成线性关系，即脉冲数越多刻蚀加工的深度就越大；同时，在产生激光脉冲的高电压一定的情况下，激光脉冲数与脉冲能量之间成反比关系。因此采用多脉冲个数、低脉冲能量的加工方式，利用多脉冲的累积加工效应达到预计刻蚀深度，同时低脉冲能量还起到减小破坏应力的保护作用。

c. 准分子激光刻蚀的加工过程。激光束的操作可以在计算机上进行，激光工作站的远程过程调用（Remote Procedure Call，RPC）控制系统可以对各个轴的运动参数、激光指标参数以及激光 I/O 状态进行设定，通过操作界面上的各个方向键对工作台进行位移控制，使 HGM 移动到特定的平面位置。然后借助于 CCD 摄影仪的实时辅助监控，对夹持在加工台内的 HGM 进行微旋转操作，转动到指定刻蚀部位，同时调节 Z 向螺旋微动装置带动显微聚焦物镜做精密移动，使聚焦光斑聚焦在 HGM 上待刻蚀的部位，最后通过微型计算机界面上的脉冲激光按钮触发准分子激光进行准分子激光刻蚀。

经 CCD 摄影仪观测一次刻蚀加工的效果之后，可再次操作夹持加工台使 HGM 旋转（X-Y 平面工作台固定不动）到下一加工部位。此时，由于 HGM 是围绕基本固定的球心做旋转运动，HGM 加工表面与激光聚焦物镜之间的距离也是恒定的，因此不必重新调节聚焦光斑。当通过 CCD 摄影仪观测到夹持加工台使 HGM 表面旋转至下一待刻蚀的部位时，可直接触发准分子激光进行下一凹坑的刻蚀操作。如此进行下去，可以完成 HGM 全球面任意离散位置的凹坑刻蚀加工，从而制备出所需的惯性约束核聚变（Inertial Confinement Fusion，ICF）激光球面调制靶。

4. 激光制备薄膜技术

（1）激光等离子体法制膜的简单机制　激光制膜法的基础是利用激光辐照介质（靶体），然后从介质中分离出物质并沉淀到基片的物理过程。当激光的辐射功率密度足够高时，到达不透明介质（靶体）表面的激光辐射加热并剥离靶体产生粒子喷射，形成的等离子体直达基片表面凝结为薄膜。激光等离子体制膜法装置的示意图如图 6-8 所示。

图 6-8 中制膜所用的激光器，目前主要是准分子激光器（如 XeCl、KrF 等）、YGA 激光器（包括倍频 YAG 激光器）和微米级脉冲 CO_2 激光器。对于某些薄膜（如 SiO_2）的制备，可采用连续 CO_2 激光器，但与常规热源制膜相比，没有太明显的优越性。图 6-8 中 XeCl 窗口 3 是激光透射窗，既能密封真空，又能有效地将激光能量引入真空室。不同类型的激光器，其透射窗的材料不同。对于准分子激光器和 YAG 激光器，主要采用石英窗口。图 6-8 中 12 是真空室，制膜时其真空度应尽可能高（一般在 1.33×10^{-4}~1.33×10^{-5}Pa 以上），以保证制膜的纯度。图 6-8 中 4、5 是靶体，激光制膜时，由于激光能熔化和蒸发任何物质（包括难熔物质），故激光制膜范围大。图 6-8 中 7 是基片，根据不同需要，可以是玻璃、硅片或其他基片。

（2）激光制膜过程　如图 6-8 所示，激光等离子体制膜法的制膜过程大体上可分为如下四个阶段：

1）激光照射靶体，靶体表面被加热、熔化、蒸发和电离，产生等离子体。其具体过程是：在脉冲激光作用的初始阶段，激光对靶体加热，部分靶材物质被熔化和蒸发；随着激光作用的加强，靶材的温度急剧升高，强激光使靶材蒸气电离程度不断加强，继而对激光辐射的吸收增加；然后出现热击穿，靶材蒸气完全电离，形成等离子体。

2）靶材物质以蒸气和等离子体形式垂直飞向对面的基片。

3）等离子体与基片相互作用。

4）靶材物质在基片上凝聚，形成薄膜。

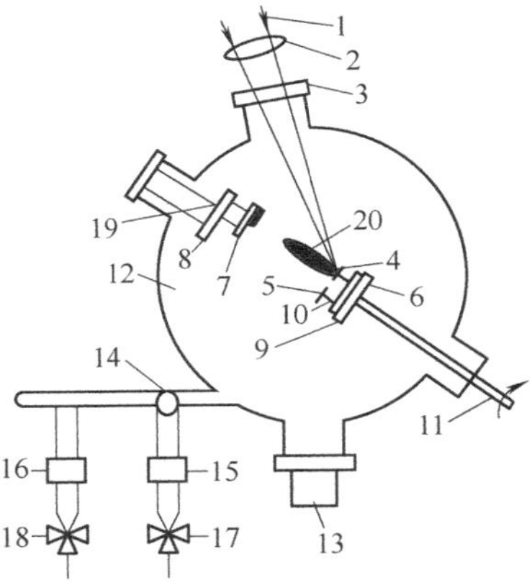

图 6-8　激光等离子体制膜法装置示意图
1—XeCl 激光束　2—聚焦透镜　3—XeCl 窗口　4—靶体 1　5—靶体 2　6—靶体支架　7—基片　8—加热器　9—热电偶 1　10—热电偶 2　11—靶体转动轴　12—真空室　13—抽真空系统　14—总阀门　15—流量计 1　16—流量计 2　17—N_2（或 NH_3）阀门　18—其他气源阀门　19—直流电源　20—等离子体

（3）激光制膜的特点

1）工艺简单、膜层厚度可控（可达原子尺度量级）。激光制备薄膜化学稳定性很好，膜厚可控，且一个脉冲所制得的膜层厚度可接近分子厚度（1～2nm）数量级。

2）制膜速度快、膜层具有很好的保成分性。激光辐射加热靶材速度快，能使靶材中化合物元素之间的成分保持不变，即激光制膜具有“保成分性”。

3）制膜范围宽（包括难熔物质薄膜和化学纯复合膜等）。另外，激光等离子体所含的快速离子能降低薄膜外延生长的温度，可以制备超单晶膜及复合膜。

（4）激光制膜工艺方法及实例　激光制膜（或称镀膜、沉积薄膜）得到的薄膜种类较多，根据膜层性质可分为激光制备结构薄膜和激光制备功能薄膜。结构薄膜主要是以提高其机械及化学性能（如抗磨、抗腐蚀及抗氧化等）为目的，例如 TiN 薄膜和类金刚石薄膜。功能薄膜的种类更多，典型的有提高电学特性的电介质薄膜、提高光学特性的光学薄膜、发光薄膜和提高磁学特性的铁电薄膜等。

根据激光制备薄膜过程中的动力学特征可分为激光熔化、蒸发镀膜（低激光能量密度）以及激光等离子体制膜（高激光能量密度）等。而根据激光制备薄膜所采用的工艺又分为激光物理气相沉积薄膜（Laser Physical Vapor Deposition，LPVD）和激光化学气相沉积薄膜（Laser Chemical Vapor Deposition，LCVD）。

1）激光物理气相沉积薄膜（LPVD）。LPVD 主要是利用蒸发机制制膜。通过此种方法可制备非金属膜，也可以制备金属膜（包括难熔金属膜），制膜速度可达 $10^5 \sim 10^6$Å/s。

采用脉冲激光可镀各种化合物的混合膜层，例如用激光蒸发 SiC（33%）、SiO_2（27%）、Al_2O_3（27%）和 TiO_2（13%）压制的混合粉末，可获得具有良好的光学、电学和力学性能的薄层。

采用激光可镀金属合金膜和化合物膜。例如用激光制 AuGe 膜作为 GaAs 欧姆接触点，在锗上镀（Sn+4%As）膜可以制造隧道二极管。激光镀半导体膜时，通常要求粒子能量等于靶材的结合能，采用脉冲激光（脉宽为 10^{-3}s，脉冲激光强度为 $10^8 \sim 10^9$W/cm^2）。采用激光制膜法可以得到结构良好、表面原子稳定且载流子迁移率高的半导体膜。

采用调 Q 激光工作模式及激光等离子体制膜方法可以制备单晶膜，还可以制备量子尺寸的半导体膜（如 InSb、PbTe、PbS 和 PbSe 等）、半金属膜（Bi，$Bi_{1-\lambda}$和 Sb_x）及宽半导体超单晶膜，还可以形成超晶格型结构。此外，采用激光外延生长法也可制备：InSb-CdTe、Bi-CdTe 等异质结构膜。激光还可用来制备梯度薄膜。

2）激光化学气相沉积薄膜（LCVD）。激光化学气相沉积制膜法与激光物理气相沉积制膜法的主要区别在于：激光物理气相沉积时，得到的薄膜成分与靶材成分一致，且薄膜材料从靶材到基片的输运主要靠激光辐射靶材所产生的蒸气（低激光强度）或激光等离子体（高激光强度）物质粒子在基片表面沉积、运动、聚合和生长，最后在基片表面沉积成膜；在激光化学气相沉积制膜法中，不仅有激光与靶材相互作用所产生的高压蒸气或激光等离子体的输运过程以及物质粒子在基片表面沉积成膜的物理过程，而且还有化学反应过程，即在真空室内还充有一定压强的气体，与靶材物质发生化学反应，最终基片上薄膜的成分有时并不完全是靶材的成分（有时是靶材成分，但沉积薄膜过程中也存在化学反应），可能还有化学反应后的化合物。

为了加速气体的化学反应，往往在沉积薄膜过程中还要产生气体放电过程。激光化学气相沉积方法自 1973 年问世以来已迅速发展，目前这种方法的应用领域也越来越广泛。下面以气体放电脉冲激光反应式沉积 AlN 薄膜（靶材为 Al 靶）为例加以说明。

AlN 薄膜的主要成膜过程可分为以下几个阶段：第一阶段，激光脉冲与 Al 靶材相互作用，产生垂直靶面向外的 Al 等离子体；第二阶段，等离子体在真空室内被输运到基片表面；第三阶段，由于气体放电，导致运动的电子碰撞气体分子（N_2），并使其产生大量的活性粒子 N^+和 N_2，频繁撞击等离子体中的 Al^{3+}和基片表面；第四阶段，Al 和 N_2的活性粒子在基片表面（及其附近）反应生成 AlN，并发生气-固相界面反应，在基片表面随机成核，最后沉积在基片表面生成 AlN 薄膜。

脉冲激光反应式气相沉积 AlN 薄膜试验装置也如图 6-8 所示。研究证明，如果采用脉冲 XeCl 准分子激光，最佳工艺参数为：波长 λ 为 308nm，脉冲宽度 τ 为 28ns，脉冲频率为 5Hz，脉冲能量密度在 $1J/cm^2$左右，脉冲峰值功率在 10^8W 数量级，基片温度在 200℃，气压为 1.33×10^4Pa，基片距靶材的距离为 4cm。为了增加气体分子、原子的活性粒子的电离化速度，还可引入气体直流放电以增加 Al 和 N 的反应能力。在上述最佳参数条件下，采用脉冲激光制膜可获得高质量的、膜层均匀的薄膜，而且薄膜的生长速率大于 6nm/min。

由于激光微细加工可为研制光子晶体和 3D 光存储另辟捷径，目前它在微化学、微光学和微电子学等领域受到了极大关注。

利用准分子制膜技术制备纳米薄膜材料具有很好的发展前景。纳米材料是指颗粒直径在 1~100nm 之间的材料。当材料颗粒小到如此量级时，由于表面效应、小尺寸效应和量子效应，材料的特性会发生很多变化，如反射率和熔点下降、硬度增高及延展性增强等。应用激光技术可制备纳米材料。准分子激光对材料有很强的消融作用，如铝材在强激光照射下可产生等离子体，注入氧气之后，即可生成 Al_2O_3微粒，直径可达 3~7nm，每小时可生产 10mg。近年来，国内外已有人利用准分子激光制备碳纳米管。

第三节 电子束微细加工

电子束和离子束加工是近年来得到较大发展的新兴特种微细加工。它们在精密微细加工方面，尤其是在微电子学领域中得到较多的应用。近期发展起来的亚微米加工和纳米加工技术，大多采用电子束和离子束微细加工。

一、电子束加工原理

电子束微细加工是在真空条件下，利用电子枪中产生的电子经加速、聚焦，形成高能量密度（$10^6 \sim 10^9 W/cm^2$）的极细束流，以极高的速度轰击工件被加工部位。由于其能量大部分转换为热能而导致该部位的材料在极短的时间（几分之一微秒）内达到几千摄氏度以上的高温，从而引起该处的材料熔化或蒸发，被真空系统抽走。

二、电子束加工的特点

1）射束直径小。电子束能够极其微细地聚焦，束径甚至能聚焦到 0.01μm。最小直径的电子束长度可达直径的几十倍以上，故能适用于深孔加工和微细加工。

2）能量密度高。电子束在几个微米的集束斑点上的能量达 $10^9 W/cm^2$，足以使任何材料熔化和汽化，因而加工生产率很高。例如，每秒钟可在 2.5mm 厚的钢板上钻 50 个直径为 0.4mm 的孔。

3）工件变形小。电子束加工是一种热能加工，主要靠瞬时蒸发，加工点周围的热影响区很小，工件很少产生应力和变形，而且不存在工具损耗。所以电子束加工的材料范围很广，对脆性、韧性、导体、非导体及半导体材料都可以加工，尤其适于加工热敏性材料。

4）控制性能好。电子束能够通过磁场或电场对其强度、位置、聚焦等进行直接控制，所以整个加工过程便于实现自动化。在电子束打孔和切割时，可以通过电气控制加工盲孔、异形孔、锥孔、狭缝以及进行曲面弧形切割等。

5）杂质污染少。由于电子束加工是在真空中进行的，因而杂质污染少，加工表面不氧化，特别适合加工易氧化的金属及合金材料。

6）有一定局限性。电子束加工需要一整套专用设备和真空系统，价格较贵，推广应用受到一定的限制。

三、电子束加工装置的组成

电子束加工装置的结构如图 6-9 所示，它主要由电子枪系统、真空系统、电子束控制系统、工作台系统以及电源系统等部分组成。

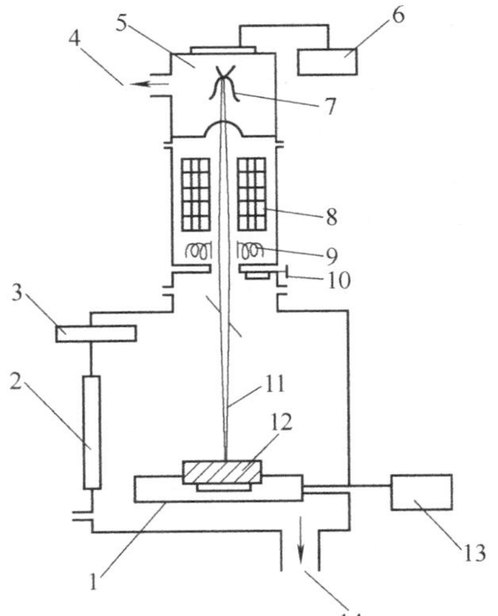

图 6-9 电子束加工装置的结构示意图
1—移动工作台 2—带窗真空室 3—观察筒 4—抽气口 1 5—电子枪 6—加速电压控制 7—束流强度控制板 8—束流聚焦控制 9—束流位置控制 10—更换工件用截止阀 11—电子束 12—工件 13—驱动电动机 14—抽气口 2

1. 电子枪系统

电子枪系统用来发射高速电子流，完成电子束的预聚焦和强度控制。它包括电子发射阴极、控制栅极和加速阳极等。发射阴极一般用纯钨或纯钽制成，在加热状态下发射大量电子。控制栅极为中间有孔的圆筒形，在其上加与阴极相比为负的偏压，在控制电子束强弱的同时，又起到预聚焦作用。加速阳极通常接地，而在阴极加以很高的负电压，以驱使电子加速。

2. 真空系统

真空系统一般由机械旋转泵和油扩散泵或涡轮分子泵两级组成。电子束加工时，必须维持 $1.33\times10^{-4}\sim1.33\times10^{-2}$Pa 的高真空度。因为只有在高真空时，才能避免电子与气体分子之间的碰撞，保证电子的高速运动；还可保证发射阴极不至于在高温下被氧化，也免使被加工表面氧化；此外，加工时产生的金属蒸气会影响电子发射，产生超声不稳定现象，也需要不断把金属蒸气抽出。

3. 电子束控制系统

电子束控制系统包括束流聚焦控制、束流位置控制和束流强度控制。

束流聚焦控制使电子流压缩成截面直径很小的束流，以提高电子束的能量密度。束流聚焦控制决定加工点的孔径和缝宽。通常有利用高压静电场使电子流聚焦成细束和通过“电磁透镜”的磁场聚焦两种聚焦方法。有时为了获得更细小的焦点，要进行二次聚焦。

束流位置控制是为了改变电子束的方向，常用磁偏转来控制电子束焦点的位置。具体方法是通过一定的程序改变偏转电压或电流，使电子束按预定的轨迹运动。

束流强度控制是通过改变加在阴极上的负高压（50~150kV 以上的负高压）来实现的。为了避免加工时热量扩散至工件的不加工部位，常使用间歇性的电子束，所以加速电压应是脉冲电压。

4. 工作台系统

由于电子束的偏转距离只能在数毫米之内，过大的偏转距离将增加像差和影响线性，降低加工精度。因此，工作台沿纵横两个方向的移动一般需要用伺服电动机控制，并与电子束的偏转相配合。

5. 电源系统

因为电子束聚焦以及阴极发射强度与电压波动有密切关系，因此需要稳压设备。电子束加工对电源电压的稳定性要求较高，要求波动范围不得超过百分之几。各种控制电压和加速电压由升压整流器供给。

四、电子束加工的应用范围

电子束加工的应用可分为两大类：一类称为“热型”，即利用电子束把材料的局部加热至熔化点或汽化点进行加工，如打孔、切割和焊接等；另一类称为“非热型”，即利用电子束的化学效应进行刻蚀的技术，如电子束光刻等。用电子束进行加工时，通过调整和控制电子束能量密度和能量注入时间，就可以达到不同的加工目的。所以电子束的加工应用范围很广，可用于打孔、加工特型孔和异型面、切割、焊接、光刻、进行表面改性和大规模集成电路的光刻化学加工等，如图 6-10 所示。

1. 电子束刻蚀

在微电子器件生产中，为了制造多层固体组件，可利用电子束对陶瓷或半导体材料刻出许多微细沟槽和小孔，如在硅片上刻出宽 2.5μm、深 0.25μm 的细槽。在混合电路电阻的金属镀层上刻出 40μm 宽的线条，还可以在加工过程中通过计算机自动控制对电阻值进行测量校准。在制版中，用电子束刻蚀在铜制印刷滚筒上按色调深浅刻出许多深浅大小不一的沟槽和凹坑。利用电子束刻蚀技术可以很精密地制造三维机械结构的硅固态压力传感器元件，将上千个这种元件集成在一个直径为几毫米的硅片上，不仅可使尺寸微型化，而且又有很好的经济效益。

2. 电子束光刻（电子束曝光）

电子束光刻是利用电子束的化学效应进行加工的，即用低功率密度的电子束照射工件表面，虽不能引起表面的温升，但入射电子与高分子材料的碰撞，会导致它们分子链的切断或重新聚合，从而使高分子材料的化学性质和分子量产生变化。这种现象也称电子束曝光。

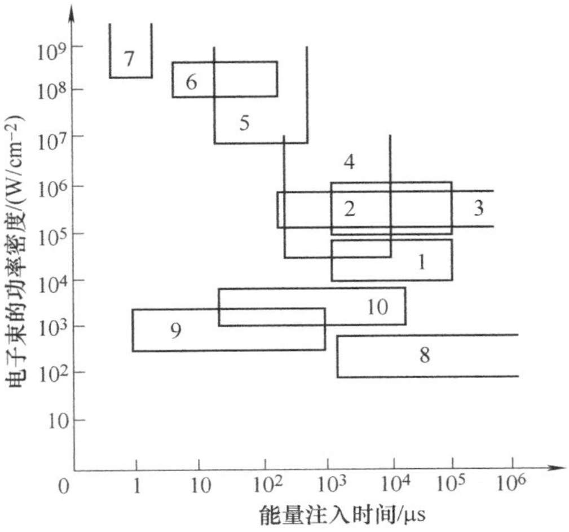

图 6-10　电子束加工的应用范围

1—淬火硬化　2—熔炼　3—焊接　4—打孔　5—钻、切割　6—刻蚀　7—升作　8—塑料聚合　9—电子抗蚀剂　10—塑料打孔

进行电子束光刻之前，首先要在被刻蚀的工件表面上涂上电致抗蚀剂（厚度<0.01μm），形成掩模层，然后在涂有掩模层的工件表面上进行电子束曝光。电子束曝光可以分为电子束扫描曝光和电子束投影曝光两种。

（1）电子束扫描曝光　图 6-11 为常用的电子束扫描曝光系统的框图，除电子束的基本系统外，还有测定工件位置的激光系统、扫描用的数模转换系统和束流位置的对准系统等。

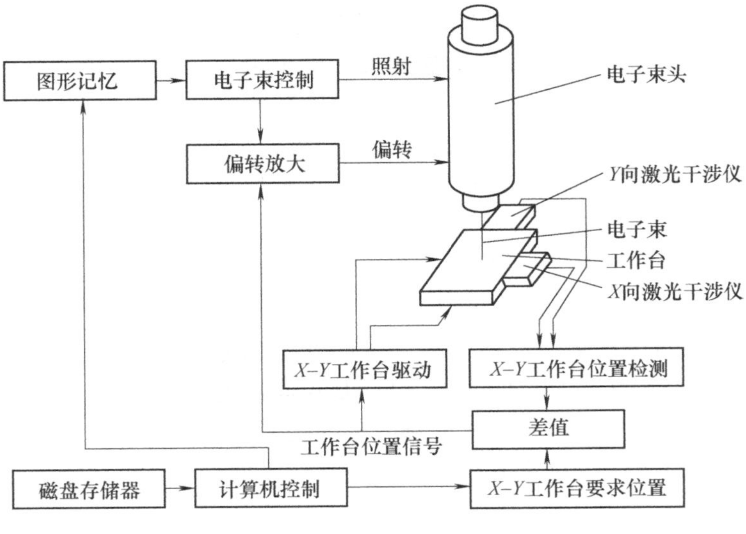

图 6-11　电子束扫描曝光系统的框图

电子束扫描曝光又称电子束线曝光，是利用图形发生器，将聚焦在 1μm 以内的电子束在大约 0.5~5mm 的范围内按程序扫描，在光致抗蚀剂上绘制图形，这种方法称为写图，它主要用于掩模或基片的图形制作。常用的电致抗蚀剂为甲基丙烯酸甲酯（PMMA 胶），当加速电压为 20kV 的电子束以电通密度为 $10^{-8}C/cm^2$ 的剂量照射到 PMMA 胶上时，分子量为 10

万的 PMMA 胶大分子就会被切割成分子量均为原来的 1/20 左右的分子。由于照射处和未照射处的分子量不同，因此按规定图形扫描曝光，就可在光致抗蚀剂涂层上产生潜像。当选择合适的显影液时，由于分子量不同而溶解速度不一样，潜像就会显示出来。由于分子的体积很小，能在上述光致抗蚀剂上制成最小尺寸为 0.1～1μm 的图形，质量、效率均很高。图 6-12 为电子束扫描曝光工艺过程示意图。

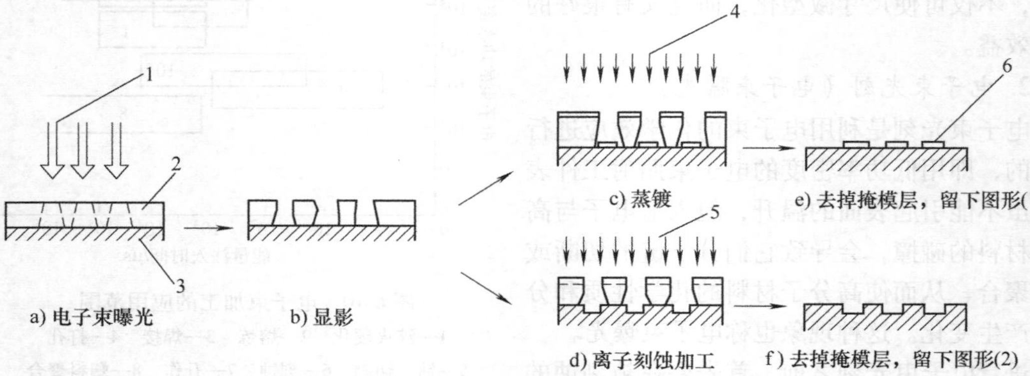

图 6-12　电子束扫描曝光工艺过程示意图

1—电子束　2—光致抗蚀剂　3—基板　4—金属蒸气　5—离子束　6—金属层

早期的电子束扫描曝光采用圆形束斑，为提高生产率又研制出方形束斑，其曝光面积是圆形束斑的 25 倍。后来发展的可变成形束，其曝光速度比方形束又提高 2 倍以上。由于电子扫描线曝光系统工作柔性大、效率高，又能连续扫描写图，所以可用作精密微细图形的写图设备，也是目前超大规模集成电路掩模或基片光刻的主要设备。

（2）电子束投影曝光　电子束投影曝光又称电子束面曝光，是以电子束作为光源，使它先通过原板（这种原板是用别的方法制成的比加工目标的图形大几倍的模板），再以 1/10～1/5 的比例缩小投影到光致抗蚀剂上进行大规模集成电路图形的曝光。这种方法的原理是缩小投影复印，故又称为电子束复印。如图 6-13 所示是一种缩小投影型电子曝光装置。

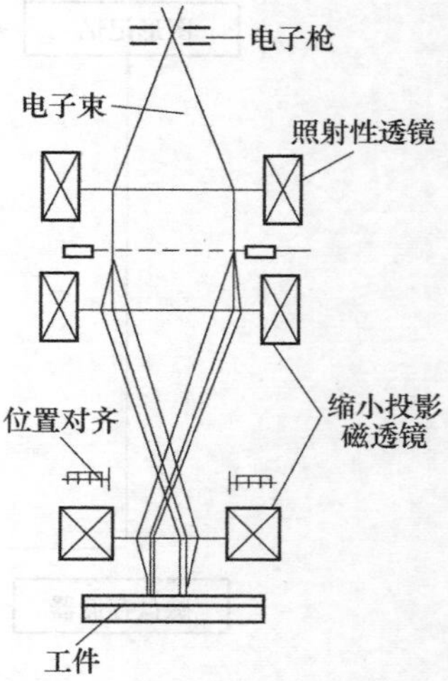

图 6-13　缩小投影型电子曝光装置

电子束投影曝光的优点是图形精度高（图形分辨率可达 0.5μm）、速度快、生产率高和成本低，可在基片或掩模上复印。用这种方法进行超大规模集成电路图形的曝光时，可以在几毫米见方的硅片上安排十万个晶体管或类似元件，集成度达 256K 以上。

随着微电子技术的发展和应用市场的开发，工业中对集成电路集成度的要求越来越高，线宽尺寸也不断缩小，将达到 0.07μm 的加工能力，集成电路的集成度将达到 10^{12} 数量级。0.07μm 的线宽加工要求促使微电子器件的结构产生革新，一方面对材料的性能参数和加工工艺提出了更高的要求，另一方面也面临一个极限问题，迫使人们去探索及认识微细加工的极限，研究基本的曝光过程，传统的微电子学发展到纳米电子学是必然趋势。

电子束纳米曝光的核心问题是设计一个高分辨率的电子光学系统，使其具有高质量的纳米曝光能力。最初人们用改进的扫描电子显微镜（Scanning Electron Microscope，SEM），理论上可以将电子束聚焦到10nm以下，由于邻近效应等因素的影响，在抗蚀剂上图像的分辨率往往大于10nm；同时，也有人采用扫描透射电子显微镜（Scanning Transmission Electron Microscope，STEM）和扫描隧道显微镜（Scanning Tunnelling Microscope，STM）作为曝光手段。如英国剑桥大学工程系和IBM公司T. J. Worson研究中心合作在JEM4000E透射电子显微镜（Transmission Electron Microscope，TEM）设备的基础上增加双偏转扫描系统以及IBM的PC图形发生器改制成STEM，用LaB_6阴极和350kV的高加速电压，在样品上高斯束斑直径的最小值为0.4nm，加工出线宽小于10nm的金属微结构。用STEM作为电子束纳米曝光设备，如图6-14所示，一般场深很小（几百纳米），由于样品表面不平度和工作台运动时偏摆，当样品随工作台移动时，很难保持电子束在样品上的最佳聚焦状态。英国格拉斯哥大学纳米电子学研究中心在JEOL 100CⅫ STEM设备上安装双频激光外差干涉仪，检测样品相对于物镜之间工作距离的变化，把所对应的测量干涉信号送到聚焦控制电路中检测及进行信号处理，最后送到主透镜的控制电路，接到物镜线圈，动态校正电流值，从而达到最佳聚焦状态。在该设备场深为200nm、加速电压为100kV时，电子束直径为2~3nm，电子束流为10~15pA，在硅基片上加工出线宽为38nm的周期光栅图形。

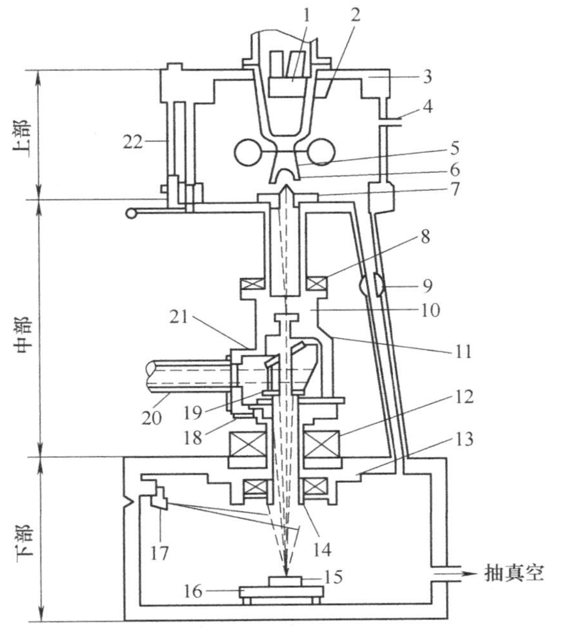

图6-14 电子束精微加工机

1—高压电缆 2—高压绝缘子 3—阴极调整板 4—进气阀 5—阴极 6—聚束板 7—阳极 8—像消散器 9—柱形旁路阀 10—栓形截断阀 11—气阻 12—磁透镜系统 13—偏转线圈 14—隔热板 15—工件 16—工作台 17—点光源 18—光栅 19—玻璃板 20—光学观察系统 21—观察镜装置 22—调整杆

在STM发明之后，人们发现STM探针在电子抗蚀剂表面上移动时可以产生曝光效应，由于探针充分接近样品，在其间产生一高度空间限制的隧道电子束，因此电子成像时STM具有极高的空间分辨率，横向可达1nm，纵向优于0.01nm。由于在抗蚀剂上的曝光仅仅是一次性相互作用，没有二次曝光影响，因此这种方法能加工出非常精细的图形。

电子束光柱微型化工作的研究也是一个热点问题，1989年IBM公司T. J. Worson研究中心在对准冷场致发射源扫描隧道显微镜基础上，增加一级束成形透镜构成的微电子光柱，由于电子源采用场致发射尖端，在低电压下得到了很高的亮度。微电子光柱主要特点是有极高的分辨率、高电流密度以及小物理尺寸，主要用于线宽小于100nm的纳米曝光领域。目前已经达到的技术水平，是在1keV时，光柱长度为3.5nm，探针尺寸为10nm，束流大约为

1nA。后来又开发了阵列式微型光柱曝光系统，采用多束工作方式，每一个芯片上用多个微型光柱同时曝光，达到提高生产率的目的。表 6-2 列出了各类电子束曝光设备的性能比较。

表 6-2 各类电子束曝光设备的性能比较

设备类型	特 点	存在的问题
STEM	高分辨率（约 0.5nm） 高电流密度（场致发射源） 高加速电压（>100kV）	小扫描场（控制范围受限） 工件室小（加工容量受限）
圆形束	高控制速度，完全工艺化 大工件室（150mm×150mm）	中等分辨率 2.5~8nm 中等加速电压，一般<50kV
成形束	高作图速度，高电流 生产效率较高	束尺寸>100nm 结构较复杂
投影曝光	并行曝光方式（通过转写掩模对芯片曝光），生产效率高	畸变及覆盖精度很难控制 电子束间哥伦布干扰大
STM	极小的探针，高电流，结构简单 极高的空间分辨率（横向 0.1nm，纵向<0.01nm）	曝光速度慢，不能满足大规模生产要求； 探针及样品间的干扰较大
微电子光柱	小的探针，高电流密度 用于阵列曝光	小扫描场，低电压

3. 电子束诱导表面淀积技术

电子束诱导表面淀积技术是超微细加工中非常有前途的加工技术，是一种在液体或气体氛围下在材料表面形成各种微结构的方法，可以认为是在气体和液体氛围下的直接光刻。基本原理可以解释为：将作为源气体的物质（某种金属有机化合物气体）引入到真空样品室并接近电子探针，在探针与基片之间的一个小区域内，聚焦电子产生的高电场发射电子高速运动，使气体分子解离，建立微区等离子区，分解析出的金属原子淀积在基片表面而形成纳米尺度图形。在理论上认为这种加工方法的极限分辨率由附在基片表面的气体分子的大小决定，可以达到 1nm 左右。

4. 电子束全息干涉纳米曝光技术

随着热场致发射（TFE）电子源研制成功和技术上日臻成熟，它被广泛应用于以电子探针作为加工及观察的设备中。根据德布罗意假说计算出，当加速电压是 50~100kV 时，电子波长是 0.00531~0.0037nm，比结构分析中常用的 X 射线波长小 1~2 个数量级。有学者用干涉性良好的 TFE 作为电子束全息干涉设备的“源”，得到间隔优于 100nm 的干涉条纹，最初应用于测量显微镜的电磁场分布等纳米范畴中的物性观察及研究。后来大阪大学应用物理系和 NEC 公司基础研究实验室，把一台 JEM-100FEG 型 TEM 改制成了电子全息干涉曝光设备，光学系统如图 6-15 所示。该系统用 W(100)TFE 作为干涉源，设计了新颖的电子双棱镜（X 双棱镜），当 θ 角很小时，干涉条纹间隔 S 用下式

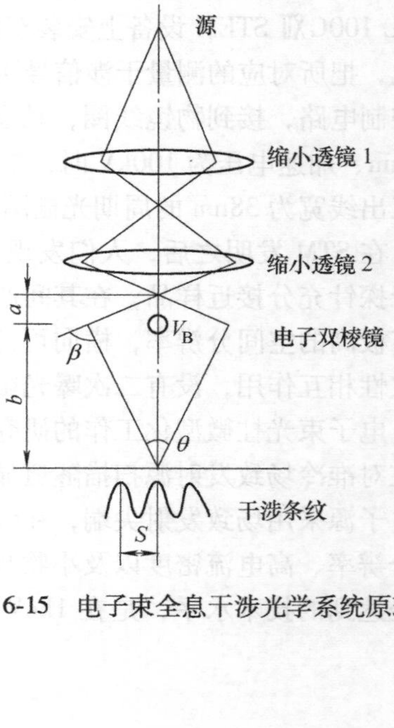

图 6-15 电子束全息干涉光学系统原理

确定：

$$S=\lambda(a+b)/(2a|\beta|)$$

式中，β 是电子偏转角度，同加速电压成正比，因此全息干涉条纹间隔 S 取决于加速电压的大小。用40kV加速电压，在50nm厚的SiN表面涂附30nm厚的PMMA抗蚀剂层，加工出线宽108nm间隔相等的周期图形；用一个双棱镜产生两个波的干涉栅状图形；用两个正交的双棱镜产生四个波的干涉点状图形。

第四节 离子束微细加工

一、离子束微细加工原理

利用离子源产生的离子，在真空中经加速、聚焦而形成高速高能的束状离子流，使之打击到工件表面上，从而对工件进行加工的方法称为离子束微细加工。

离子束微细加工与电子束微细加工的区别是：首先，在离子束微细加工时，加速的物质是带正电的离子而不是电子，离子束比电子束具有更大的撞击能量；其次，电子束加工主要是靠热效应进行加工，而离子束加工主要是通过离子撞击工件材料时起的破坏、分离或直接将离子注入加工表面等机械作用进行加工。

二、离子束微细加工的特点

1）离子刻蚀可以达到纳米级的加工精度，离子镀膜可以控制在亚微米级精度，离子注入的深度和浓度也可极精确地控制，可以说，离子束微细加工是所有特种加工方法中最精密、最微细的加工方法，是当代纳米加工技术的基础。

2）特别适用于对易氧化的金属、合金材料和高纯度半导体材料的加工。

3）加工应力、热变形等极小，加工质量高，适合于对各种材料和低刚度零件的加工。

三、离子束微细加工设备

离子束加工设备与电子束加工设备相似，分为四部分：离子源（又称离子枪）、真空系统（真空室和抽真空系统）、控制系统（控制束流密度和离子能量）和电源。而两者的区别在于用离子枪代替电子枪。

离子枪用以产生离子束流。其基本工作原理是将待电离气体注入电离室，然后使气态原子与电子发生碰撞而被电离，从而得到等离子体（正离子数和负电子数相等的混合体）。采用一个相对于等离子体为负电位的电极（吸极），将离子由等离子体中引出而形成正离子束流，然后使其加速射向工件或靶材。

根据离子束产生的方式和用途的不同，离子源有很多形式。常用的有考夫曼型离子枪和双等离子管型离子枪。图6-16为考夫曼型离子枪示意图。它

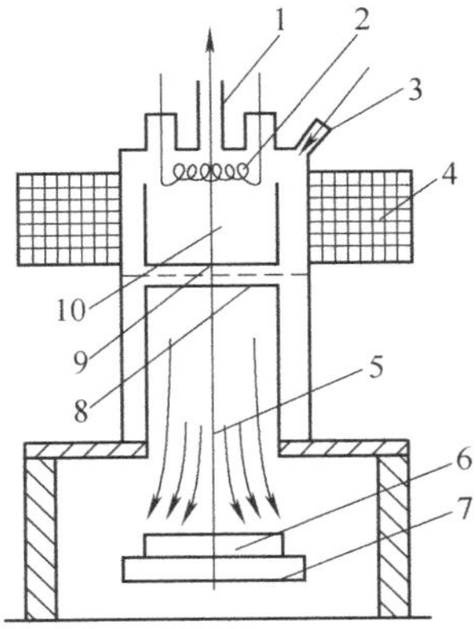

图6-16 考夫曼型离子枪示意图

1—真空抽气口 2—灯丝 3—惰性气体注入口 4—电磁线圈 5—离子束流 6—工件 7—阴极 8—引出电极 9—阳极 10—电离室

由热阴极灯丝 2 发射电子，在阳极 9 的吸引下向下方的阴极移动，同时受电磁线圈 4 磁场的偏转作用，加速电子呈螺旋运动前进。惰性气体（如氩、氖、氙等）由注入口进入电离室，并在高速电子的撞击下被电离成离子。阳极 9 和引出电极 8 上各有几百个直径为 0.3mm 的上下位置严格对齐的小孔，在阴极 7 的作用下，正离子通过阳极 9 形成均匀的离子束流，射向工件进行加工。考夫曼型离子枪结构简单，尺寸紧凑，束流均匀且直径大（可达 50~300mm），已成功用于离子推进器和离子束微细加工领域。

四、离子束加工的应用

离子束加工的物理基础是离子束射到材料表面时所发生的撞击效应、溅射效应和注入效应。具有一定动能的离子斜射到工件材料（靶材）表面时，可以将表面的原子撞击出来，这就是离子的撞击效应和溅射效应。如果将工件直接作为离子轰击的靶材，工件表面就会受到离子刻蚀。如果将工件放置在靶材附近，靶材原子就会溅射到工件表面而被溅射沉积吸附，使工件表面镀上一层靶材原子的薄膜。如果离子能量足够大并垂直于工件表面撞击时，离子就会钻进工件表面，这就是离子的注入效应。图 6-17 为各类离子束加工示意图。

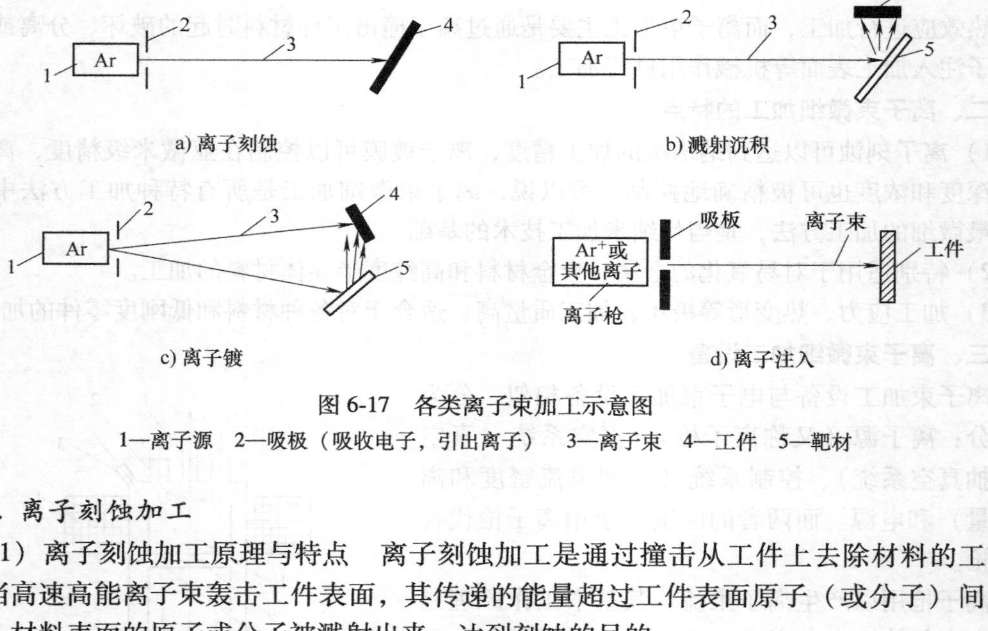

图 6-17 各类离子束加工示意图

1—离子源 2—吸极（吸收电子，引出离子） 3—离子束 4—工件 5—靶材

1. 离子刻蚀加工

（1）离子刻蚀加工原理与特点 离子刻蚀加工是通过撞击从工件上去除材料的工艺过程。当高速高能离子束轰击工件表面，其传递的能量超过工件表面原子（或分子）间的键合力，材料表面的原子或分子被溅射出来，达到刻蚀的目的。

为了避免入射离子与工件材料发生化学反应，必须用惰性元素的离子。氩气的原子序数高，而且价格便宜，所以通常用氩离子进行轰击刻蚀。由于离子直径很小（约十分之几纳米），可以认为离子刻蚀的过程是逐个原子剥离的，刻蚀的分辨率可达亚微米级，但刻蚀速度很低，剥离速度大约每秒一层到几十层原子。

在刻蚀加工时，对离子入射能量、束流大小、离子入射角度以及工作室气压等能分别调节控制，根据不同加工需要选择参数。大多数材料在离子能量为 300~500eV 时的刻蚀率最高，一般入射角为 40°~60°时的刻蚀率最高。

（2）应用 离子刻蚀加工可以制造厚度仅为零点几毫米甚至几微米的压电传感器用晶

片，可做到加工表面应力小、表面粗糙度等级高，从而大大提高了器件的性能。用离子刻蚀加工在陀螺转子轴承表面上加工出微细螺旋结构（槽宽要求 2～5μm，深 2～4μm，尺寸精度 0.5μm），还可以加工惯性器件动压马达泵上的沟槽。

离子刻蚀加工在宇航工业中主要用于成形加工和制备特殊表面层。最近，美国学者用 Ar^+、Kr^+离子束对石英玻璃、微晶玻璃等进行了表面精加工，在直径为 0.3m 的工件上得到了面形精度为 170nm、表面粗糙度 *Rms* 值为 0.6nm 的超光滑表面。如图 6-18 所示为离子束刻蚀加工非球面透镜的装置。

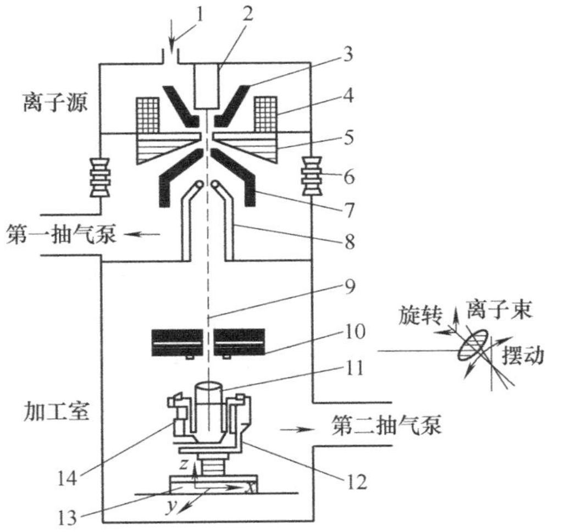

图 6-18　离子束刻蚀加工非球面透镜的装置

1—惰性气体入口　2—阴极　3—中间电极　4—电磁线圈　5—电极　6—绝缘子　7—控制电极　8—引出电极　9—离子束　10—聚焦装置　11—工件　12—摆动装置　13—工作台　14—回转装置

离子刻蚀加工还可用来制造超薄材料，用于石英晶体振荡器和压电传感器。在传感器探头中使用超薄传感器，可以大大提高其灵敏度。用离子刻蚀加工，可以将月球岩石样品从 10μm 降低到 10nm，并能在 10nm 厚的 Au-Pa 膜上刻出 8nm 的线条来。

离子刻蚀加工应用的另一个方面是刻蚀高精度的图形，如集成电路、声表面波器件、磁泡器件、光电器件和光集成器件等微电子学器件亚微米图形。离子刻蚀加工是制作微细图形的一个重要技术，在微细加工领域里属于干法刻蚀技术。随着亚微米纳米时代的到来，芯片集成度迅速提高和图形线宽逐渐减小，对干法刻蚀技术提出了更高的要求，要求其具有良好的选择性和各向异性、具有高速高精度的加工能力，同时对重复性和均匀性也有严格的要求。对于深亚微米的加工线宽，还要求刻蚀时的损伤小、沾污少。这些要求促进了离子刻蚀技术的发展。现在常用的离子刻蚀加工方法有以下几种：

1）离子束刻蚀（Ion Beam Etching，IBE）及反应离子束刻蚀（Reactive Ion Beam Etching，RIBE）。利用具有一定能量的离子束轰击基片表面进行刻蚀称为离子束刻蚀（IBE）。离子束的方向性好、各向异性强，可形成亚微米级的微细图形。离子束刻蚀的缺点是由于纯物理过程导致的刻蚀选择性差及刻蚀速率低。

反应离子束刻蚀（RIBE）技术以不同的反应气体代替了惰性气体，从而提高了刻蚀速度和选择性。和 IBE 技术相比，反应离子束刻蚀技术具有高度各向异性、无侧向刻蚀和更高的分辨率。反应离子束刻蚀技术中离子源的制作是此类技术的重点和难点，该离子源必须具有足够大的输出离子束流密度；同时，必须能长期稳定工作于具有腐蚀性的反应气氛中。

2）聚焦离子束束致变蚀技术。这是利用扫描的聚焦离子束选择性地注入被加工材料表面，显著改变注入区的刻蚀速度，从而无需掩模就可加工出所需的微细图形。导致离子注入区刻蚀速率增加的称为离子束束致增蚀（IBEE）；导致离子注入区刻蚀速率降低的称为离子束束致抗蚀（IBRE）。

聚焦离子束束致变蚀技术的突出优点是高分辨率和高灵敏度，这因为离子质量比电子等其他粒子质量大得多，离子束在半导体表面的散射作用比其他粒子小，且没有邻近效应。采用此项技术在 GaAs 上可刻蚀出线宽为 40nm、高宽比为 17 的线条和直径为 80nm、高宽比为 8 的图形。采用聚焦离子束束致抗蚀技术配合低温低压高密度等离子体刻蚀技术可实现 0.1μm 级及更细微图形的精确微细加工，而且由于是全干法加工工艺，省去了涂胶、曝光、显影、坚膜和去胶等复杂的工艺过程，减小了表面的污染，因此在深亚微米级半导体技术中有着重要的实用意义。

2. 离子镀膜加工

离子镀是在真空条件下，利用气体放电使气体和被蒸发物质离子化，然后气体离子和被蒸发物质离子在对基片轰击的同时，沉积在基片上形成膜层的工艺方法。

离子镀具有膜层的附着力强、绕射性好、膜层不易脱落、沉积速率高及预处理简单等优点。利用该技术，能获得表面的耐磨、耐蚀和润滑镀层，各种颜色的装饰镀层以及电子学、光学、磁学和能源科学所需的特殊功能镀层。近年来离子镀技术在国内外都得到了迅速发展。离子镀的可镀材料广泛，可在金属或非金属表面上镀制金属或非金属材料，各种合金、化合物、半导体材料和高熔点材料均可镀覆。目前，离子镀膜技术已用于镀制润滑膜、耐热膜、耐磨膜、耐蚀膜和电气膜等。

3. 溅射镀膜

溅射镀膜指的是在真空室中，利用具有一定能量的粒子轰击物质表面，使被轰击出的粒子沉积在基片上制取各种薄膜的技术。

溅射镀膜与其他镀膜方法（离子镀除外）相比有以下特点：

1）可方便地镀制各种金属（包括难熔金属）、合金、氧化物、氮化物及碳化物等化合物镀层，此外还可镀制多层复合镀层。

2）对绝缘材料基本上也能稳定地镀膜。

3）镀层纯度高、致密，对环境无污染。

4）能方便地控制膜厚和膜层质量。

5）膜层与基体的结合力好。

6）在大面积基片上，能获得均匀的薄膜。

7）靶的寿命长，因此制作的薄膜稳定，重复性好。

溅射镀膜在机械、电子、宇航、建筑及信息等各行业中都得到了广泛的应用。

4. 离子注入加工

离子注入是指在真空室中，将具有一定能量的所需元素的离子，注入到工件表面层中，从而改善表面性能的工艺方法。实践证明，离子注入能增加材料表面硬度，降低摩擦系数，改善其耐磨性、抗氧化性、抗腐蚀性、耐疲劳性以及某些材料的超导性能、催化性能和光学性能等。

离子注入的特点有以下几点：

1）原则上不受平衡相图的限制，可根据需要任意选择注入元素、注入能量和剂量。

2）注入层与基体材料结为一体，牢固可靠，无明显界面，使用中不会发生脱落和剥皮现象。

3）具有高度的可控性和重复性。

4）注入后的零件能保持原有尺寸精度和表面粗糙度。

5）离子注入是一个非高温过程，零件不会发生退火，并能防止零件变形。因此，特别适用于对精密、军工及其他关键零件做最后一道工序加工。

离子注入在制备半导体器件中得到了普遍的应用。由于离子注入的数量、P-N结的含量和注入的区域都可以精确控制，所以已成为制作半导体器件和大规模集成电路的重要手段。

离子注入改善金属表面性能方面的应用正在形成一个新兴的领域。利用离子注入可以制得新的合金，从而改善金属表面的抗蚀性能、抗疲劳性能、润滑性能和耐磨性能等。

5. 离子束辅助镀膜

一般的真空表面镀膜技术具有沉积速度快、膜层厚和抗粘接磨损性能好等优点，但不足之点是膜层与基体间的结合力差，在镀膜时，工件温度较高，会引起工件退火或变形。而离子注入则刚好相反，注入层与基体结为一体，无明显的界面，使用中不会发生脱落和剥皮现象；同时离子注入是一个非高温过程，不会引起退火或变形；但它的缺点是注入层薄，注入效率低。目前国外的最新发展是将上述两种方法结合起来的复合处理技术，即离子束辅助镀膜（Ion Beam Assisted Coating，IAC）技术。该技术简单地说，就是先用蒸发、溅射或离子镀等方法沉积膜层，然后再用离子注入的方法来改善膜层的性能。也可使沉积与离子注入同时进行。

利用IAC技术可以制备出粘接力很强、结构致密的膜层。特别是在低温的条件下，能达到这种要求。例如，在玻璃、陶瓷上沉积强黏合的防腐蚀阻挡层；又如在材料为GCr15的航空轴承上镀膜（温度不能超过150℃）等，这在一般情况下是很难做到的。

类金刚石（Diamond-Like Carbon，DLC）镀层有很高的硬度和较低的摩擦系数，但因与基体的附着力弱，且附着力和抗粘接磨损性能受环境温度影响大等原因，这种镀层在耐磨抗蚀的应用方面仍处于试验阶段，若能用IAC技术克服上述缺点制成DLC薄膜，必将为DLC薄膜在机械工业方面的应用开拓出广阔的前景。此外，利用IAC技术还可以制备复合镀层。

6. 微细离子束加工

微细离子束加工是因微电路加工和微探针表面分析的需要而发展起来的技术，现在也像电子束精微加工那样，已开始用于微型传感器、微型机械甚至微型机器人的制造。由于离子的质量远大于电子，其射程短、能量转换效率高，在做曝光用时，灵敏度比电子束高1～2个数量级，因此可用低灵敏度的抗蚀剂。另外，由于离子在物质中散射小，因此分辨率高，可以制作出比电子束更细的线条。与电子束相比，离子束不仅能利用其动能来进行曝光和刻蚀，还可以掺杂，实现无掩模直写式离子注入。

第五节　微细电火花加工

一、概述

与普通加工相比，实现微细加工有两个必要条件：较高的成形运动精度和微小的切削深度。电火花加工原理如图6-19所示。电火花加工有许多适合于微细加工的优点：首先，电火花加工的“切削深度”，即单次放电所产生的蚀痕深度和宽度是由脉冲电源的电参数决定的。也就是说，单个脉冲的放电能量越小，则所发生的蚀坑的深度越浅，宽度尺寸也越小。脉冲电源电参数易于调整，所以，电火花加工比较容易实现“切削深度”的微小化。其次，电火花加工是通过使金属材料的局部熔化、汽化而蚀除金属的，是非接触加工，几乎没有宏观电火花加工的切削力，因此大大减轻了工件和加工工具的力学负担，更利于加工尺寸的微细化。最后，电火花加工不受工件材料硬度的限制，对加工硬脆材料更为有利。

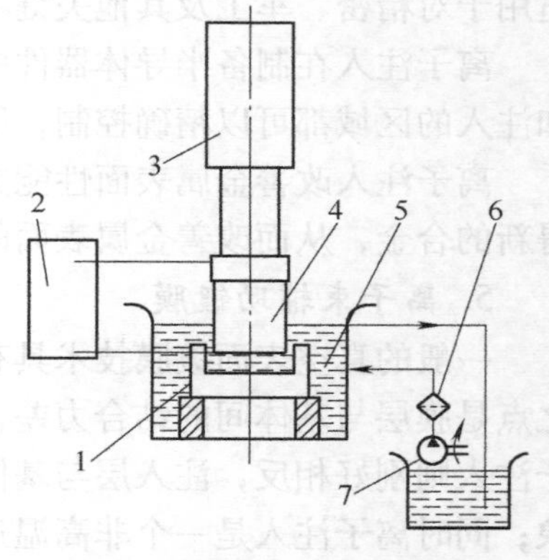

图 6-19 电火花加工原理
1—工件 2—脉冲电源
3—自动进给调节装置
4—工具 5—工作液
6—过滤器 7—工作液泵

二、微细电火花加工特点

1）加工时工具不直接接触工件，工件不受力，因而不会产生变形。

2）加工质量高。其加工精度主要取决于电火花加工的最小加工单位（每次放电的蚀除量），而加工单位只取决于单个放电脉冲的能量。随着现代电力电子技术的发展，电火花加工的加工单位日趋变小。目前，应用电火花加工技术，已可稳定地得到尺寸精度高于 0.1μm、表面粗糙度 $Ra<0.01\mu m$ 的加工表面。

3）有较好的成形能力，适合于加工微孔、微槽、窄缝、微细轴类零件以及各种微小复杂形状的微三维结构。

4）加工范围广。由于微细电火花加工电流小，不仅可加工导电物质金属、超硬材料聚晶金刚石和立方氮化硼等，亦能加工硅等半导体高阻抗材料。

20 世纪 90 年代后，微细电火花加工技术已经开始进入实用化阶段，一些国际著名的电加工机床生产厂家，已相继推出了商品化的微细电火花加工机床。微细电火花加工的加工机理与常规电火花加工相同，它是特种微细加工中发展得较为成熟的方法，已成为零件精微加工的有效手段之一。

三、微细电火花加工的工艺和设备技术

实现微细电火花加工的关键技术基础有加工工艺和设备两个方面，主要包括以下几个方面的内容：微细电极的制作，高精度微进给驱动装置，微小能量脉冲电源技术，以及加工状态检测与控制系统。

1. 微细电极的制作

微细电火花加工时，工具电极在加工时会熔化而减小，它减小的速度比磨削时磨砂减小的速度还要快，因此要保证高的加工精度，微细高精度在线电极的制作是一个重要问题。迄今为止，采用精密旋转主轴头与线放电磨削走丝机构相结合的在线制作微小工具电极的方法为首选途径。这种方法由日本东京大学于 1984 年率先开发出来，称为微细电极线电火花磨削加工（Wire Electronics Discharge Gringing，WEDG）方法，也称金属丝放电磨削加工法。

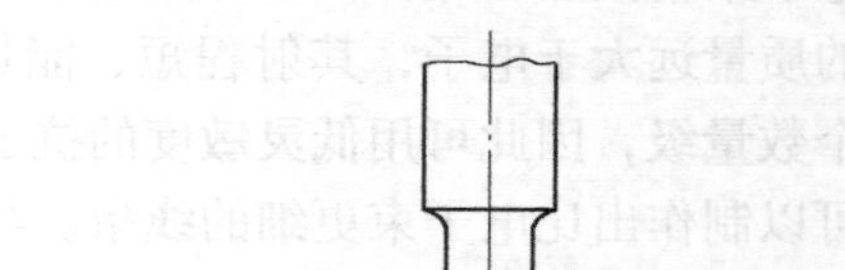

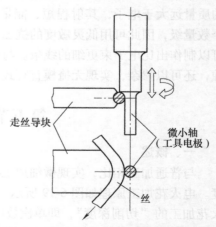

图 6-20 微细电极线电火花磨削加工原理图

（1）WEDG 原理 WEDG 这种放电加工的工具电极为金属丝，如图 6-20 所示。比如可用直径 10μm 左右的金属丝放电加工同样粗细的工件，特殊的是，放电时金属丝会沿着导轨运动。这样做是由于放电时金属丝直径因熔化减小，将影响加工精度，但如果放电后能把减小的部分移动走，就能保持切削进给量一定。换句话说，可以把金属丝和金属丝导块整体地看成一个“砂轮”，而这个“砂轮”是不变形的，且可以高精度地对工件进行磨削，而不需要施加加工力。

微细电极线电火花磨削加工是基于金属线和被加工轴之间的电火花线切割和电极反拷方法的结合，被加工轴（工具电极）的成形通过微细电极线电火花磨削丝的连续移动和导块沿工件的径向做微进给，工具电极随主轴的轴向进给和旋转运动来实现。

（2）WEDG 的特点　线电极电火花磨削过程中，线电极与工件间为点接触放电，易于实现工具与工件电极间的微能放电，使得工件的加工精度更接近于机床的几何精度。

由于线电极的连续移动实时补偿其放电加工所造成的直径损耗，克服了反拷加工工具电极轴时难以保持所需形状的缺点；而走丝导块保证了丝线与被加工轴之间的径向位置，与线切割加工相比避免了丝线刚度低引起的加工误差，有利于提高加工精度。用此方法可以加工出 2.5μm 的微细轴。

线电极电火花磨削技术不仅可以加工出圆柱状电极，通过控制主轴的旋转与分度，还可以加工出多边形、螺旋形等各种形状的电极，这为微细电火花加工各种复杂形状的型腔提供了极为有利的工具。

线电极电火花磨削技术的逐步成熟与应用，成功地解决了微细电极的在线制作这一瓶颈问题，使得微细电火花加工技术进入了实用化阶段。

2. 高精度微进给驱动装置

微进给机构是微细电火花加工装置中的关键技术，是实现微细电火花加工的前提和保证。传统的滚珠丝杠进给机构传动链长，传动装置之间存在间隙，其精度和频响都难以满足微细电火花加工技术的要求。近年来一些新型微进给机构的出现，很好地解决了微细电火花加工中微小步距进给的难题。例如，日本先后开发了压电致动惯性冲击微动机构、压电致动椭圆运动进丝机构以及蠕动进丝机构；哈尔滨工业大学提出的利用线性超声马达原理的微小电极直接驱动装置颇具创意；清华大学开发了蠕动式压电陶瓷微进给机构和摩擦传动微进给机构等。

（1）蠕动式压电陶瓷微进给机构　蠕动式微进给机构如图 6-21 所示，主要构件包括电极主轴、轴向压电致动器以及两个径向钳位夹紧件。压电致动器和钳位夹紧件的组合体与主轴可以互为移动体。当主轴作为运动部件时，压电致动器与两个钳位夹紧件的组合体相对固定；当主轴固定时，压电致动器与两个钳位夹紧件的组合体沿主轴轴向运动，从而实现电极的进给和回退。电极主轴的行程仅取决于主轴自身的长度。移动速度可通过改变加于轴向压电致动器上的控制电压以及径向钳位夹紧件的动作频率来调节。

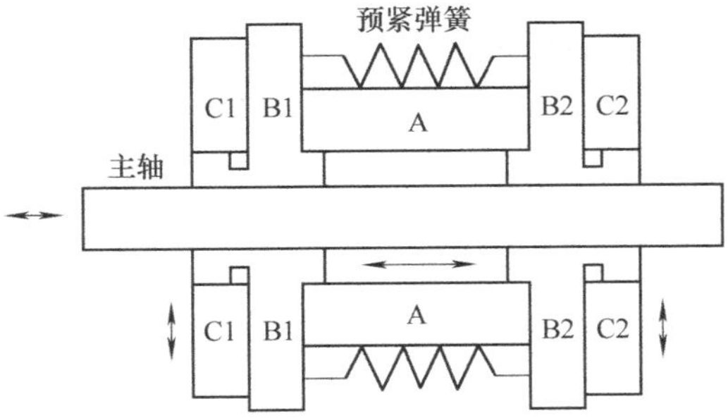

图 6-21　蠕动式微进给机构

A—圆筒状压电/电致伸缩致动器　B—导向固定件

C—钳位夹紧机构

蠕动式压电微进给机构具有在保持压电致动器高位移分辨率的同时实现大位移行程的优点。其进给分辨率可达几十纳米，频响可达 500Hz。基于压电致动原理的微进给机构的开发使微细电火花加工机床趋于小型化。日本的毛利尚武等利用这种原理开发出的小型电火花加工机构的外形尺寸为 26mm×30mm×90mm，电极直径为 0.1～0.5mm，可实现每步 0.7μm 进给。

（2）摩擦传动微进给机构　摩擦传动具有高速、噪声小、运动连续、无回程间隙、机构简单以及易于提高传动精度等优点。将摩擦传动微进给机构应用于微细电火花加工机床更具有实用性。

图 6-22 为清华大学开发出的摩擦传动微进给机构的示意图。驱动电动机的旋转运动经减速轮和直线运动输出杆转化为直线进给运动输出。摩擦传动微进给机构的直线运动输出杆通过驱动电极的旋转进丝机构从而控制电极丝在进给方向的进退运动。

该摩擦传动微进给机构的设计主要考虑负载能力和运动精度两个方面。摩擦传动的输出力的大小取决于摩擦副接触面上所施加的预紧正压力。带负载能力要求越大，运动传递构件上所需要的法向预紧力越大。因此，减速轮、直线运动输出杆等构件需选用表面硬度和强度较高的材料，以避免因预紧力导致的构件接触表面产生过大的弹性变形甚至破坏。

为确保摩擦传动的运动精度，预紧机构应对称配置于由摩擦驱动轴、摩擦从动减速轮和直线运动输出杆构成的运动传递环节的两侧，摩擦驱动轴和直线运动输出杆的径向无轴承支承约束，两侧预紧机构提供的相等的预紧力对称地加于摩擦从动轮和减速输出摩擦轮上，使作用在其支承轴承上的径向合力为零，从而使精密支承轴承转动误差对摩擦传动精度的影响减至最小。

（3）冲击式微进给机构　冲击式微进给机构是利用压电振子的轴向快速伸缩运动及重物的冲击惯性来驱动电极运动的，其工作原理如图 6-23 所示。压电陶瓷通电后快速收缩，惯性体产生加速度通过压电陶瓷冲击移动体，然后压电陶瓷断电快速伸长，冲击惯性体和移动体。通过惯性体和压电陶瓷的冲击，使移动体克服摩擦力产生微位移。

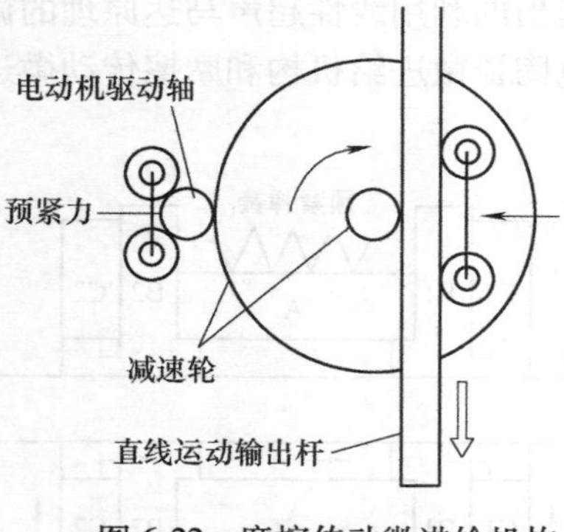

图 6-22　摩擦传动微进给机构

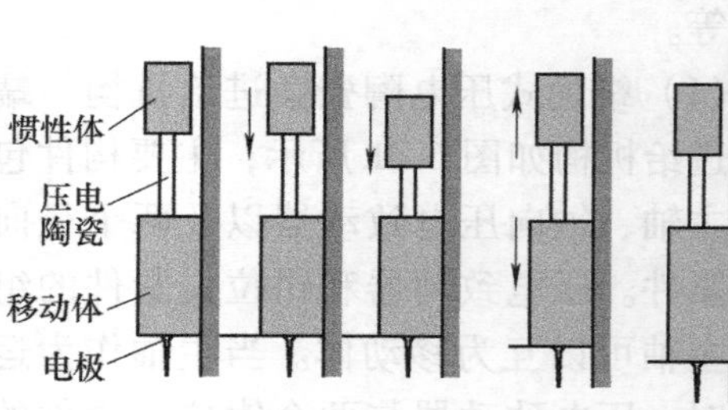

图 6-23　冲击式微进给机构的工作原理

日本的古谷克司等利用上述原理研制的微进给机构，可实现每步 0.02μm 的进给。我国南京航空航天大学利用电磁冲击原理，研制出了电磁冲击式微进给机构，可实现每步 0.02μm 的进给，加工的最小孔径为 0.085mm，深径比达 4。

（4）椭圆式微进给机构　椭圆式微进给机构的工作原理如图 6-24 所示。不同相位的交流电作用于上下相互垂直排列的压电陶瓷上，使驱动块表面产生椭圆运动轨迹，电极在两个驱动块作用下进给或回退。其相应频率可达 1000Hz。古谷克司等所研制的椭圆驱动装置外形尺寸为 20mm×60mm×72mm，驱动步距为 1.2μm，可在不锈钢板上加工出直径为 1μm 的孔。

（5）线性超声马达微进给机构　利用线性超声马达微进给机构直接驱动电极的小型电火花加工装置的结构如图 6-25 所示。主要包括两个线性步进式超声马达定子、一个移动体、摩擦材料、预紧弹簧和电极等部分。移动体上下表面覆盖有摩擦材料，以增大驱动力并提高步进式超声马达的使用寿命；预紧力由预紧螺钉通过预紧弹簧加在马达定子上；马达定子在其波节处由弹性橡胶固定。电极的进给和回退通过上下两马达定子的差动实现。该类装置运行平稳，直线性好，响应频率约在 100Hz。哈尔滨工业大学利用上述原理研制出了 40mm×10mm×20mm 的微型进给装置，其电极进给步距可达 0.2μm。利用该装置，已经成功加工出了圆孔和 Y 形孔等异形孔。

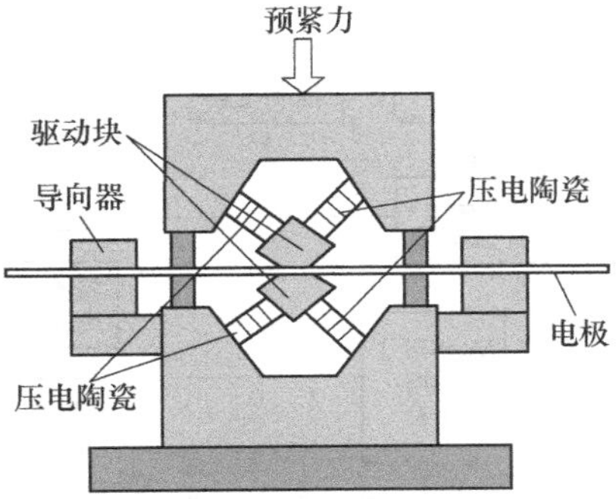

图 6-24　椭圆式微进给机构的工作原理

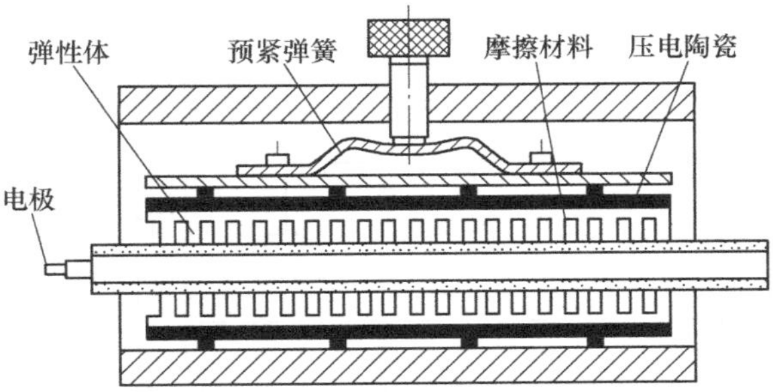

图 6-25　线性超声马达微进给装置

3. 微小能量脉冲电源技术

脉冲电源的作用是提供击穿间隙中加工介质所需的电压，并在击穿后提供能量以蚀除工件材料。减小单个脉冲的放电能量是提高加工精度、降低表面粗糙度的有效途径。

微细电火花加工中，要求最小放电能量控制在 0.1～1μJ，相应的放电脉冲宽度要求在微秒级至亚微秒级。微小能量脉冲电源主要有两种形式：独立式晶体管脉冲电源和弛张式 RC 脉冲电源。

（1）独立式晶体管脉冲电源　独立式晶体管脉冲电源多采用 MOSFET 管（金属-氧化层半导体场效应晶体管，Metal-Oxide-Semiconductor Field-Effect Transistor）作为开关器件，具有开关速度高、无温漂以及无热击穿故障的优点。晶体管电源脉冲频率高、脉冲参数容易调节且脉冲波形好，容易实现多回路和自适应控制，因此应用范围比较广泛。

（2）弛张式 RC 脉冲电源　弛张式 RC 脉冲电源是利用电容器充电储存电能而后瞬时放出的原理工作的。目前，世界上的微细电火花加工用的脉冲电源多为弛张式 RC 脉冲电源。这种电源结构简单、易于调整单脉冲放电能量，同时易于实现很高的充放电频率，当加工电容很小时，理论的充放电频率可达 20MHz 以上。

弛张式 RC 脉冲电源放电过程中存在两个问题：①没有消电离环节，经常发生电弧性脉冲放电现象；②脉冲能量不可控，脉冲放电能量的一致性差。于是出现了可控 RC 微细电火花加工脉冲电源，主要由弛张式 RC 脉冲电源、充电控制开关管 T_1、消电离控制开关管 T_2 和检测控制电路组成（见图6-26）。放电能量控制和放电通道消电离控制是通过检测电容器充、放电电压，进而控制开关管 T_1、T_2实现的。实现过程为：①当 T_1导通、T_2截止时，直流电源通过限流电阻 R、开关管 T_1向电容 C 充电，此时放电通道没有电流，处于消电离状态；②电容 C 充电至设定值，T_1截止，切断充电回路，T_2导通，电容 C 通过 T_2击穿工件和电极的间隙，产生放电；③电容 C 放电至设定值，T_2截止，T_1导通，重复①，形成微细电火花的循环加工。

也可采用清华大学研制的高频数控脉冲电源来克服弛张式 RC 脉冲电源的可控性和加工效率较差的缺点，高频数控脉冲电源如图 6-27 所示。该高频数控脉冲电源响应快速，可以产生脉宽 250ns、脉间 250ns、脉冲频率 2MHz 的脉冲电流。

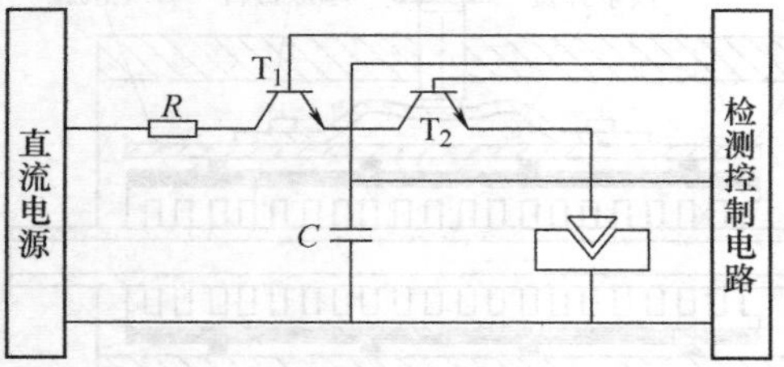

图 6-26　可控 RC 微细电火花加工电源

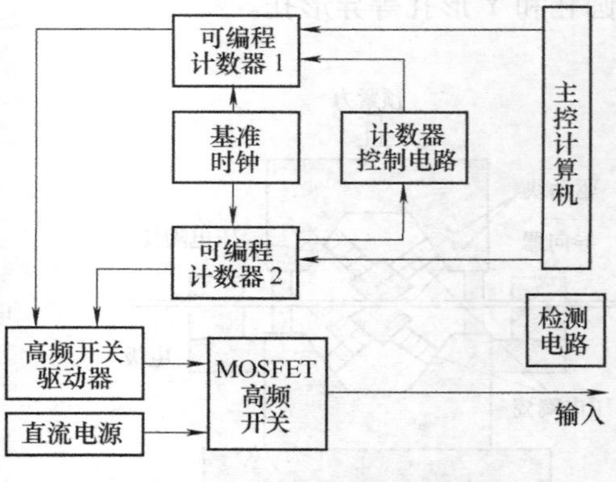

图 6-27　高频数控脉冲电源

4. 加工状态检测与控制系统

微细电火花加工与常规电火花加工波形相比，其放电脉冲频率高，放电波形易畸变，加工状态的检测需要更为有效的方法。

在电火花加工过程中，放电状态主要由工具电极与工件之间的间隙来决定，因此电火花加工过程主要是要求维持一个稳定的最佳放电间隙。由于放电间隙很难用直接的方法测量，一般采用间接的方法，主要是通过放电间隙的电压、电流以及脉冲放电时存在的大量射频发射和声发射信号的测量来判断加工状态。

传统的加工状态检测方法有：门槛电压法、击穿延时检测法、检测高频信号和 RF 信号的方法以及 DDS（Data-Dependent-System）检测方法等。

基于模糊控制逻辑理论、神经网络以及模糊神经网络等的利用人工智能的加工状态识别技术，为微细电火花加工状态的检测提供了新的可行途径。其关键问题主要是检测电路的设计，以便提供微细电火花加工放电间隙的电压和电流的瞬时信息，用于加工状态识别判断。

由于影响微细电火花加工状态的参数较多，如果对其进行在线调节，不仅会增加寻找最佳状态的时间，增加系统的复杂性，甚至也会影响系统的稳定性。

因此，选择伺服进给速度、脉宽与脉间宽度作为微细电火花加工系统的控制参数，其他对加工性能有所影响的参数可采用离线优化。

四、加工应用

图 6-28 所示为清华大学研究开发的采用蠕动式微进给机构的微细电火花加工装置。该

加工装置的技术特点是蠕动式微进给机构直接驱动控制旋转主轴头的轴向进给运动，精密旋转主轴头与线电火花磨削走丝机构相结合制作微小轴（工具电极），采用 RC 脉冲式微小能量电火花电源并利用平均充放电电流进行加工状态的检测。加工过程中主控计算机根据由检测回路反馈的电流值识别出加工状态，经驱动电路控制轴向伺服进给运动，保持最佳加工状态。用此装置加工出的最小轴径为 25μm，深宽比大于 20，最小孔轴径为 40μm，深宽比大于 7。选择工具电极端部放电扫描加工实现了三维微小结构的成形，如图 6-29 所示。

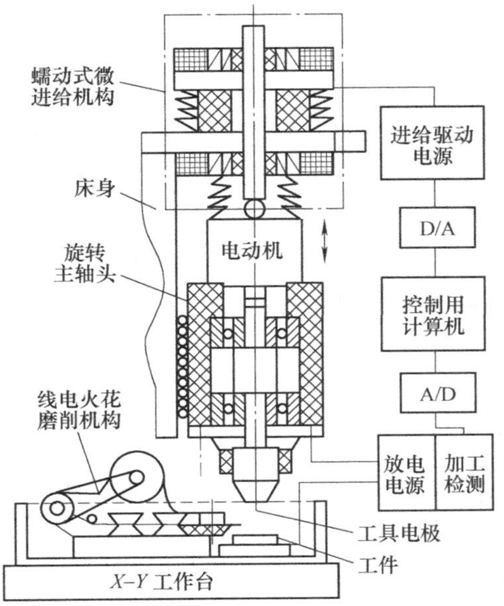

图 6-28　蠕动式微进给机构的微细电火花加工装置

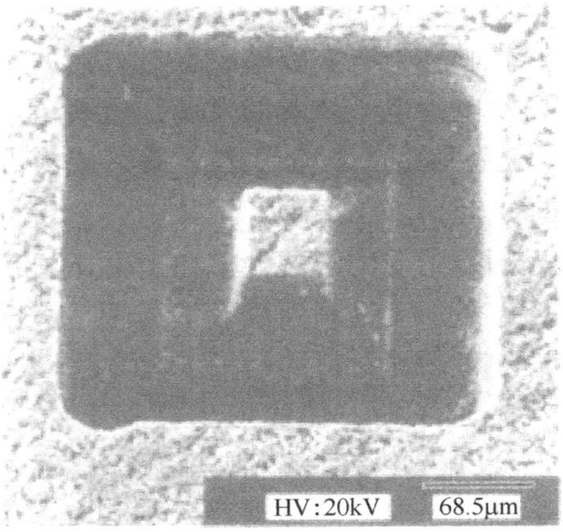

图 6-29　三维微小结构加工示意图

WEDG 已成为微细高精度电极在线制作的有效手段。可以说，目前的微细电火花加工与 WEDG 是密不可分的。利用 WEDG，日本已加工出直径为 2. 5μm 的微细轴和直径为 5μm 的微细孔，代表了当前世界范围内这一领域的最高水平。在此基础上，应用 WEDG 技术进行微细工具制作，可以进行微细冲压加工、微细管子和微细喷嘴的电火花电铸复合加工、微细超声加工以及微细钻铣加工等。

随着微型机械的发展和 WEDG 技术的逐步成熟，微细电火花加工已成为制作微三维结构器件的有效方法。微细 MEDM 可加工材料的范围比较广，可加工各种金属、单晶硅、多晶硅等导电材料，与 LIGA 工艺相比，不需要昂贵的同步辐射源，设备成本低廉。若采用分层铣削技术，可以加工自由曲面。日本东京大学采用 EDM 方法加工了球径<150μm 的 1/8 球瓣、0. 5mm×0. 2mm×0. 2mm 的汽车模具；比利时鲁文大学采用 EDM 方法加工出了带力传感器的微钳、长宽 1mm 的“庙宇”结构；美国 Sandia 国家实验室则制作出了 10mm×10mm×5mm 微型步进电动机等。这些研究成果显示了微细 EDM 方法的重要技术价值和应用前景。为此，各国都非常重视微细 EDM 技术及加工设备的开发研制，例如松下精机生产的 MG-ED82W 型微细电火花机床可稳定加工直径 10μm 的微孔和宽度 10μm 的槽，在电极直径小于 50μm 时可加工深径比为 5 的孔。

事实上，微细电火花加工技术与其他微细加工技术是相辅相成的，如 LIGA、刻蚀、微细激光加工、微细铣削、微细立体印刷和金刚石切削等。充分发挥各自的技术特点，将两种或两种以上的微细加工技术进行有效集成，将是微细加工技术发展的必然趋势之一。如光刻技术一般只能进行二点五维加工，而微细电火花加工则没有这种限制。因此，用微细电火花加工技术制作硅三维微结构，再用光刻等技术在其上进行微电路刻蚀，无疑将会使微型机械具有更好的集成性和智能性。目前，国外学者已经开始将微细电火花加工与平面硅工艺结合进行硅微结构制作的尝试。

第六节　超声波微细加工

与电火花加工、电解加工和激光加工等特种加工技术相比，超声波加工（简称超声加工）既不依赖于材料的导电性又没有热物理作用，这使得超声加工技术在硬脆材料尤其是在非金属硬脆材料如玻璃、玉石、大理石、刚玉和陶瓷等加工方面得到了广泛应用。随着压电材料及电力电子技术的发展，微细超声加工技术、超声旋转加工技术、超声辅助特种加工技术及超声辅助机械加工技术等，成为当前超声加工研究领域的热点。

一、超声加工原理

人耳能感受的声波频率在 16~16000Hz 范围内，频率超过 16000Hz 的声波称为超声波。

超声波加工是利用成形工具做超声振动，通过磨料悬浮液加工硬脆材料的一种工艺方法。加工原理如图 6-30 所示。加工时，在成形工具和工件之间加入液体和磨料混合的悬浮液（磨料常采用氧化铝、碳化硼、碳化硅、金刚石粉等，液体常用水或煤油等），并使工具以一定的作用力压在工件上。超声波发生器 5 通过磁致伸缩换能器 1 产生 16000Hz 以上的超声频纵向振动，并借助于变幅杆把振幅放大到 0.05~0.1mm（超声发生器产生的超声波振幅太小，仅 0.005~0.01mm，不能用于加工），驱动工具作超声振动，迫使液体中悬浮的磨粒以很大的速度和加速度不断地撞击、抛磨被加工表面；同时，磨料悬浮液因工具端部的超声振动而产生“空化”现象，令工件表面形成液体空腔，促使液体钻入被加工材料的微裂缝处，加剧了加工效果。磨料悬浮液的循环流动使磨料不断更新，并带走被粉碎下来的材料微粒。随着加工工具逐渐伸入到被加工材料中，加工工具的形状便复现在工件上了。

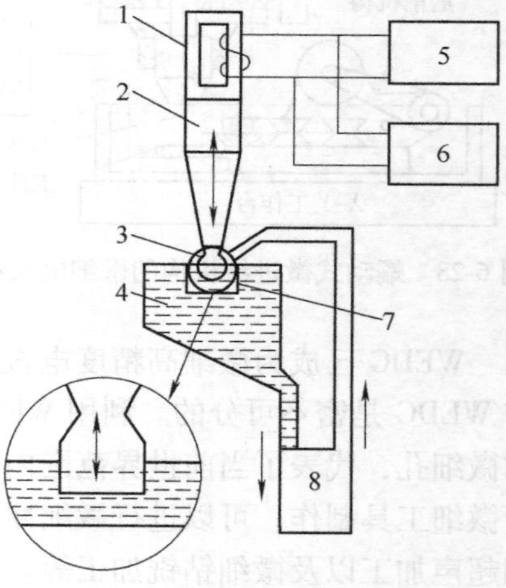

图 6-30　超声加工原理示意图
1—磁致伸缩换能器　2—变幅杆　3—工具
4—磨料悬浮液　5—超声波发生器
6—直流电源　7—工件　8—泵

二、超声微细加工的特点

1）超声波加工是磨粒在超声振动作用下的机械撞击和抛磨作用以及超声空化作用的综合结果，其中磨粒的撞击作用是主要的。越是脆性材料，受撞击作用遭受的破坏越大，越易于超声加工；超声波适合于加工各种硬脆材料，特别是不导电的非金属材料。

2）超声微细加工时刀具压力较低，工件表面的宏观切削力很小，切削应力、切削热很小，不会引起变形及烧伤，加工精度较高，尺寸精度可达 0.01~0.02mm，表面粗糙度 *Ra* 可达0.63~0.08μm，适用于加工薄壁、窄缝及低刚度等工件。

3）加工工具可用较软材料制作，易于制出复杂形状的工具，可用于加工各种形状的复杂型腔及型面。

4）超声加工机床结构简单，易于维护。但与电解加工、电火花加工比较，加工效率较低。由于半导体硬脆材料（如 Si 等）在 MEMS 中的成功应用，同时超声加工对此类材料有很好的适应性，微细超声加工技术正在成为 MEMS 技术的有力补充。

三、超声加工机床组成

超声波加工机床主要由超声波发生器、超声波振动系统及辅助装置（加工压力调节部分、夹具、工作液供给装置）组成。

1. 超声波发生器

超声波发生器的作用是将 50Hz 的交流电转变为一定功率的超声频电信号，以提供工具往复运动和去除被加工材料的能量。其基本要求：输出功率和频率在一定范围内连续可调，最好能具有对共振频率自动跟踪和微调的功能，结构简单，工作可靠，价格低廉，体积小等。目前使用的超声波发生器功率为 20~4000W。

2. 超声波振动系统

超声波振动系统的作用是将高频振荡电能转变为机械振荡能。它主要包括超声波换能器、变幅杆及工具三个部分。

（1）超声波换能器　超声波换能器的功能是将高频电能（16kHz 以上的交流电）转变为高频机械振荡（超声波）。为了实现这种转换，目前主要有两种换能器：一种是利用磁致伸缩效应的磁致伸缩换能器（镍、铝铁合金、镍铜合金等）；另一种是利用压电效应的压电效应换能器（水晶、$BaTiO_3$等）。超声波加工机使用最多的是磁致伸缩换能器。

（2）变幅杆　在超声波加工中，必须使超声振动的能量达到一定值。换能器本身的振幅很小，达不到加工的要求，因而与换能器连接的应是一个放大装置，即变幅杆。扩大振幅用的变幅杆形状，主要有指数曲线形、圆锥形和阶梯形等，如图 6-31 所示。

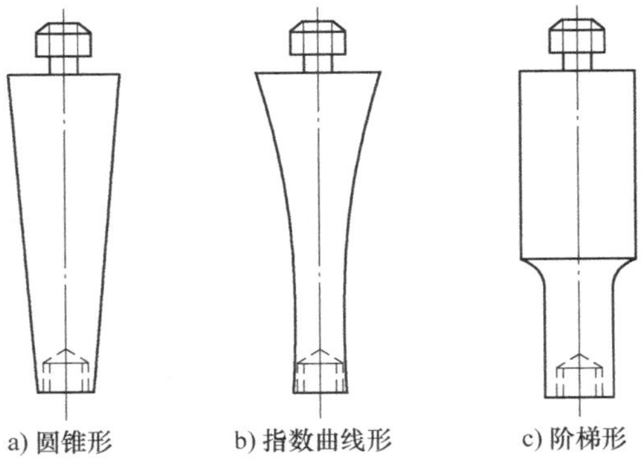

图 6-31　三种基本形式的变幅杆

在变幅杆两端面的面积比相同时，变幅杆最大的扩大棒形状为阶梯形，相对来说，这种形状的扩大棒制造也比较简单。为减少能量在材料内部的损失，扩大棒的材料多采用机械强度大的工具钢和 Ni-Cr 钢。

（3）工具　超声波的机械振动经变幅杆放大后传递给工具，使磨料和工作液以一定的能量冲击工件，加工出需要的尺寸和形状。

工具的形状和尺寸取决于被加工表面的形状和尺寸，它们相差一个“加工间隙”。当加工表面面积较小或生产数量较少时，工具和变幅杆做成一个整体，否则可将工具用焊接或螺纹连接等方法固定在变幅杆下端。当工具较轻时，可以忽略工具对振动的影响；但当工具较重时，会降低超声振动的共振频率；工具较长时，应对变幅杆进行修正，使其满足半个波长的共振条件。

超声波振动系统如图 6-32 所示，在换能器一端焊接一带螺纹的连接器，在连接器的前端用螺纹固定各种形状的变幅杆 1。然后再用焊接或螺纹连接将一定形状的工具 6 固定在变幅杆 1 的前端，使工具 6 端面的振幅得以扩大。换能器、变幅杆、工具三者应衔接紧密，否则超声波传递过程中将损失很大的能量。在螺纹连接处应涂以凡士林油作为传递介质，绝对不可存在空气间隙，因为超声波通过空气时会很快衰减。

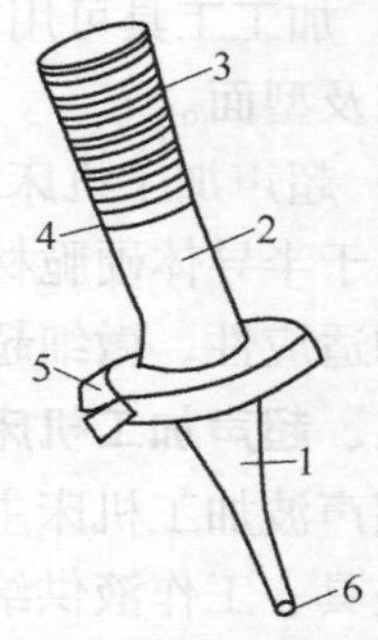

图 6-32 超声波振动系统

1—变幅杆 2—传递振动用圆锥 3—磁线圈 4—磁致伸缩换能器 5—连接部位 6—工具

四、超声微细复合加工

由于超声加工本身的效率较低，因此其单独用于加工的场合并不多。但是超声振动带来的一系列力学效应却是不容忽视的。利用超声振动所带来的均化和空化作用以及加速度大的特点，超声电火花复合加工、超声电解加工、超声切削和超声研磨等复合加工技术受到了广泛的关注。

1. *超声振动切削*

（1）加工原理　超声振动切削是通过把超声振动引入车、钻、铰、攻丝和切断等加工过程中，给刀具（或工件）以适当方向、一定频率和振幅的振动，以加速加工过程和改善切削效能的加工方法。同样，磨削、研磨和抛光等磨料加工过程中采用超声振动也能加速这些精密加工过程。超声振动切削加工示意图如图 6-33 所示。

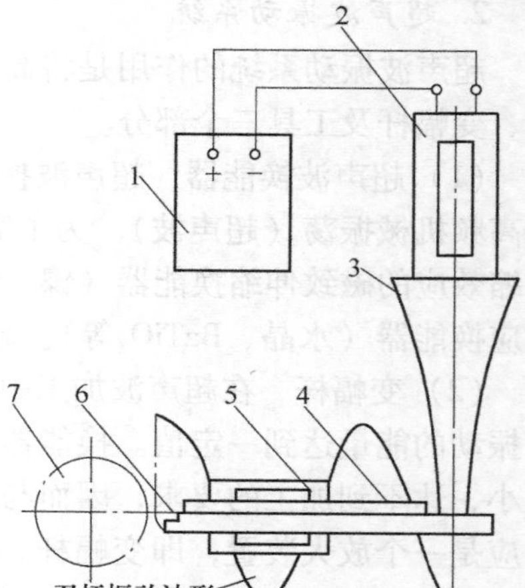

图 6-33 超声振动切削加工示意图

1—超声发生器 2—换能器 3—变幅杆 4—谐振刀杆 5—节点压块 6—刀头 7—工件

（2）加工特点　在超精密加工方面，超声振动切削有一系列优点：

1）可提高表面质量。由于超声振动功能大大降低切削刀具与工件之间的摩擦，减小切削阻力，并能提高被加工金属的塑性，因而超声振动切削可减小切削力和切削功率，降低切削温度，消除或减轻切削加工中的自激振动，从而使加工精度和加工表面的光洁程度大大提高。用硬质合金刀具对淬硬高速钢（64~65HRC）进行端面车削精度试验，结果其尺寸精度误差平均 3μm，表面粗糙度 *Ra*0.3μm。用普通车床超声振动车削铝、黄铜和不锈钢，其工件圆度允差均可在 1.5μm 之内，表面粗糙度 *Ra*0.05μm；用金刚石刀具超声车削淬硬钢，工件的表面粗糙度均可达到 *Ra*0.05μm。

2）提高了刀具寿命。超声振动钻削使刀具寿命延长 17 倍；车削不锈钢件则可延长 40~60 倍。如此大的效应是因为超声振动车削刀具的磨损主要发生在后刀面，选择合适的切削参数，可使后刀面的磨损减轻到普通车削的 1/3。传统钻削时钻头通常会在切削刃的外缘发生严重磨损，而超声振动钻削的钻头沿切削刃只有轻微磨损，可以认为超声激励改变了钻头磨损的形式，使之有利于提高刀具寿命。

3）提高了生产效率。在保证加工精度和加工质量的前提下，超声振动切削的效率比一般切削方法提高 2~3 倍，有时甚至更高，如振动抛光可提高效率 20 倍。

4）可扩大切削加工的范围。使一些高强度、高硬度和难成形材料的切削加工成为可能。当前，超声振动切削已应用于耐热合金、不锈钢等难加工材料以及陶瓷、玻璃等金属和非金属难加工材料的加工，也应用于易弯曲变形的细长杆类零件、小径细孔、薄壁零件、薄盘类零件与小径精密螺纹以及形状复杂、加工精度和表面质量要求又较高的零件。

在脆硬陶瓷材料的加工中，针对微细孔和微三维结构的微细超声加工取得了大的进展。日本东京大学在超声加工机床上，利用 WEDG 在线加工出微细工具，并成功地在 1996 年利用超声加工技术在石英玻璃上加工出了直径为 15μm 的微孔，1998 年又成功地加工出了直径为 5μm 的微孔。

2. 超声电火花（电解）复合抛光

超声电火花（电解）复合抛光可以有效解决电火花、电解加工的加工精度和表面粗糙度较低，而超声加工硬质合金、耐热合金等硬质金属材料速度低、工具损耗大等问题。

（1）超声电解复合抛光原理　超声电解复合抛光是利用导电油石或镶嵌金刚石颗粒的导电工具，对工件表面进行超声电解复合抛光加工，这样更有利于改善表面粗糙度。如图 6-34 所示，用一套声学部件使工具头产生超声振动，并在超声变幅杆上接直流电源的阴极，在被加工工件上接直流电源阳极。电解液由外部导管导入工作区，也可以由变幅杆内的导管流入工作区。于是在工具和工件之间产生电解反应，工件表面发生电化学阳极溶解，电解产物和阳极钝化膜不断地被高频振动的工具头刮除并被电解液冲走。这种方法中，由于有超声波作用，使油石的自励性好，而电解液在超声波作用下的空化作用，使工件表面的钝化膜去除加快，这相当于增加了金属表面活性，使金属表面凸起部分优先溶解，从而达到光整的效果。

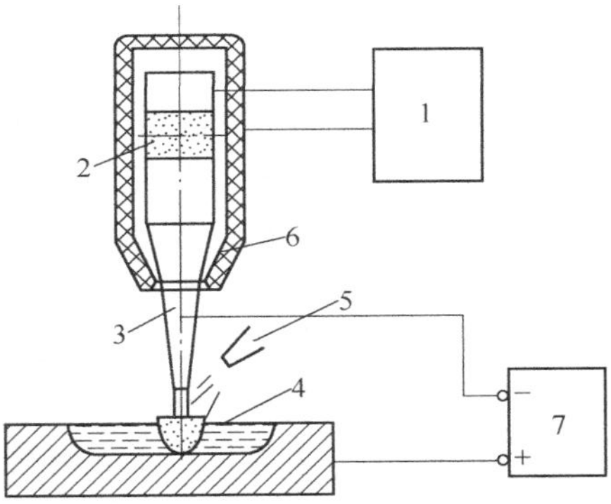

图 6-34　手携式电解超声复合抛光原理图
1—超声波发生器　2—压电陶瓷换能器　3—变幅杆　4—导电油石　5—电解液喷嘴　6—工具手柄　7—直流电源

（2）影响超声电解复合抛光速度和质量的因素

1）电解液。电解液是影响抛光速度和抛光质量的主要因素，因此必须根据工件材料进行优选。一般超声电解复合抛光主要用于高合金钢和模具型腔加工。工作时可选择具有抛光质量好、无毒、性能稳定的电解液，如 $NaNO_3$ 水溶性电解液。$NaNO_3$ 电解液的浓度一般为 20%左右。为了改善抛光质量应加入合适的添加剂。

2）工作电压。是指加工时的电源电压，它直接影响工作表面质量。通常，工件表面原始粗糙度值高，工作电压应高些，以获得较高的加工速度，粗抛时工作电压取 6~15V；精抛时，工作电压尽量取低些（一般取 5V 左右），以便得到高加工质量和低表面粗糙度。此外选择工作电压时还应考虑电解液的浓度和工具对工件的压力。

3）输出功率。选择输出功率，主要考虑工件表面粗糙度、工具对工件的压力、抛光时工具与工件的接触面积以及抛光速度等。当工件原始表面粗糙度高、抛光阻力大时，则输出功率要大些，以提高加工效率；当工具对工件的压力一定时，工具对工件的接触面积增大，抛光阻力势必增大，则需相应地增加输出功率，否则难以正常抛光。

目前，国内超声电解加工表面粗糙度可达 0.1~0.05μm。

3. 超声磨料混粉电火花复合加工

超声磨料混粉电火花复合加工方法是在混粉电火花加工的基础上，通过施加于电极的超声机械振动，在放电间隙中加入磨料并与导电粉有机复合进行的加工，是一种光整加工方法。由于增加了放电电极的超声机械振动和磨料的加入，实现了超声机械放电等多种能量的混粉复合电火花加工，强化了电火花光整加工的效能，达到了进一步降低加工表面粗糙度值、提高表面质量及增效的目的。

（1）基本原理　在电火花加工中要实现复杂型面光整加工是极其困难的，不仅加工表面粗糙度达不到要求，且加工速度太低，有的甚至根本无法加工。为了解决电火花光整加工问题，产生了混粉电火花加工。混粉电火花加工是通过在煤油介质中加入导电粉末，使放电间隙增大，形成了多通道放电加工，细化了单个脉冲放电能量，并有减小极间电容的作用等，因此混粉电火花加工对提高电火花加工表面质量、改善加工表面粗糙度和提高精加工放电加工效率均有明显的作用。

在混粉电火花加工的基础上，再在电极上施加一个超声机械振动，该超声机械振动通过连接于加工电极的变幅杆，使电极振动放大，大约为 0.01~0.05mm，由于电极前端面产生强烈的高频振动，极间的工作液会发生类似液体的瞬间“空腔”及瞬间“闭合”现象，产生了高频泵吸作用，形成了极间工作液强烈的冲击，如此加大了放电间隙中蚀除产物的排除力度，确保了在小的放电能量和放电间隙下的加工更稳定，加工效率进一步提高。与此同时，由于极间产生的高频机械振动，极间的工作液及其混入的悬浮的导电铝粉和磨料，产生了高速强烈的扰动，大大促进了导电粉末和磨料的均匀搅拌，更进一步发挥了混入导电粉末的电火花放电加工作用，提高了放电效率和表面加工质量。不仅如此，伴随着工作液的高速扰动和强烈冲击，悬浮在煤油中的磨料对工件表面不断产生高速冲击作用，特别在放电停歇时间中发生得更强烈，这种冲击将产生类似于高压液体磨料流的喷射冲击效能，对加工面产生了超声高速的机械抛磨和对尖峰的去除效果，进一步降低了电火花放电凹坑的深度，大大降低了加工面的表面粗糙度值，同时在磨料的冲击作用下，使加工表面的金属受到挤压作用，其硬度和强度也得到了提高，进一步提高了加工表面质量。上述超声机械振动性能和超声波机械加工有些类似，但其加工抛磨去除的方式则不完全相同，因为工具电极和工件在加工时不发生接触，而磨料比超声波加工更微细，是柔性作用于工件加工表面，因此主要是抛磨和尖峰毛刺的去除。

总之，超声磨料混粉电火花光整加工是一个放电物理、超声机械和气动力学的复杂综合过程，在加工中它们有机良好地相互复合，使这一加工方法充分发挥出其独特的加工效果。在工作中为了保证电极放电良好和损耗均匀，电极采用旋转运动，这也进一步促进了超声磨料混粉电火花光整加工顺利可靠地进行。其加工设备和基本原理如图 6-35 所示。

（2）加工设备及加工方法　实现这种加工方式既可设计制造专用机床，也可在一般普通电火花成形机或数控电火花成形机上加以改装，需增加的装置有：超声波机械振动头系统和超声波振荡电源；电极旋转系统和电源；导电粉、磨料混合液箱和循环供液系统。

1）超声波机械振动头要求有较大的功率，因为需要带动电火花加工电极等，一般为 100~200W，要求体积小、重量轻，采用压电晶体式换能器较好；超声波振荡电源要求功率、频率可调，一般根据已设计好的变幅杆长度和加工电极以及加工间隙，调节到电极振动最大为止；超声振动头主轴要能旋转，转速可调，主轴、变幅杆跳动量小，变幅杆连接在主轴上，变幅杆前端和工具电极连接要方便可靠，避免发热，变幅杆长度和电极装夹后成保证超声波的机械振幅强度最大；超声波电源信号的接入与加工电源电流的接入要相互绝缘可靠，且各自接电良好，保证有一定的过载能力；超声波机械振动头与电火花成形机主轴头连接应调整方便。

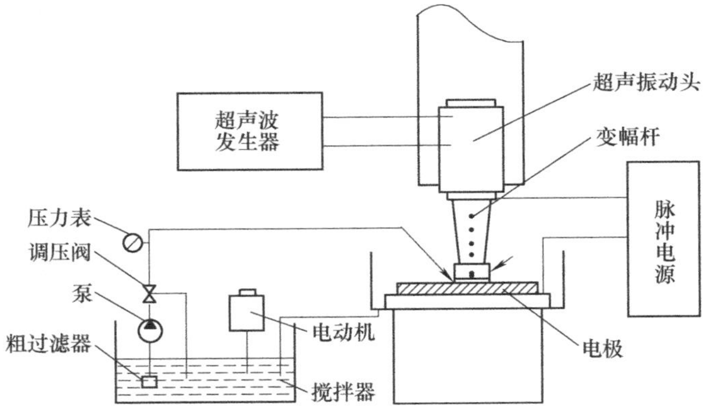

图 6-35　超声磨料混粉电火花加工设备和基本原理图

2）导电粉、磨料混合液箱和循环供液系统：要求混合工作液箱有搅拌功能，且搅拌良好，工作液压力可调，压力有溢流保护，工作液在进入泵前需经过粗过滤器，根据油箱中煤油量、磨料和导电粉按配比配置，一般按 10~30g/L 配好后要预先搅拌均匀。

3）电极：根据加工对象选择材料设计制造并和变幅杆连接牢固，连接后跳动量应小，更换电极时变幅杆不更换。

4）加工时可先进行电火花加工的粗、精加工，之后改换成超声磨料混粉电火花光整加工，一般选择较小的脉冲宽度和峰值电流，在此情况下均能良好地进行工作，并能达到满意的加工效果。光整加工前，根据加工对象要求选好加工参数、电极转速和注入混合的工作液，之后便进行自动加工，根据加工的型面可采用三维立体加工或二维分层式加工，每次加工深度很小，工作液注入要可靠，并能多方向注入，注意防止加工中工作液和导电粉燃烧。

超声磨料混粉电火花复合加工，能在很小的放电能量下稳定地进行，对进一步降低加工表面粗糙度值效果明显，加工表面可以达到镜面，是一些复杂型面零件电火花光整加工较佳的选择方法之一。

4. 超声旋转加工

超声旋转加工方法是以超声作用为主，结合不同的机械运动方式和不同的机械切削作用形成的复合加工方法。

超声旋转加工方法按其工艺特征，大致可分为两类：一类是采用离散磨料和固结磨料磨具的超声旋转磨料加工；另一类主要是采用切削工具（如铣刀、钻头等）、冲头和压头之类工具，或利用超声高频振动特性，与其他机械加工方法相结合的超声旋转加工。

（1）加工原理　如图 6-36 所示为应用一个带有粘接了金刚石磨料的空心钻工具进行超声旋转加工的原理示意图。加工中，金刚石空心钻做旋转运动，同时在超声换能器作用下以一个恒定的压力向着工件进给时做高频（>20kHz）振

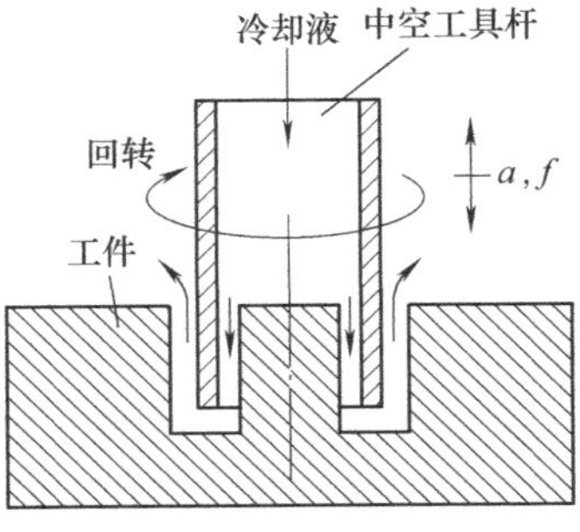

图 6-36　超声旋转加工示意图

动。通过钻头中心孔的冷却水冲洗掉金属屑，防止干扰钻孔并保持冷却。图 6-36 中 a 为振幅，f 为频率。

超声旋转加工实质上是将超声振动工具的锤击运动和工具旋转运动的磨削作用结合在一起的复合加工。材料的去除机制包括锤击（在超声振动冲击下的压痕和碎裂）、磨蚀（切削工具的旋转运动可以模型化为磨削过程）和抛磨作用（由超声振动和工具旋转运动的同时作用产生）。三种材料去除机制的组合，导致了超声旋转加工中材料去除率高于超声加工和传统金刚石磨削。在此加工方式中，工件表面层在高频超声振动下产生疲劳，从而容易被磨削运动去除，且加工压力较小，有利于加工玻璃、陶瓷、石英、宝石以及半导体等硬脆材料。

（2）加工特点　超声加工和超声旋转加工装备的主要差别之一是超声加工使用一个软的工具，如不锈钢、黄铜或低碳钢和装有硬的磨料颗粒的泥浆；而在超声旋转加工时，硬的磨料颗粒是金刚石，并粘接在工具上。另一个主要差别是超声旋转加工的工具在旋转的同时还进行振动，而超声加工工具只是振动。这些差别使超声旋转加工在陶瓷和玻璃的加工应用中，提供了速度和精度方面的优势。

超声旋转加工方法把金刚石工具的优良切削性能与工具的超声频振动结合在一起，与常规金刚石钻孔和采用磨料悬浮液的传统超声加工方法相比，具有以下优点：

1）加工速度快。在光学玻璃上加工 6mm 的孔，加工速度可达 100mm/min，是传统超声加工的 10 倍，是传统金刚石钻孔的 6~10 倍。

2）超声振动减小了工具与加工表面的摩擦系数，切削力小，排屑通畅。钻孔加工时，不需要退刀排屑，可一次进刀完成。易实现自动化。

3）由于所需的切削力小，即使在工件的边、角处钻孔，也不会产生破裂。

4）可大大提高加工精度和改善表面质量。

5）对材料的适应性广。可用于脆性材料（例如玻璃、石英、陶瓷、YAG 激光晶体和碳纤维复合材料等）的钻孔、套料、端铣、内外圆磨削及螺纹加工等。特别适用于深小孔的加工和细长棒的套料加工。

6）工具磨损减小，使用寿命延长。

（3）加工设备　要实现超声旋转加工，其机床应由如下几部分组成：机床本体，超声振动系统，主轴旋转系统，主轴轴向进给系统，以及轴向力反馈保护系统。传统的超声加工机床，自动化程度较低，操作麻烦，为实现机床操作的自动化，可采用工控 PC 为硬件基础，开发完全数控化的超声旋转加工机床。数控系统主要功能模块包括：轴向进给控制模块，旋转电动机控制模块和制动频率跟踪模块。

对于超声旋转机械加工，可使用各种形状的工具；而对于陶瓷和工业玻璃的加工应用，一般是使用一个充满金刚石的工具或电镀工具。充满金刚石的工具更加耐用，但是电镀工具更便宜，所以可根据需要选择工具。

（4）加工应用　超声旋转加工易于加工各种厚薄管材和棒材，精度高、效率高而且成本低。

例如使用常规机械加工方法获得氧化铝管道时，由于常规机械加工方法不容易使用于已烧制好的材料，而超声加工对于这种应用非常慢，并限制了实际的加工深度，所以既费时又费钱。使用超声旋转加工，可以很容易加工薄型或厚型管壁的陶瓷管，长可达 406mm，薄片厚可至 12.7μm。

超声旋转加工可以广泛用于半导体工业，可以在硅、石英、蓝宝石和氧化铝材料上快速钻上数百个直径为0.55mm、深度达10mm的孔，可满足快速不断变化的半导体市场工业的要求。在激光棒和光纤的成形方面，超声旋转处理能够加工254mm长（或更长）的石英、玻璃、蓝宝石和红宝石棒，加工出的棒材公差在25μm内。这个技术也能够在相同材料中或在硼硅酸盐玻璃、氮化铝、氧化铝、碳化硅或其他陶瓷材料中制作长孔，这些长孔需要高的公差和孔与孔之间相互平行。

我国研制成功的超声旋转加工机床，在硬脆材料的钻孔、套料、端铣、内外圆磨削及超声螺纹加工中取得了显著的工艺效果，已成功用于YAG激光晶体棒的成形加工。该机套料加工晶体棒直径为3~5mm，加工圆度<5μm。

第七节 电化学加工

电化学加工（Electro-Chemical Machining，ECM）是指通过电化学反应从工件上去除或在工件上镀覆金属材料的特种加工方法。电化学加工按加工原理可以分为三大类，见表6-3。电化学加工由于具有适应范围广（凡是能够导电的材料都可以加工，且不受材料力学性能的限制）、加工质量高（因在加工过程中没有机械切削力的存在，工件表面无残余应力，无变质层，也没有毛刺及棱角）和生产效率高（加工过程没有划分阶段，可以同时进行大面积加工）等特点，在工业上得到广泛应用。

表6-3 电化学加工分类

按加工原理分类	加工方法	应　　用
阳极溶解	电解加工、电解抛光、电解倒棱、电解去毛刺	用于内外表面形状、尺寸以及去毛刺等加工。例如型腔和异型孔加工，模具以及三维锻模制造，以及涡轮发动机叶片、齿轮等零件的去毛刺等
阴极沉积	电铸、电镀、电刷镀	用于表面加工、装饰、尺寸修复、磨具制造、精密图案及印制电路板复制等加工。例如复制印制电路板，修复有缺陷或已磨损的零件，以及镀装饰层和保护层等
复合加工	电解磨削、电解电火花复合加工、电化学阳极机械加工等	用于形状与尺寸加工、表面光整加工、镜面加工和高速切割等。例如挤压拉丝模加工、硬质合金刀具磨削、硬质合金轧辊磨削、下料等

一、电解抛光

1. 微细电解加工原理

图6-37为微细电解加工原理图，导电的工作液中水离解为氢离子和负氢氧根离子，即$H_2O \rightarrow H^+ + OH^-$。工件作为阳极，在其表面的金属原子M失去$n$个电子成为正离子$M^{n+}$，溶入电解液而逐层地被电解下来，$M \rightarrow M^{n+} + ne$，称为阳极溶解。随后即与电解液中的氢氧根负离子电化学反应生成金属的氢氧化物而沉淀，$M^{n+} + n(OH^-) \rightarrow M(OH)_n$。阴极工具表面的氢正离子得到电子而成为氢气析出，$2H^+ + 2e \rightarrow$

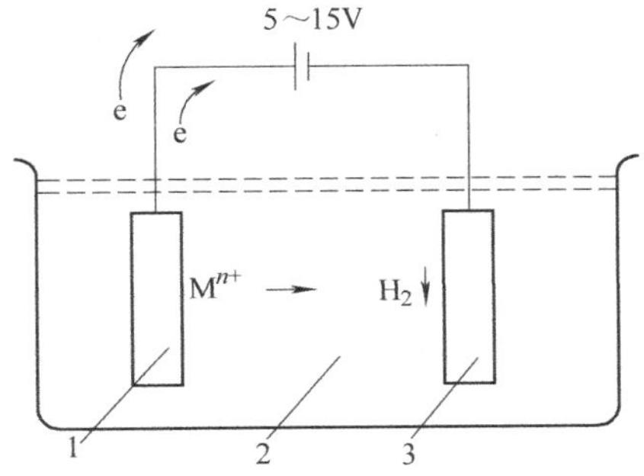

图6-37 微细电解加工原理图
1—工件（阳极） 2—电解液 3—工具（阴极）

H_2。工具阴极并不损耗，加工过程中工具与工件间也不存在宏观的切削力，只要精细地通过电压控制电流密度和电解的部位，就可以实现纳米级精度的电解加工，而且表面不会产生加工应力。常用于镜面抛光、精密减薄以及一些要求无应力加工的场合，用此法可将金属丝电解加工成极细的纳米级直径的探针。电解抛光即是利用电解原理对工件表面进行抛光的一种效率较高的加工方法。

2. 电解抛光机理

为了解释电解抛光的机理，人们提出了各种各样的理论，其中最重要的是黏膜理论和氧化膜理论，也有人认为是黏膜理论和氧化膜共同起作用。

（1）黏膜理论　电解抛光在一定的条件下，金属阳极的溶解速度大于溶解产物离开阳极表面向电解液中扩散的速度，于是溶解产物就在电极表面积累，形成一层黏性膜。这层黏性膜的电阻比电解液的大，而且可以溶解在电解液中，它沿阳极表面的分布是不均匀的，如图 6-38 所示。

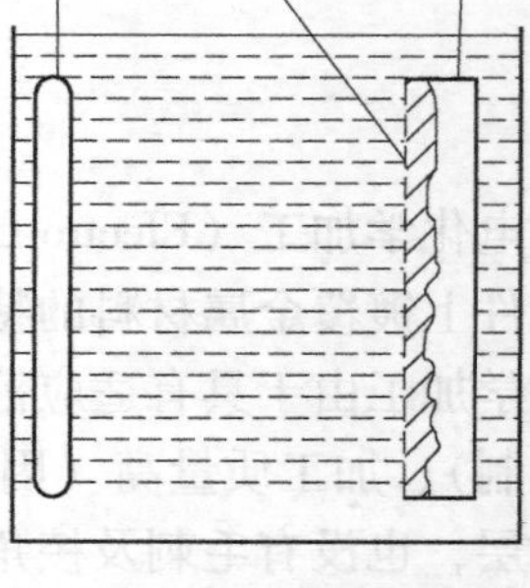

图 6-38　电解抛光时黏膜形成示意图

在表面微凸处的微黏膜厚度比凹处小，导致凸处的电阻也较小，从而造成电流集中。与微凹处相比，微凸处电流密度较大，电位升高，从而使氧气容易析出，有利于黏膜溶解扩散，加快了微凸部位金属的溶解。随着电解抛光时间的延续，阳极表面上的微凸处被逐渐削平，使整个表面变得平滑、光亮。

（2）氧化膜理论　在电解抛光过程中，由于析出氧的作用在金属表面形成一层氧化膜，阳极表面呈钝态。但是，这层氧化膜在电解液中是可以溶解的，所以钝态并不是完全稳定的。由于在阳极表面微凸处电流密度较高，形成的氧化膜比较疏松，而且该处析出的氧气也多，有利于阳极溶解产物向溶液中扩散，促使该处的氧化膜溶解加快。在整个抛光过程中，氧化膜的生成溶解不断进行。而且微凸处进行的速度比微凹处快，其结果，微凸处金属被优先溶解削去，使阳极表面达到平滑、光亮。

3. 影响因素

电解抛光质量的影响因素主要有以下几个方面。

（1）电解液　电解液应当具备下列基本条件：电解液有足够的络离子，以保证阳极溶解物的急速络合沉淀，维持电解液的清澈；电解液有半径大、电荷少的阴离子，能够提高溶解效率，促进离子的迁移能力；阳极有黏性薄膜的生成，并能停留在凹洼处，以提高表面质量；在阳极电流密度和阳极电位较低的情况下，也能良好地抛光；允许阳极电流密度与温度范围宽；电解液稳定性高，使用周期长；断电下，电解液不应当对金属有腐蚀作用。

目前从理论上还不能确定某种金属或合金的最适宜的电解液成分和比例，对所采用电解液的成分、比例主要是通过实验来确定，见表 6-4。

（2）阳极电位和阳极电流密度　一般来讲，采用高的电流密度可获得较高的生产率和较好的表面质量。但在有些情况下，采通过电流密度也可获得较好的表面质量。在实际加工中，常通过控制阳极电位来控制表面质量。

表 6-4 常用电解液及抛光参数

适用金属	电解液成分	质量分数	阴极材料	阴极电流密度 /A·dm^{-2}	电解液温度 /℃	持续时间 /min
碳钢	H_3PO_4 CrO_3 H_2O	70% 20% 10%	铜	40~50	80~90	5~8
	H_3PO_4 H_2SO_4 H_2O $(COOH)_2$（乙二酸）	65% 15% 18%~19% 1%~2%	铅	30~50	15~20	5~10
不锈钢	H_3PO_4 H_2SO_4 丙三醇（甘油） H_2O	10%~50% 15%~40% 12%~45% 5%~23%	铅	60~120	50~70	3~7
	H_3PO_4 H_2SO_4 H_2O CrO_3	40%~45% 40%~35% 17% 3%	铜、铅	40~70	70~80	5~15
CrWMn Cr18Ni9Ti	H_3PO_4 H_2SO_4 H_2O CrO_3 丙三醇（甘油）	65% 15% 3% 5% 12%	铅	80~100	35~45	10~12
铬镍合金	H_3PO_4 H_2SO_4 H_2O	640mg/L 150mg/L 210mg/L	不锈钢	60~75	70	5
铜合金	H_3PO_4 H_2SO_4 H_2O	670mg/L 100mg/L 300mg/L	铜	12~20	10~20	5
铜	H_2O CrO_3	40% 60%	铝、铜	5~10	18~25	5~15
铝及合金	H_3PO_4 H_2SO_4 H_2O HNO_3	15% 70% 14% 1%	铝、不锈钢	12~20	80~95	2~10
	H_3PO_4 CrO_3	100g/L 10g/L	不锈钢	5~8	50	0.5

（3）电解液温度　电解液的温度对电化学抛光质量有着极为重要的影响。对于每一种金属和合金来说，电解液的温度都有一个最适宜的范围。在一般情况下，如果电解液温度低，则电解液的黏度大，电解液的扩散速度降低，同时金属溶解速度减小，生产效率降低。而电解液温度太高，则黏度小，金属溶解速度加快，使得抛光表面光洁程度降低。

（4）电化学抛光的持续时间　电化学抛光过程的持续时间取决于下列可变因素：被抛光零件的表面预加工状况、阳极电位、电流密度、极间距离、电解液成分、金属性质和电解液温度等。

被加工零件表面预加工光洁程度较好，电流密度大，极间距离小，电解液成分、比例、温度适宜，金属金相组织均匀，则持续时间短。在适宜的时间内，整平效率与时间是成正比例的，但如果超过适宜的时间，整平效率则因阳极表面钝化而降低，甚至会破坏原来表面整平的效果。

（5）金属的金相组织与原始表面状态　金属的原始条件包括金属的成分、金相组织和表面状态。如果金属的组织细致、均匀，金属的成分单一，非金属含量少，抛光质量就好；反之则差。表面的预加工状况越光滑则抛光质量越好，表面粗糙度在 $Ra0.8\sim2.5\mu m$ 时，抛光才有效；在 $Ra0.63\sim0.2\mu m$ 时，抛光效果更佳。在抛光前，表面应除去一切污物、变质层。

（6）电解液的搅拌　采用搅拌的方法，可以促使电解液的对流，减少电解液的温度差，防止阳极过热。当阳极上生成难溶于电解液的薄膜时，利用搅拌的方法可以提高薄膜的溶解速度，从而加速阳极整平过程。如果阳极表面有气泡附着，加强搅拌可以使阳极表面上的气泡脱离出来，避免表面生成斑点或条纹。搅拌电解液还有利于提高离子扩散速度，新的电解液不断地向阳极补充，阳极薄膜不断溶解，因此提高了阳极电流密度，提高了抛光的生产效率。

（7）工艺装置　在选择阴极材料时，要考虑阴极材料在电解液中有较高的化学稳定性。不同的阴极材料，选择不同类型的电解液（见表 6-5）。

表 6-5　不同的阴极材料所对应的电解液

电解液种类	阴极材料	电解液种类	阴极材料
磷酸类	耐酸钢、铜、石墨、黄铜、铅	中性	银、锌、铅
硫酸类	耐酸钢、炭、铅	碱性	碳素钢
硝酸类	耐酸钢、镍	含氟类	耐酸钢、铝、石墨、银
硫-磷酸类	耐酸钢、铅、石墨	任何类电解液	铂
硫-磷酸-铬酸	耐酸钢、铅		

（8）清洗　断电后，应立即放在流动的冷水或者热水中清洗，除去表面上残留的电解液和阳极溶解物。清洗后吹干。

此外，电解抛光的阴极形状、极间距离等因素都对抛光质量有一定的影响。

4. 电解抛光加工特点与应用

电解抛光的特点是经过处理的金属表面生成致密牢固的氧化膜，不存在擦痕、变形、金属屑或磨料嵌入金属表面等问题，金属表面从而具有良好的平整度、光亮度和防腐性，这是机械抛光所无法达到的。特别是对硬度高、细小精密的机器元件，电解抛光比机械抛光要优越得多。由于电解抛光提高了工件的耐蚀能力，且不产生加工变质层和表面应力，不受被加工材料的强度和硬度限制，因而电解抛光技术广泛应用于金属加工领域。一般电解抛光粗糙度可达 $Ra0.1\mu m$，最高可达 $Ra0.025\mu m$ 直至镜面。它为金属产品零件精加工、超精密加工提供了一种新的手段，是高精度模具加工的最佳选择，不仅广泛用于机械制造行业，近年来在兵器、航空和航天工业系统中也获得成功应用。

二、电化学机械复合加工

电化学机械复合加工是由电化学阳极溶解作用和机械加工作用结合起来对金属工件表面进行加工的复合工艺技术，它包括很多具体的方式方法。在各种各样的电化学机械复合加工方式中，去除金属主要是靠电化学的作用，机械作用只是为了更好地加速这一过程。实践表明：使用适当的机械形式和工具，使电化学阳极溶解作用和机械去除作用达到良好的配合，可以得到电化学机械加工的最佳效果，工件表面可以达到超精密抛光水平，例如电解研磨、电解珩磨、电化学机械抛光和电化学超级加工等。

1. 电解磨削

电解磨削是出现较早、应用较为广泛的一种电化学机械复合加工方式，它比电解加工具有更好的加工精度和表面粗糙度，比机械磨削具有更高的生产率。

（1）电解磨削加工原理　图 6-39 为电解磨削的加工原理图。导电砂轮与电源负极相连，被加工工件（硬质合金车刀）与电源正极相连，工具与工件以一定的压力相接触。当在它们之间施加电解液时，工件与工具之间发生电化学反应，在工件表面上就会形成一层极薄的氧化物或氢氧化物薄膜。一般称它为阳极薄膜。而工具的表面有突出的磨粒，随着工具与工件的相对运动，工具把工件表面的阳极薄膜刮除，使工件表面露出新的金属并被继续电解，这样电解作用和机械刮磨作用交替进行直到达到尺寸精度和表面粗糙度。在电化学磨削加工中，电化学加工量约占 90%，机械磨削约占 10%。此外，磨削粒子的突出量在 0.05mm 以下，这不仅可以防止短路，而且还有保持电解液通路间隙作用。恰是这种磨料的存在，使加工精度更容易控制。

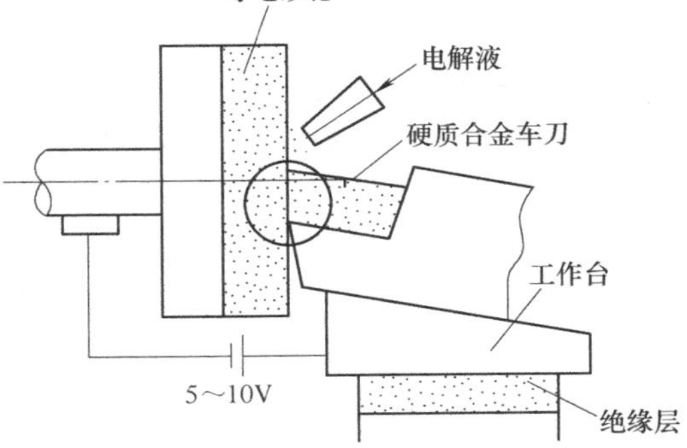

图 6-39　电解磨削的加工原理图

（2）电解磨削的特点及其应用范围

1）加工范围广，被加工材料不受力学性能的限制，可加工硬质合金、合金钢、不锈钢和磁钢等。

2）导电砂轮用磨料和铜粉制成，磨料应高于铜基体表面，砂轮磨损小，易保持尺寸和形状。

3）表面无应力，无毛刺，表面缺陷少。表面粗糙度值低，可达 $Ra0.2\mu m$ 或更小。

4）磨削效率高，特别是对接触面积大、难加工材料，效率更明显。

5）采用腐蚀性小的 $NaNO_3$、$NaNO_2$ 等混合电解液较好。

电解磨削可用于加工叶片的叶冠、喷嘴、注射针头、刀具及金属蜂窝结构件等。

2. 电解研磨

（1）加工原理　电解研磨是在机械研磨的基础上附加电解作用而形成的一种复合加工方法。电解研磨可分为固定磨料加工和流动磨料加工两种。图 6-40 为一种固定磨料加工原理图。固定磨料加工是先将磨料粘在无纺布上，再将粘有磨料的无纺布包覆在工具阴极上，无纺布的厚度即为电极间隙。加工一段时间后，应更换新的粘有磨料的无纺布。流动磨料电解研磨是在工具阴极上只包覆无纺布，而将磨料悬浮于电解液中呈自由状态，这种电解研磨由于研磨轨迹复杂而不重复，能得到更低的表面粗糙度值，但金属去除率比固定磨料加工低。

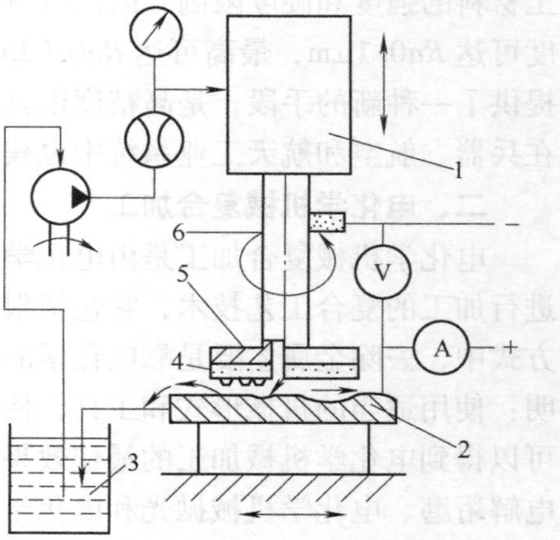

图 6-40　固定磨料加工原理图
1—回转装置　2—工件　3—电解液
4—研磨材料　5—工具电极　6—主轴

（2）影响电解研磨加工的主要因素

1）电解液的影响。电解液是影响电解研磨表面质量的首要因素，加工不同材料的工件应配置不同成分的电解液通常粗研时选高浓度的电解液，精研时则选低浓度的电解液，有时浓度低于 6%。研磨不锈钢和一般碳钢时，一般均选用 10%~20% 的 $NaNO_3$ 水溶液，因该电解液属钝化性电解液，电解整平能力强。电解液温度对研磨表面粗糙度也有重要影响，一般控制在 20~30℃ 范围内效果最好，最高不要超过 35℃。通常温度越低研磨后工件的表面质量越好。

2）加工电压和电流密度的影响。加工电压的选取可参考工件的原始表面粗糙度及电解液的浓度参数等，通过工艺实验进行优化确定，电压高，则电流密度大，加工速度快，但表面质量不好控制，甚至出现点蚀。一般低电压下表面质量好，但效率低，过低时可能会变成以机械磨削为主，致使工件表面质量下降。一般是通过调节加工电压来控制电流密度，这样就消除了导电回路各环节的影响。通常情况下，控制工具阴极实际工作面积上的电流密度在 $0.4 \sim 0.8 A/cm^2$，不要超过 $1A/cm^2$，否则可能出现点蚀。

3）无纺布厚度、磨粒尺寸及含磨粒量。无纺布是电解研磨加工的重要工具，在起到机械研磨作用的同时，其疏密厚薄又影响电解作用的强弱，故电解研磨对无纺布的厚度、弹性、强度和耐水性都有一定要求，而且在加工的全过程中其性能应保持稳定。磨粒尺寸不但影响抛光效率，更重要的是影响表面粗糙度。一般情况下，磨料粒度应按照加工要求选取，不同磨料粒度与加工表面粗糙度的关系见表 6-6。若采用流动磨料进行加工，则在将磨粒混入电解液之前，必须将磨粒进行过滤，以提高研磨质量。

表 6-6　电解研磨磨料粒度与加工表面粗糙度的关系

磨料粒度号	磨料平均粒径/μm	加工表面粗糙度 *Ra*/μm	磨料粒度号	磨料平均粒径/μm	加工表面粗糙度 *Ra*/μm
600	30	0.02	4000	3	0.0063
1500	12	0.008	4000~6000	0.5	0.0063

4）工具阴极的转速及工作液送进速度。在实际电解研磨过程中，磨粒是均匀分布在工

具阴极的无纺布上的，因此当工具阴极旋转时，各点的进给速度相同但线速度不同，像无数同心圆在进给方向移动。因此进给速度越大，则运动轨迹越稀疏，研磨效果越差；相反，进给速度越小，轨迹越密集，则研磨效果越好。研磨时，工具阴极的转速不能太高，否则由于离心力的作用，电解液会向周边集中，则中心部位减少，可能造成干磨，所以通常工具阴极的转速范围为200~300r/min。

5）工具阴极与工件之间的压力。工具阴极与工件之间具有适当的压紧力是获得高加工效率、低表面粗糙度值的重要工艺条件。由于电解研磨使用的是富有弹性的尼龙无纺布，只有一定压力下才能使其紧贴工件表面从而进行具有一定效率的研磨抛光。若压力太小，一方面会由于工具阴极没有能有效地将工件凸起部位电解产物去除干净而使效率降低，另一方面由于无纺布的弹性而使工具阴极产生振动从而使表面粗糙度变差，同时还会加速无纺布的磨损而降低其使用寿命；而若压力太大，电解液难以进入加工间隙，电解作用减弱，同时工件表面易被磨粒划伤。粗加工时压力应选得大些，精加工时压力应选得小些，正常研磨时，压力一般在10~50kPa之间选择，手工操作时应以感觉平稳无振动为宜。

实践证明，电解研磨加工时，决定表面粗糙度的主要因素是磨粒的大小及机械研磨的状态，而决定加工效率的主要因素是电解作用，因此只有二者很好地配合，才能提高加工效率，降低工件的表面粗糙度值。

（3）电解研磨的特点及应用　电解研磨可得到极低的表面粗糙度值，并可得到较高的效率，不仅可以用于抛光模具及不锈钢容器的型腔，还可以抛光加工不同类型的其他零件。

3. 电解珩磨

（1）电解珩磨加工原理　电解珩磨（Electro-Chemical Honing，ECH）就是把电解加工引入到常规的珩磨加工中去，采用电化学溶解和珩磨油石机械刮削作用相复合的一种表面光整加工方法。既利用了电解加工的高效率，也提高了珩磨的精度。图6-41为电解珩磨加工内孔原理图。

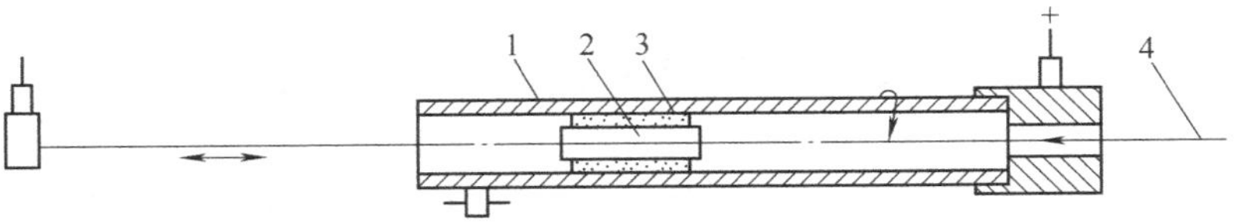

图6-41　电解珩磨加工内孔原理图

1—工件　2—珩磨头　3—磨条　4—电解液

把普通珩磨机床及珩磨头稍加改装，很容易实现电解珩磨。电解珩磨加工过程主要是靠阳极溶解作用，珩磨头用金属制造，其本体作为阴极，珩磨油石是不导电的，油石的作用主要是通过往返和旋转运动清除表面的电解产物，使电解液和新露出的金属表面接触。由可胀式的心棒调节油石的外径，以维持小的加工间隙。由于电解珩磨时机械作用较小，可以避免热变形，工件得以维持较低的温度。

（2）电解珩磨的工艺特点及应用　电解珩磨采用的电解液一般为钝性电解液，用珩磨油石实现机械珩磨。珩磨油石的磨粒粒度一般比电解磨削磨粒要细小，珩磨油石对工件表面的压力比机械布磨要小。电解珩磨的电参数可以在很大范围内变化，电压为3~30V，电流密度为0.2~1A/cm^2。加工后工件成形精度高，表面质量好，表面粗糙度值可达到*Ra*0.05~

0.025μm 以下，磨条损耗小，工件无热应力，无毛刺、飞边等缺陷。电解珩磨主要适用于普通珩磨难以加工的高硬度、高强度和容易变形的精密零件的小孔、深孔加工及薄壁筒形零件精修内表面。

(3) 可控电解珩磨　电解珩磨可以大幅度地降低工件的表面粗糙度（Ra 可以降到 0.02μm 以下）。然而，电解珩磨难以全面纠正工件的几何形状误差，有时还会使工件的几何形状精度有所下降。可控电解珩磨（Field Controlling Electro-Chemical Honing，FCECH）加工方法是电解珩磨技术、计算机控制技术和电场控制技术等相结合的复合精密加工技术。它不仅综合了电解珩磨可降低工件表面粗糙度的优点，还具有纠正几何形状误差的能力，并且适合于复杂表面金属工件、难加工金属材料工件的精密、超精密加工。

可控电解珩磨采用钝性电解液，如 $NaNO_3$、$NaNO_2$ 等溶液，以提高加工件成形精度，同时也有利于机床的防腐防锈。电解珩磨时阳极表面形成的钝化膜是靠油石磨粒的磨削作用进行活化的。被加工工件的金属溶解速度遵守法拉第电解定律，金属的去除量可以表示为

$$V = \eta KIt = \eta KQ$$

式中，V 为金属体积去除量，单位为 mm^3；K 为金属体积电化学当量，单位为 mm^3/C；I 为电流，单位为 A；t 为加工时间，单位为 s；η 为电流效率；Q 为电量，单位为 C。

由上式可知，金属的去除量与施加的有效电解电量成正比。即在单位时间内，η 不变的情况下，金属的去除量与电流 I 成正比。因此，根据工件表面上各点的误差和加工余量的大小，实时改变极间电压的大小，以调控电解电流 I，改变金属的去除速度，实现按照加工要求去除工件上不同位置金属的目的，以便增强纠正工件几何形状误差的能力。根据加工要求与加工规律确定出金属工件表面各点的电解电流分布和实时控制电解电流是可控电解珩磨加工的关键。采用基于电流闭环控制的电解珩磨加工，可提高对工件的电解加工效率和加工精度。如大连理工大学采用不完全微分 PID 算法实现电解电流的闭环控制，并且应用人工神经网络技术建立系统的施电模型，获得了满意的加工精度。

第八节　ELID 镜面磨削技术

在线电解修整（Electrolytic In-process Dressing，ELID）磨削技术是在利用金属基砂轮进行磨削加工的同时，利用电解方法对砂轮进行连续修锐修整，保持了砂轮的面形，从而达到超精密镜面磨削的技术。它适用于硬脆材料的超精密镜面磨削。ELID 磨削技术以其效率高、精度高、表面质量好、加工装置简单及加工适应性广等特点，在电子、机械、光学、仪表和汽车等领域得到了广泛应用。

一、ELID 磨削镜面形成机理

ELID 磨削原理如图 6-42 所示。铸铁黏合剂金刚石砂轮连接电源的正极，位于砂轮上部的弧形电极连接电源负极。当正负极间的间隙接近 0.1mm 时，由于磨削液是导电体，在电源电压的作用下在正负极之间产生放电电流。砂轮表面黏合剂中的铁原子被电离形成铁离子离开黏合剂表面。

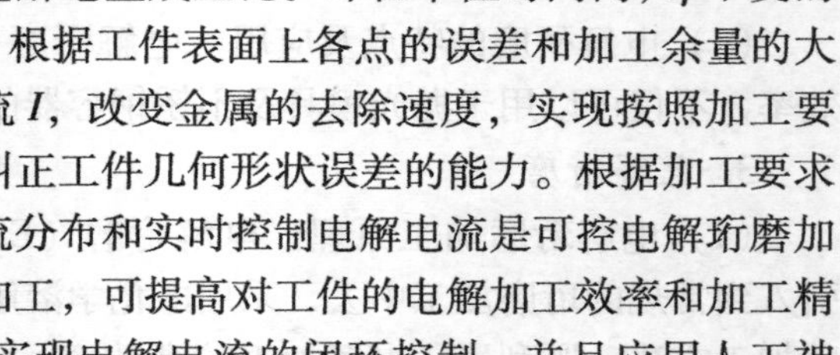

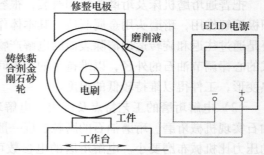

图 6-42　ELID 磨削原理示意图

$$Fe + 2H_2O \rightarrow Fe(OH)_2 + H_2$$

在阴极，所发生的电化学反应生成氢气与氢氧根离子，电离的铁原子形成氢氧化物 $Fe(OH)_2$ 或者 $Fe(OH)_3$。在阳极，这些物质转化为氧化物如 Fe_2O_3。经过这些化学反应之后，随着这种绝缘层的增长，砂轮表面的导电性降低。

砂轮表面黏合剂中的铁原子被电离，在砂轮表面形成一层钝化膜，钝化膜的厚度对电解过程的导电率有直接的影响。由于砂轮经过预修整，凸出的磨粒与工件表面摩擦，磨粒与钝化膜同时磨损。随着钝化膜的磨损，砂轮表面的导电率增加，电解过程增强，钝化膜从而重新增厚。在 ELID 磨削过程中，电解与钝化膜磨损这一对矛盾过程达到动态平衡，钝化膜保持一定的厚度。砂轮黏合剂表面的持续电解使磨粒不断地凸出来，因而在磨削过程中可以保持铸铁黏合剂金刚石砂轮的锋锐性，同时砂轮也不会很快磨损，砂轮始终能以最佳磨削状态连续进行磨削加工。

在 ELID 磨削过程中，作为阴极的铜电极不会被电解，因此电极无损失。由于实现了砂轮的在线修整，砂轮不会被磨屑堵塞。所以该技术将砂轮修整与磨削过程结合在一起，利用金属基砂轮进行磨削加工的同时，利用电解方法对砂轮进行修整，从而实现对硬脆材料的连续超精密镜面磨削。

ELID 镜面磨削过程可分为准备阶段、预修锐阶段、动态磨削阶段和光磨阶段。准备阶段主要是对砂轮进行动平衡和精密整形，减小砂轮的圆度和圆柱度误差；预修锐阶段使砂轮获得适当的出刃高度和合理的容屑空间，并形成一层钝化膜；动态磨削阶段形成加工表面；光磨阶段则进一步提高表面质量。

二、ELID 磨削技术的工艺特点

ELID 磨削技术是对金属黏合剂超硬磨料砂轮在线修整、修锐的复合磨削技术，它有别于电解磨削、电火花磨削，在精密加工领域独树一帜，具有自身的一些显著特点：

1）很好地解决了金属砂轮的钝化和修整难题，保持了砂轮的锋利性，使磨削过程具有良好的稳定性。

2）磨削条件（磨削用量、电解参数和电解液参数等）可控性强，易于实现磨削过程的最优化，从而达到高精度、高效率和低成本的超精密加工。

3）采用粗粒度的 ELID 技术可代替通常的磨削技术。采用 1~10μm 的微磨粒可代替一般的超精密磨削和研磨。用 0.1~1μm 超微粒砂轮的 ELID 技术可进行超精密镜面磨削，可代替抛光加工。这能有效提高工件的加工效率和精度。

4）加工精度高，表面裂纹少，表面质量好，表面粗糙度为 Ra0.01~0.0005μm。

5）适应性广泛，磨削效率高，适用于硬脆材料如硬质合金、工程陶瓷、光学玻璃和微晶玻璃等的超精密镜面磨削。

6）装置简单，成本低，维护方便，推广性强，具有很好的经济性。

三、ELID 磨削装置的组成

ELID 磨削装置主要由砂轮、电源、电解装置、电解液和磨床五部分组成。

（1）磨床　ELID 磨削对磨床的要求主要是要有较高的主轴回转精度。可使用一般的高精度磨床改装而成。例如 ELID 外圆磨削可用改装的 MG1420E 高精度外圆万能磨床；ELID

平面磨削可用改装的 MM7120 型平面磨床或 FS420 精密平面磨床；内圆磨削也可用改装的 MG1420E 高精度外圆万能磨床。

（2）砂轮　磨削用砂轮的黏合剂应具有良好的导电性和电解性能，而黏合剂元素的氧化物或氢氧化物不导电。目前常用的砂轮有铸铁纤维黏合剂（CIFB）、铸铁黏合剂（CIB）和铁粉黏合剂（IB）的金刚石砂轮。

（3）电源　磨削的电源可以采用直流电源、交流电源和脉冲电源等，但以高频直流脉冲电源效果最好。

（4）电解装置　电解装置的主要部分是工具电极。磨床结构不同，工具电极的位置和形状也不同，如图 6-43 所示。电极宜用不锈钢制造，与砂轮的间隙控制在 0.5～1.5mm 范围内，而且应与机床充分绝缘。工具电极固定在绝缘板上，再用调节栓将绝缘板固定在砂轮防护罩上。电极上开有蓄水槽，电解磨削液采用中心送液法，依靠重力和离心力充满电极间隙。

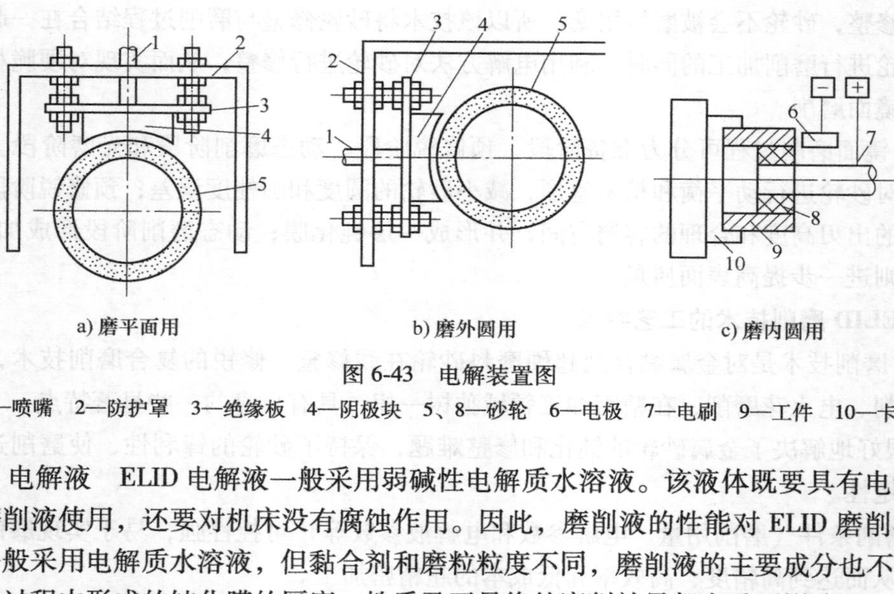

a) 磨平面用　　b) 磨外圆用　　c) 磨内圆用

图 6-43　电解装置图

1—喷嘴　2—防护罩　3—绝缘板　4—阴极块　5、8—砂轮　6—电极　7—电刷　9—工件　10—卡盘

（5）电解液　ELID 电解液一般采用弱碱性电解质水溶液。该液体既要具有电解性能又要作为磨削液使用，还要对机床没有腐蚀作用。因此，磨削液的性能对 ELID 磨削有重要的影响。一般采用电解质水溶液，但黏合剂和磨粒粒度不同，磨削液的主要成分也不同。磨削液对电解过程中形成的钝化膜的厚度、性质乃至最终的磨削效果都有重要影响。

四、ELID 磨削技术的应用实例

采用 ELID 磨削技术加工硬脆材料，通过控制磨削条件（磨削用量、电解参数和电解液参数等），可以实现高精度、高效率和低成本的超精密加工，该方法能取代传统的研磨抛光工艺，在硬脆材料的超精密加工领域中具有重大的实用价值。下面两个案例是 ELID 磨削技术在硬脆材料超精密镜面磨削加工中的应用情况。

1. ELID 平面磨削

在 MM7120 型卧轴矩台平面磨床上，加装自行设计的 ELID 平面磨削装置，对硬质合金、工程陶瓷和光学玻璃等典型的硬脆材料进行 ELID 超精密镜面磨削。电解液采用中心送液法，依靠重力和离心力充满电极间隙。工具阴极通过绝缘板与机床隔离绝缘。磨削条件及参数见表 6-7。

表 6-7　ELID 平面磨削设备及参数

磨削设备	磨削参数	电解参数	加工材料	表面粗糙度 $Ra/\mu m$
①改装的 MM7120 型平面磨床 ②自制 CIFB 砂轮 W10，W5，W1.5 ③自制 HDMD-Ⅱ型 ELID 磨削专用高频直流脉冲电源 ④自制 HDMY-201 型磨削液	①主轴转速 1000～2200r/min ②横向进给速度 0.1～3mm/行程 ③工作台速度 0.05～0.08m/s ④磨削深度 0.001～0.005mm	①电压 90～140V ②电流 2.5～12.0A ③电极间隙 0.10～0.75mm ④脉冲宽度/间隙 = 2μs/2μs	①硬质合金 YT14 ②工程陶瓷 Si_3N_4 ③光学玻璃 K8	①0.003 ②0.018 ③0.007

应用上述条件，通过调节电解参数和磨削参数，进行 ELID 平面精密镜面磨削。首先对砂轮进行电火花精密整形，消除砂轮圆度和圆柱度误差。然后接通电源，进行电解预修锐，在砂轮表面形成充分的钝化膜，时间大约 10～20min。接下来进行在线电解动态磨削阶段，该阶段时间因材料和加工条件的不同而不同，大约持续 30～60min，应严格控制加工参数，保证磨削液充分供给。磨削完毕后，切断电源，并提高工作台速度，依靠砂轮表面的钝化膜对工件光磨 20min 左右。

采用日本 Kosaka Laboratory Ltd. 公司制造的 SE-3H 型轮廓仪进行表面粗糙度检测，磨后工件表面粗糙度达到 Ra0.003～0.018μm 的镜面。

2. ELID 外圆磨削

外圆磨削装置由 MG1420E 高精度万能外圆磨床改装而成。ELID 高频脉冲电源经受电器、磨头、磨轮、阴极构成送电回路；阴极通过绝缘板与机床隔离绝缘；磨削液由电极后端输送。磨削条件见表 6-8。

表 6-8　ELID 外圆磨削条件

磨削设备	磨削参数	电解参数	材料	表面粗糙度 $Ra/\mu m$
①改装的 MG1420E 高精度万能外圆磨床	①主轴转速 1000r/min	①电压 50～100V	①硬质合金 YT8	① 0.014
②自制 CFB 砂轮	②工作台速度 0.03～0.06m/s	②电流 2～2.5A	②工程陶瓷 SiC	② 0.019
③自制 HDMD-Ⅱ型 ELRD 磨削专用高频直流脉冲电源	③磨削深度 0.002～0.02mm	③电极间隙 0.5～1.5mm	③轴承钢 GC_{15}	③ 0.011
④自制 HDMY-200 型磨削液	④进给频率 1 次/(8～12 双行程) ⑤工件转速 30～100r/min	④脉冲宽度/间隙 = 2μs/2μs		

磨削过程与平面磨削大致相同。预电解 15min 后电流和电压分别稳定在 2A 和 100V 左右；经过 20min 磨削后，电解和磨削去除与新钝化膜的重新生成达到相对稳定状态，电流和电压稳定在 1.5～3A 和 75～90V 范围内。磨削完毕后，同样要进行约 10min 的断电光磨。磨后工件表面粗糙度均已达到精密镜面。

第九节　微细磨料流加工

磨料流加工，也称挤压研磨加工（Abrasive Flow Machining，AFM），是近几十年发展起来的一项新的精密光整加工技术。复杂孔内表面的加工，细孔、深孔、盲孔的精密研磨加工，异形曲面的高精度加工，已使用磨料流加工法取得了成功的经验。特别是在难加工材料方面，如不锈钢、镍铬钢、工具钢及其他合金钢、铜合金、铝合金和超硬合金等，磨料流加工更是得到了广泛应用。

一、磨料流加工的基本原理

磨料流加工是以一定的压力，强迫含有磨料的黏弹性介质（称为黏性磨料）通过被加工表面，利用黏弹性介质中磨粒的“切削”作用，有控制地去除工件材料，实现对工作表面光整精加工的目的。磨料流加工过程相当于用“软砂轮”紧密地贴合在零件表面上移动，在强制移动中“切屑”被流动的黏性磨料包容带走。

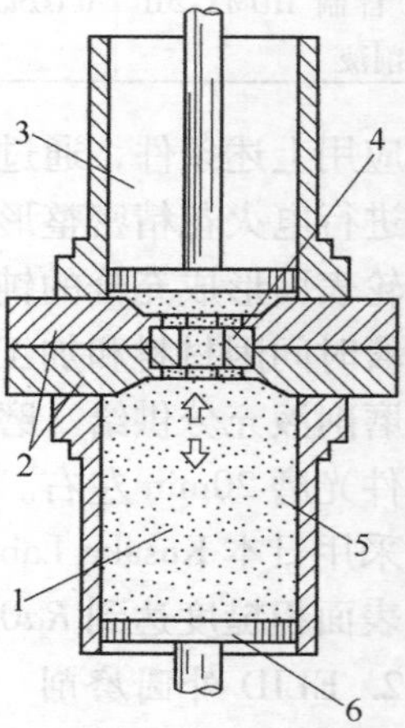

图 6-44　磨料流加工原理图
1—黏性磨料　2—夹具
3—上部磨料室　4—工件
5—下部磨料室　6—活塞

图 6-44 为磨料流加工原理图。工件 4 安装在夹具 2 内，夹具夹持在上下对置的两个磨料室（3、5）之间。工作时，填满在下磨料室内的黏性磨料 1 在活塞 6 的挤压下，被迫流过工件的通道而进入上磨料室，然后由上磨料室的活塞向下挤压，使磨料介质从工件的通道重新返回下磨料室内。这样循环往复，具有一定流量、流速和压力的磨料对工件表面和边角不断进行磨削，从而达到加工目的。

二、磨料流加工的三大要素

1. 挤压研磨机床

挤压研磨机床用于固定工件和夹具，有不同的尺寸和结构形式。在一定的压力作用下，使磨料流经加工表面，达到研磨、去毛刺和倒角的目的。

挤压研磨机床包括两个垂直相对的磨料缸。磨料缸液压夹紧，将工件和夹具固定在当中。机床控制挤出压力，使磨料通过工件，从一个磨料缸进入另一个磨料缸，如此反复进行。当磨料进入、通过受限制时，即产生磨削作用。机床监测器上还可增加控制系统，用来控制更多的加工数据，如磨料类型、温度、黏度、磨损和流速等。为大批量生产汽车零件而设计制造的磨料流加工系统，往往还带有零件清洗设备、装卸工作台、磨料维修装置和冷却器等。这种自动化系统每天可生产上千个零件。

2. 夹具

磨料流加工中夹具是一个非常重要的部分。夹具不仅对工件进行定位和夹紧，还引导磨料通过需要研磨加工的部位，或者堵住不需要研磨加工的部位，使其免受影响。对于工件外部边角、表面的加工，夹具的目的是在工件的外表面和夹具的内表面间形成一个有限制性的通道。图 6-45 为采用磨料流加工对交叉孔零件进行抛光和去毛刺的夹具示意图。图 6-46 为对齿轮齿形部分进行抛光和去毛刺的夹具结构原理图。

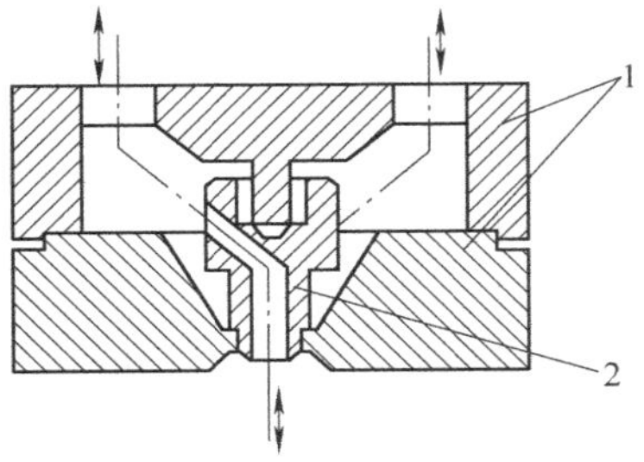

图 6-45 加工交叉孔零件的夹具示意图
1—夹具 2—零件

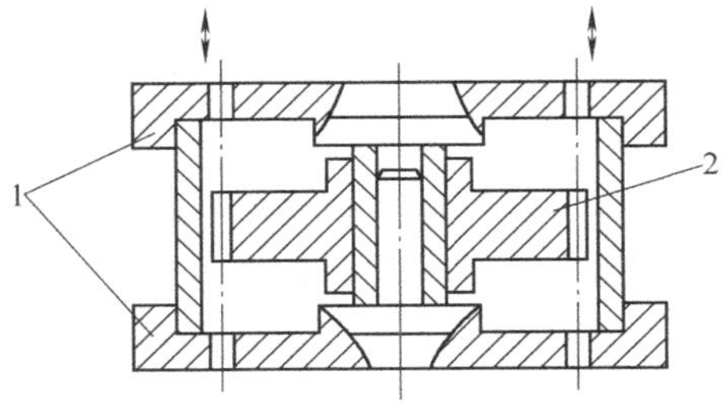

图 6-46 抛光齿轮齿形的夹具结构原理图
1—夹具 2—工件（齿轮）

有些零件的磨料流加工不需要夹具辅助，如模具等，因为模具本身的通道就已形成了磨料的限制性通道。有些零件的磨料流加工，仅需要简单的夹具。零件大批量生产的磨料流加工所用的夹具，要设计得易于安装、拆卸和清洗。通常需要安装在分度台上，这样的夹具一次可加工许多个零件。

3. 磨料

磨料流加工的中心要素是黏性磨料，其作用相当于切削加工中的刀具，其性能直接影响加工效果。磨料是一种由柔性的半固态载体和一定量的磨粒拌和而成的混合物，这种半固态载体是一种高分子聚合物。这种高分子聚合物可以与磨粒均匀粘结，而与金属则不发生黏附，且不挥发。它的作用主要是用来传递压力，保证磨料均匀流动，同时还起到润滑作用。

不同的载体黏度、磨粒种类和磨粒大小，将会产生不同的研磨效果。高黏度、近乎固态的磨料用于对零件的壁面和大通道进行均匀研磨。低黏度的磨料一般用于对零件的边角倒圆和小通道研磨。

磨料的黏度、挤压压力和通道的大小决定了磨料的流速，影响到研磨量、磨削均匀件和边角倒圆大小。低流速最适宜于进行均匀研磨，而高流速会产生较大的边角圆度。

磨粒一般采用氧化铝、碳化硅、碳化硼和金刚石粉等。根据不同的加工对象选用不同的磨料种类、粒度、含量等。磨料的粒度一般在 8# ~600#间，含量（体积分数）范围为 10%~60%。粗磨料可获得较快的去除速度；细磨料可以获得较好的粗糙度，故一般去毛刺时使用粗磨料，抛光时都用细磨料，对微小孔的抛光应使用更细的磨料。此外，还可利用细磨料（600#~890#）作为添加剂来调配基体介质的稠度。在实际使用中经常是几种粒度的磨料混合使用，以获得较好的性能。

磨料的有效寿命受到多方面因素的影响，如一次操作的磨料总量，磨粒的类型、大小，磨料流速和零件的形状等。在磨料流加工过程中，砂粒碎裂变钝以及金属屑渗入磨料之中，都将影响磨料的有效寿命。一般磨料寿命为 3 个月左右，金刚石磨料的使用期可达 1~2 年。

三、磨料流加工的基本特性

理论分析和实验均表明，磨料流加工中材料的去除量沿通道长度而变化是磨料流加工的基本切削规律。由于磨料流通常是上下往复加工，中间段的去除量比入口处要小，沿通道纵截面的曲线近似为一抛物线，故而黏弹性磨料往复流过加工面后会在通道两端产生喇叭口形状。这种由于材料在不同部位的加工量不同，造成的工件几何形状改变，可通过适当的夹具设计加以控制，获得希望的加工效果。更可利用磨料流加工这一特性来改变工件的几何形状，获得独特的特性。

黏性磨料通过直通道时，磨粒平动切削作用微弱，移动 2m，只切除约 0.001mm，只起抛光作用。而黏性磨料通过变截面通道和拐角时，磨粒转动切削作用增强，其切削量比磨料流对直通道表面提高百倍以上。这对工件切除毛刺、倒圆锐角极为有利。

四、磨料流加工的工艺特点

（1）适用范围　由于黏性磨料是一种具有半固态流动性的物体，具有可塑性，又有弹性，它可以适应各种复杂表面的抛光和去毛刺，如各种型孔、型面（如齿轮、叶轮、交叉孔和喷嘴小孔）、液压部件和各种模具等，所以它的适用范围很广。而且几乎能加工所有的金属材料，同时也能加工陶瓷、硬塑料等。

（2）加工效率　磨料流动加工的材料去除量一般为 0.01~0.1mm，加工时间通常为 1~5min，最多十几分钟即可完成，与手工作业相比，加工时间可减少 90%以上。因为磨料可流动，可同时加工多个孔道、缝隙或边，对一些小型零件，可多件同时加工，效率可大大提高。对多件装夹的小零件的生产率可达每小时 1000 件。

（3）表面质量　加工后的表面粗糙度与原始状态和磨料粒度等有关，一般可降低为加工前粗糙度值的十分之一，最低的粗糙度可以达到 $Ra0.025\mu m$ 的镜面。磨料流加工可以去除在 0.025mm 深度的表面残余应力，也可以去除前面工序（如电火花加工、激光加工等）形成的表面变质层和其他表面微观缺陷。

（4）加工精度　磨料流加工是一种表面加工技术，因此它不能修正零件的形状误差。切削均匀性可以保持在被切削量的 10%以内，不会破坏零件原有的形状精度。由于去除量很少，可以达到较高的尺寸精度，一般尺寸精度可控制在微米数量级。

五、磨料流复合加工应用实例

磨料流加工与其他技术相结合形成新的抛光工艺，是磨料流加工的一个发展方向，如超声流动抛光和黏弹性磨料振动抛光。

1. 超声流动抛光

该工艺是磨料流加工和超声波加工这两种特种加工技术的复合。黏弹性磨料在做超声振动（振幅为 4.5μm）的工具中心受挤压并从出口流出，其流动受到工具和工件的限制，流动与振动的复合运动使磨粒划擦工件表面而产生抛光作用。通过与 CNC 装置相结合，该方法可以抛光复杂三维型腔，但仅适用于敞开型的表面。

2. 黏弹性磨料振动抛光

磨料流加工在模具型腔抛光方面应用广泛，由于黏弹性磨料在工件孔腔中的流动特性，即磨料对加工面的法向压力在入口处最大，出口处最小，中间呈逐渐下降的趋势，使黏弹性磨料往复流过加工面后会在通道两端产生喇叭口状的形状误差，该方法对具有较大长径比的通道抛光效果不理想。而采用黏弹性磨料振动抛光装置，可使各处的抛光效果较均匀细致。

黏弹性磨料振动抛光实验装置与抛光原理如下：

装置如图 6-47 所示，左侧部分为抛光头，右侧部分为振动装置。抛光头中夹片及密封垫的形状与工件即被抛光模具的型腔形状相同，夹片采用线切割加工制作，密封垫用厚的橡胶皮制成。磨料即为磨料流加工所用的黏弹性磨料，主要由磨粒与黏弹性高分子聚合物介质等混合组成。当拧紧螺母时，黏弹性磨料及密封垫受到挤压而贴紧在工件孔壁上，黏弹性磨料形成了一个与模具型腔形状相同的磨粒柱。

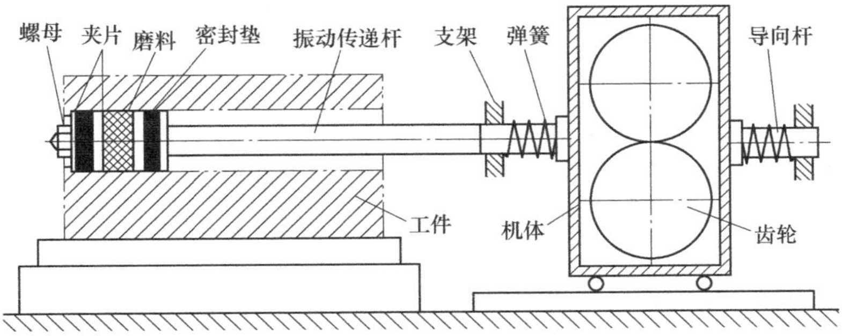

图 6-47　黏弹性磨料振动抛光实验装置

振动装置依据离心式振动原理，机体内安装有一对圆柱齿轮，它们齿数相等，而且具有相同的质量 m 和偏心距 e，啮合时偏心质量处于相对的位置，如图 6-48 所示。当齿轮啮合转动时，偏心质量产生的离心力在垂直方向的分力互相抵消，而在水平方向则形成合力，使机体在导向杆的导向下沿水平方向振动，并通过振动传递杆使抛光头在工件孔腔内产生轴向振动。

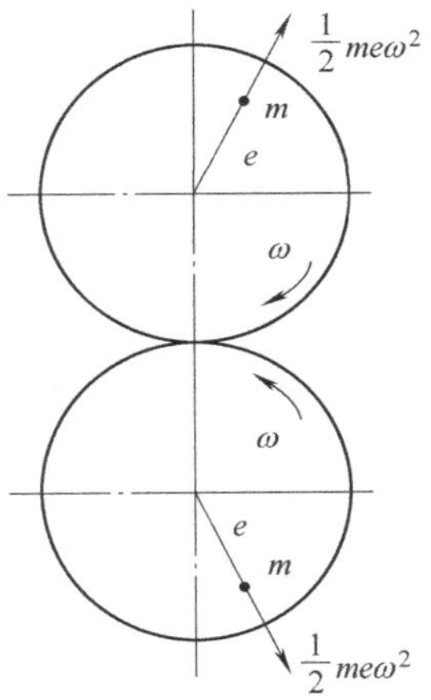

图 6-48　齿轮的偏心质量及离心力

由于磨料柱上的磨粒与工件孔壁之间存在挤压力，当抛光头在振动装置的驱动下往复运动时，磨粒与工件孔壁之间产生相对运动，因而可达到抛光的目的。工件的进给可使抛光沿通道长度方向进行，通道两端各有一小部分抛不到，可以在每端另外装上一小段与模具有相同内腔形状的附加段，抛光后拆去，或之前在工件上预留长度余量，抛光后再予以切除。

利用上述装置对工件材料为 Cr12 模具钢的矩形截面通道进行抛光，通道截面尺寸为 40mm×80mm，通道长度为 300mm。测得抛光前原始线切割表面各处的粗糙度在 Ra3. 8～4. 5μm 之间。黏弹性磨料中采用的磨粒为 120 号 SiC，黏弹性磨料中磨粒的质量比为 65%，磨粒含量较高。加工中，偏心齿轮的转速为 3000r/min，即系统的振动频率为 50Hz。调整螺母的拧紧程度获得系统的振幅为 0. 68mm。工件的进给速度取 10mm/min。

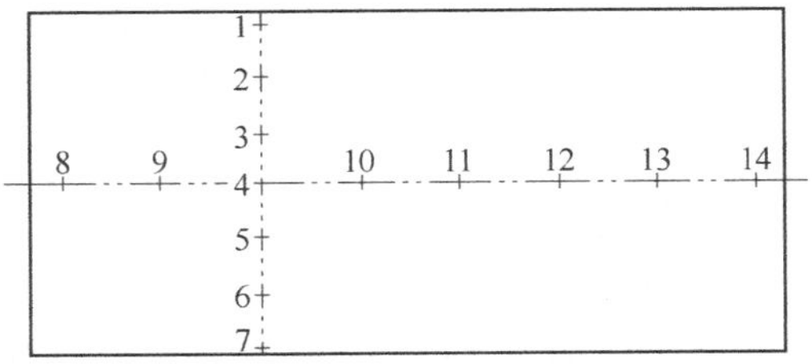

图 6-49　抛光表面粗糙度的测量位置

抛光后，在通道截面沿横向和纵向以相等的间隔选取若干点，测量各位置的表面粗糙度，如图 6-49 所示。各测点位置及表面粗糙度测量结果见表 6-9 和表 6-10。

表 6-9　横向各处的表面粗糙度

测量位置	1	2	3	4	5	6	7
Ra/μm	0. 62	0. 53	0. 54	0. 48	0. 50	0. 50	0. 58

表 6-10 纵向各处的表面粗糙度

测量位置	8	9	4	10	11	12	13	14
Ra/μm	0.53	0.50	0.48	0.52	0.48	0.53	0.57	0.54

由表 6-9 和表 6-10 数据可知，抛光表面横向、纵向各处的粗糙度值 *Ra* 差别不大，这是由于磨料柱内各处压力近似相等，各处磨粒对抛光表面的法向应力较均匀，使同一截面上各处的抛光效果基本相同；在均匀的进给速度下，轴向各处也可得到较为均匀一致的抛光效果。

该工艺可用于具有较大长径比的异型直通道模具型腔的抛光，抛光效果均匀。如果采用磨粒由粗到细的黏弹性磨料进行分级抛光，则可得到更理想的表面粗糙度。

第十节 等离子体加工

等离子体加工目前日益得到认可并已广泛用于各种工业部门。对等离子体加工兴趣增加的一个主要原因在于，与传统加工相比，等离子体加工具有可避免产生空气和水污染以及大量固体废料的优点。

一、等离子体

在自然界中，物质一般有三种表现形态：固态、液体和气体。实际上，除了上述三种形态之外，还存在第四种基本形态，就是等离子态，它们既看不见又摸不着。当电流通过某些流体（包括气体和液体）时，某些粒子便被电离。这样，电离和没电离的各种微粒子混合在一起，便形成等离子体。

等离子体有天然的，也有人造的。天然的等离子体大多形成和存在于地球的高空和外太空中，如天空中被雷电离的饱含水汽的空气云团，太阳和其他某些恒星的表面高温气层中，都存在着大量的等离子体。而诸如等离子显示器（用于计算机、电视等）、较高温度的火焰和电弧中的高温部分，则属于人造的等离子体。工业上用的都是人造的等离子体。

等离子体是高温电离的气体，它由气体原子或分子在高温下获得能量电离之后，离解成带正电荷的离子和带负电荷的自由电子所组成，整体的正负电荷数值相等，因此称为等离子体。

二、等离子弧加工

1. 基本原理

等离子体加工又称等离子弧加工，是利用电弧放电使气体电离成过热的等离子气体流束，靠局部熔化及汽化来去除材料的。

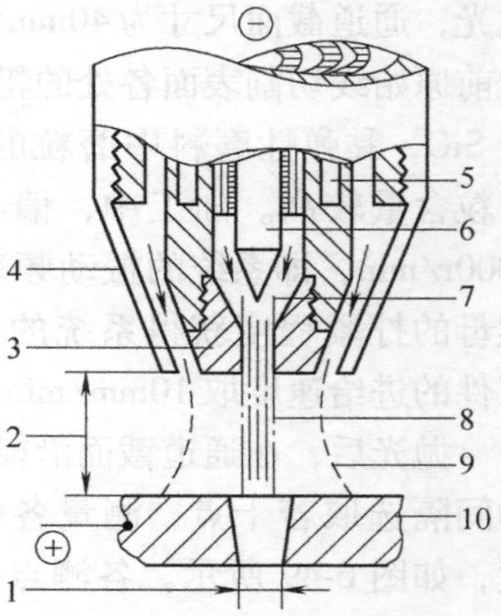

图 6-50 等离子体加工原理图

1—切缝 2—距离 3—喷嘴 4—保护罩 5—冷却水 6—钨电极 7—介质气体 8—等离子体电弧 9—保护气体屏 10—工件

图 6-50 为等离子体加工原理示意图。该装置由直流电源供电，钨电极 6 接阴极，工件 10 接阳极。利用高频振荡或瞬时短路引弧的方法，使钨电极与工件之间形成电弧。电弧的温度很高，使介质气体的原子或分子在高温中获得很高的能

量，其电子冲破了带正电的原子核的束缚，成为自由的负电子，而原来呈中性的原子失去电子后成为正离子，这种电离化的气体，正负电荷的数量仍然相等，从整体看呈电中性，称为等离子体电弧。在电弧外围不断送入介质气体，回旋的介质气流还形成与电弧柱相应的气体鞘，压缩电弧，使其电流密度和温度大大提高。采用的介质气体有氮、氩、氦、氢或是这些气体的混合体。

等离子体之所以具有极高的能量密度是由于下列三种效应共同造成的：

（1）机械压缩效应　电弧在被迫通过喷嘴通道喷出时，通道对电弧产生机械压缩作用。喷嘴通道的直径和长度对机械压缩效应的影响很大。

（2）热收缩效应　喷嘴内部通入冷却水，使喷嘴内壁受到冷却，温度降低，因而靠近内壁的气体电离度急剧下降，导电性差，电弧中心导电性好，电离度高，电弧电流被迫在电弧中心高温区通过，使电弧的有效截面缩小，电流密度大大增加。这种因冷却而形成的电弧截面缩小作用，就是热收缩效应。高速等离子气体流量越大，压力越大，冷却越充分，则热收缩效应越强烈。

（3）磁收缩效应　由于电弧电流周围磁场的作用，迫使电弧产生强烈的收缩作用，使电弧变得更细，电弧区中心电流密度更大，电弧更稳定而不扩散。

由于上述三种压缩效应的综合作用，使等离子体的能量高度集中，电流密度、等离子体电弧的温度都很高，达到11000～28000℃（普通电弧仅5000～8000℃），气体的电离度也随着剧增，并以极高的速度（约800～2000m/s，比声速还高）从喷嘴喷出，具有很大的动能和冲击力，当达到金属表面时，可以释放出大量的热能，加热和熔化金属工件，并将熔化了的金属材料吹除，达到加工的目的。

2. 特点与应用

等离子体加工有时叫作等离子弧加工或等离子体电弧切割。

如将图6-50所示的喷嘴接到直流电源的阳极，钨电极接阴极，使阴极钨电极和阳极喷嘴的内壁之间发生电弧放电，收入的介质气体受电弧作用加热膨胀从喷嘴喷出形成射流，称为等离子体射流。等离子体射流主要用于各种材料的喷镀、热处理和抛光等；等离子电弧则用于金属材料的加工切割以及焊接等。

等离子弧不但具有温度高、能量密度大的优点，而且焰流可以控制。适当地调节功率大小、气体类型、气体流量、进给速度和火焰角度以及喷射距离等，可以利用一个电极加工不同厚度和多种材料。

等离子体加工已广泛用于切割加工领域。各种金属材料，特别是不锈钢、铜、铝等的等离子体成形切割，已经获得了重要的工业应用。等离子体可以快速而整齐地切割软钢、合金钢、钛、铸铁、钨和铝等。切割加工后的表面粗糙度通常为 $Ra1.6 \sim 3.2\mu m$。

三、等离子体辅助抛光

等离子体表面加工技术近年来有很大的发展。等离子体辅助抛光就是一种新的超精密光学表面抛光方法。等离子体辅助抛光是一种利用化学反应来除去工件表面材料而实现抛光的方法。

1. 等离子体辅助抛光基本原理

等离子体辅助抛光（Plasma Assisted Chemical Etching，PACE）是在真空环境下进行的。如图6-51所示，工作时，化学气体在射频（Radio Frequency，RF）激励离子激光器作用下产生活性等离子体，活性等离子体与工件表面材料发生化学反应，生成易挥发的混合气体，从排气孔中排除，从而将工件表面材料去除。

常规方法粗加工后的工件，不仅表面粗糙而且亚表面有破坏层。对这样的工件进行 PACE 加工，由于只有表面化学反应而不会产生机械损伤，所以在实现面形加工的同时，只要工件表面材料的去除深度足够消除亚表面破坏层，就可以获得较好的表面粗糙度。表 6-11 列出几种材料和相应抛光气体及化学反应方程式。

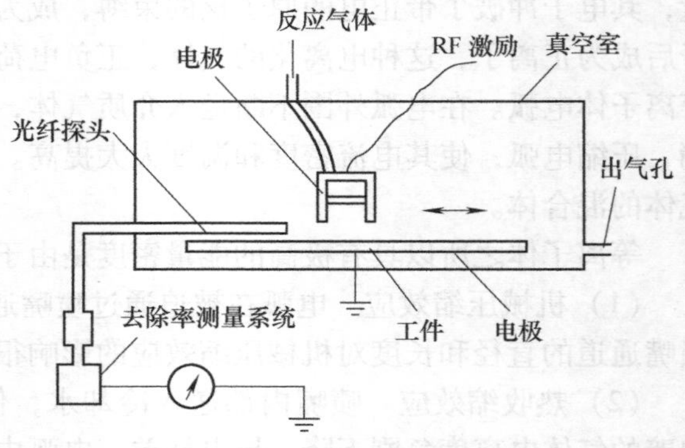

图 6-51 PACE 加工示意图

表 6-11 几种材料和相应抛光气体及化学反应式

材料	抛光气体	化学反应方程式
SiO_2	SF_6、NF_3、CF_4	$SiO_2+CF_4=SiF_4+CO_2$
SiC	CF_4、SF_6、NF_3	$SiC+NF_3=SiN_x+CF_y$
Be	Cl_2	$Be+Cl_2=BeCl_2$

2. 等离子体辅助抛光（PACE）特点

PACE 加工具有抛光效率高，工件不受机械压力，没有机械变形，加工完成面无亚表面破坏，无污染，加工球面和非球面难易相当等优点。目前 Perkin Elmer 公司用该技术已在 ϕ0.5~1m 的非球面上加工出面形精度小于 1/50λ、粗糙度 Ra 小于 0.5nm 的表面。PACE 实现了超精密加工，然而其适用范围比较狭隘，对于反应方程式未知的材料无法加工，而且加工过程较难控制。

第十一节 基于微机器人的超精密加工技术

一、概述

用微小机器人群进行超精密加工是国外在 20 世纪 90 年代中期制造技术领域发展起来的高新技术，完全突破了传统机床加工的概念，不是把工件放在机床上加工（即机床远大于工件），而是把微小机器人放在工件上“爬”，进行加工（工件远大于微小机器人）。即用蚂蚁啃骨头的方式，一群微小机器人构成一个加工系统，由计算机、传感器及信息通信等组成的控制系统来控制。每个微小机器人负责加工固定区域，多个微小机器人协同工作，采用实时加工、实时检测的群控方法，来完成超精密加工。

国际上，研究用微小机器人群进行超精密加工技术的国家有许多，使微小机器人运动的方法也各有不同，日本静冈大学在 1998 年用“尺蠖驱动法”驱动的微小机器人实现的超精密加工，试验取得了良好结果；日本东京大学在 1997 年用“冲击法”驱动的微小机器人实现的电化学加工，结果也令人满意。

目前国内在微机器人研究方面也已取得突破进展。如哈尔滨工业大学，在微机器人方面的研究成果已达到国际先进水平，已研制出集机构、驱动、检测和控制于一体的纳米级微驱动机器人系统，解决了机构设计、压电陶瓷建模与驱动、精密测量系统和控制方法等关键技术，研制出集宏动定位系统、微操作手、微操作器、微力觉感知、显微视觉、主操纵手和微操作虚拟现实系统为一体的具有自主知识产权的微操作机器人系统。该研究成果已在国内许多单位的高技术项目中得到应用，在超精密加工、MEMS 制造、光学调整、光纤作业、激光制导和生物医疗等领域具有重要的应用前景。

二、微机器人超精密加工的类型及应用

对微小零件的精密加工中存在的主要问题是：如何以微观精度和低成本实现微小零件的加工与装配。由于基于传统方法的加工产生驱动误差补偿和温度补偿控制需要消耗大量能量，近些年来，基于 IC 工艺和深层 X 射线的技术也被成功用于复杂工艺的微机械零件的加工，但是被加工材料局限性大，加工和维护的费用也很昂贵。而携带有各种微操作、加工、测量工具的微小机器人，不仅可以进行精密零件的加工、检验和装配，还可以合作完成一些大型机床难以完成的工序。因此，基于微机器人的超精密加工成为实现超精密加工的一种有效方式。

目前，微机器人在超精密加工领域中的应用主要有以下几种方式：微加工机器人（见图 6-52），宏-微机器人双重驱动方式，机床与微机器人技术结合，扫描隧道显微镜和原子力显微镜等。

1. 微加工机器人

日本静冈大学开发了一组微小机器人。每个机器人尺寸大约为 $1in^3$，由压电晶体驱动，电磁铁实现在工件表面的定位，这种机器人不仅可以在水平的表面移动，还可以在立面和顶棚上移动，而不需要导轨等辅助装置，如图 6-52 所示。它还提供了模块化设计，因而为完成不同的微观操作，可以选择不同的工具，如小锤、微检测工具和灰尘捕获探针等。在实验中，多个机器人中有一个带有减速齿轮驱动的微钻，其他的由直流电动机带动小齿轮驱动，可以合作进行工件表面的微孔加工。

毛利尚武等人利用“尺蠖驱动法”研制了超小型电火花加工机，可以实现直径为 0. 1mm 的微孔的加工，如图 6-53 所示。青山尚之等人研制了一种微小机器人，并且利用该机器人实现了压印加工。

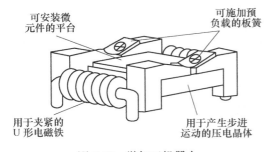

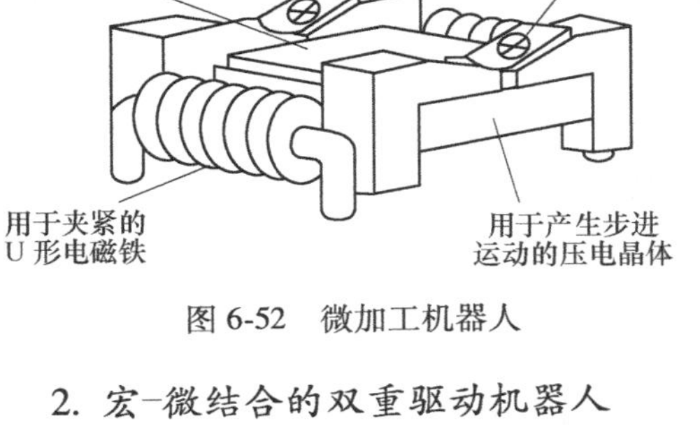

图 6-52　微加工机器人

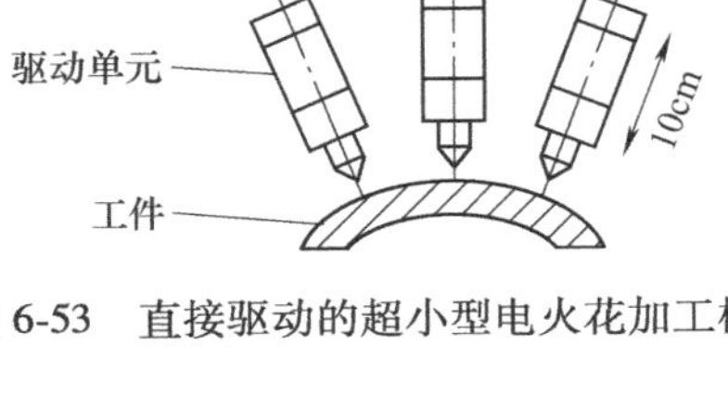

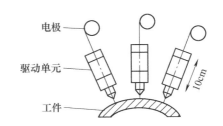

图 6-53　直接驱动的超小型电火花加工机

2. 宏-微结合的双重驱动机器人

将工业机器人与微机器人结合在一起使用，可以制造成精密机器人，完成超精密加工及装配。这种方法的优点是可以克服工业机器人精度低的缺点，利用微机器人提高精度；同时又可以消除微机器人运动行程小的弱点，使机器人可以进行大范围的作业。例如，在大规模集成电路装配中常使用机器人。日本的电气通信大学设计的普通工业机器人与压电陶瓷驱动器结合的高精度装配机器人系统，用于IC芯片的加工，效果很好。如图6-54所示，系统宏动是由机器人完成的，微动是由一对精密工作台分别实现 X、Y 方向的精确运动，工作台由压电陶瓷驱动。

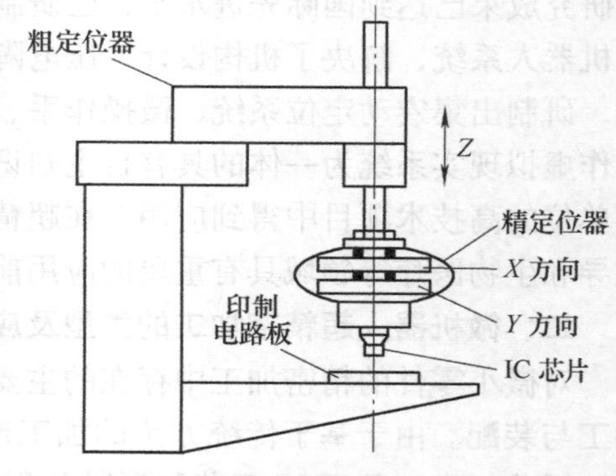

图 6-54 宏-微结合的双重机器人

3. 机床与微机器人技术结合

在超精密加工中使用最多的金刚石精密车床、各种精密磨床等，由于环境对于加工精度的影响很大，因而需要在高度清洁的车间内进行。并且为减小误差，应尽量减小振动、传动误差，实现微进给。微机器人主要用于机床的床身与底座的振动抑制、数控与测量、微进给系统等。例如：用金刚石车床车削镜面磁盘，车刀的进给量为5μm，其就是利用微动机器人实现的；将弹性薄膜和电致伸缩器组合成微进给机构，利用电致伸缩器的伸缩带动工作台运动，实现微量进给；利用压电陶瓷伸长和收缩，制成超精密车床溜板的主动振动控制系统，结合模糊神经网络控制方法，可以抑制溜板的振动，提高加工精度；将微机器人技术应用于新型镗床，利用压电陶瓷控制镗刀的径向进给，设计出变形镗杆，可以加工出高精度的活塞异形销孔，该机构体积小、结构简单、重量轻、制造装配容易。

4. 扫描隧道显微镜和原子力显微镜

扫描隧道显微镜也可以看成是一种微机器人，它一般由压电陶瓷晶体驱动，可以在 X、Y、Z 三个方向上实现纳米级移动，主要用于零件表面的检测，也可用于分子、原子的搬迁重组。原子力显微镜能够操作分子尺寸的粒子，在未来的纳米级零件的装配领域中具有广阔的应用前景。

美国的麻省理工学院（MIT）确立了一个名为Nanowalker的项目，对于微操作机器人的集成化问题进行了进一步的探索，研制出多个微小的、具有多种功能的柔性微操作机器人，该微操作机器人与扫描探针等工具结合，可具备纳米操作、三维微加工和表面检测等多种功能。

从单个机器人操作到多个机器人协作，再到桌面微工厂，微机器人技术与现代通信技术、微加工工艺和检测技术等结合，不仅为机器人技术开拓了新的应用领域，也将在未来的超精密加工、检测和装配等领域发挥更大的作用。

思 考 题

1. 何为超精密特种加工？简述超精密特种加工技术的特点及适应范围。
2. 何为激光加工？试述激光加工的原理、特点及应用范围。
3. 何为电子束微细加工？试述电子束微细加工的原理、特点及应用范围。
4. 简述电子束加工装置的组成。
5. 何为离子束微细加工？试述离子束微细加工的原理、特点及应用范围。

6. 简述离子束加工装置的组成。

7. 何为微细电火花加工？试述微细电火花加工的原理和特点。

8. 何为超声波加工？与电火花加工、电解加工、激光加工等特种加工技术相比有何不同？

9. 试述超声波加工的原理和特点。

10. 简述超声波加工装置的组成。

11. 什么是微细磨料流加工？简述磨料流加工的原理。

12. 在磨料流加工过程中，影响加工质量的因素主要有哪些？

13. 试述磨料流加工的基本特性及其工艺特点。

14. 在等离子体加工过程中，为什么可以获得极高的能量密度？

15. 简述等离子体加工的特点及应用范围。

16. 试述微机器人超精密加工的类型及应用。

第七章　超精密加工的影响因素

超精密加工技术水平是一个国家制造工业水平的重要标志之一。超精密加工中除了液压、气压源的波动外，工作环境对加工质量的影响很大。工作环境主要包括空气环境、热环境、振动环境以及声、光、电场和电磁环境等。环境温度变化对机床精度的影响尤为显著，包括环境温度变化在内的热因素引起的加工误差占总加工误差的40%~70%；灰尘的混入会使工件表面划伤而影响其表面质量；加工过程中如发生振动，会使工件已加工表面上出现条痕或布纹状痕迹，使表面质量显著下降。

第一节　气源压力波动的影响

机床模型如图7-1所示，主要由气浮主轴、气浮导轨、工作台、床身和减振垫铁等几部分构成。由于超精密机床采用的气浮导轨和气浮主轴刚度相对液压导轨和主轴较低，因此在气压发生波动时，主轴和导轨抵抗外界压力变化的能力较液压的差，主轴转子和导轨运动件会随着气压的波动产生波动。

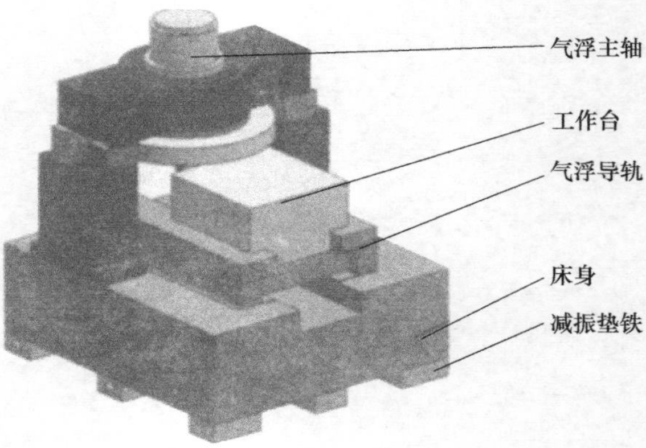

图7-1　机床模型

经过增压泵增压后供给机床的压力波动如图7-2所示。波动值在-60~100kPa之间波动，周期为15~20min。将增压泵提供的压缩气体，经过储气罐和精密减压阀稳压后设备使用的气压波动如图7-3所示。波动值在-0.1~0.1kPa之间波动，周期也是15~20min。

以气体润滑理论为基础，从一般形式的雷诺（Reynolds）方程出发，结合主轴和导轨的结构特点，建立稳态数学模型。通过数学变换，将静压气体润滑雷诺方程变换成标准的椭圆型偏微分方程形式，以MATLAB的PDE（Partial Differential Equation）工具箱为求解器，针对主轴和导轨编制迭代计算程序，仿真计算压力波动时，转子和导轨运动件随气压的波动量。

通过计算得到：当供气压力为450kPa，压力波动为-60~100kPa时，主轴转子的波动量为-2~1.7μm，导轨运动件的波动量为-3.7~2.9μm。导轨主轴由同一根管路供气，气压波动周期相同，所以气压波动对被加工件的影响应为二者差值-1.7~1.2μm，即在压力波动160kPa时，被加工件表面会产生周期为15~20min，幅值为2.9μm的周期性波纹，在超精密加工中严重影响了被加工件的精度。

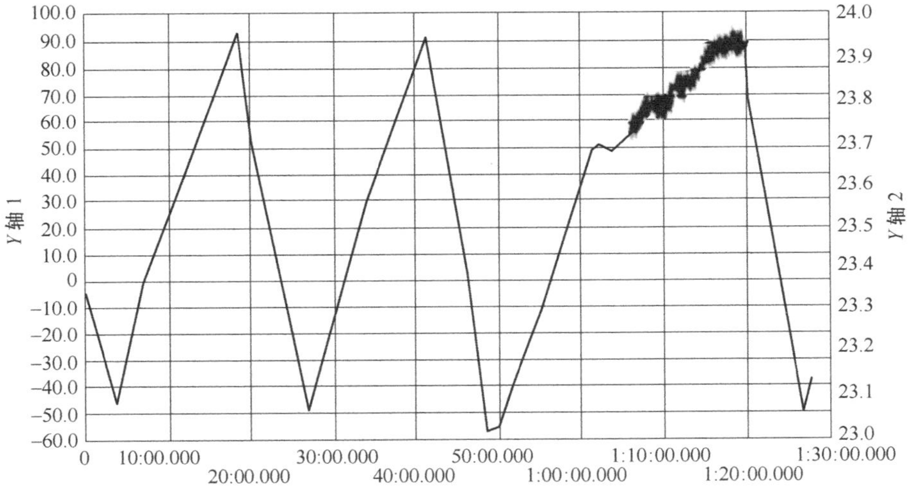

图 7-2　增压泵提供的压力波动

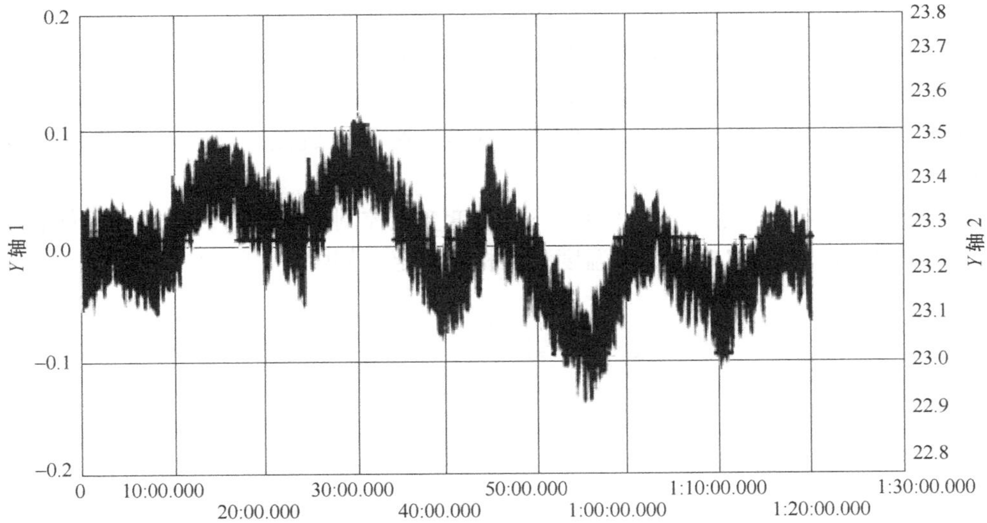

图 7-3　经储气罐和减压阀稳压后压力波动

采用储气罐和超精密减压阀稳定压缩空气的波动量，当压力波动为-0.1～0.1kPa 时，主轴转子的波动量约为 2nm，导轨运动件的波动量约为 5nm。在压力波动为 0.2kPa 时，被加工零件表面会产生约 3nm 的周期性波纹，可以忽略不计，不会影响被加工工件的精度。

第二节　环境温、湿度变化和振动的影响

一、环境温度变化的影响

在超精密加工中，温度变化是加工误差的主要来源。环境温度的变化会造成机床设备和被加工工件的热变形。由于机床设备部件与被加工零件线膨胀系数不同，从而产生加工误差。

如图 7-4 所示环境温度变化值为每 15~20min 变化±1K，使被加工零件表面产生 0.5μm 左右的波纹，即零件表面出现周期为 15~20min、幅值为 0.5μm 左右的周期性波纹，严重影响被加工零件的精度。

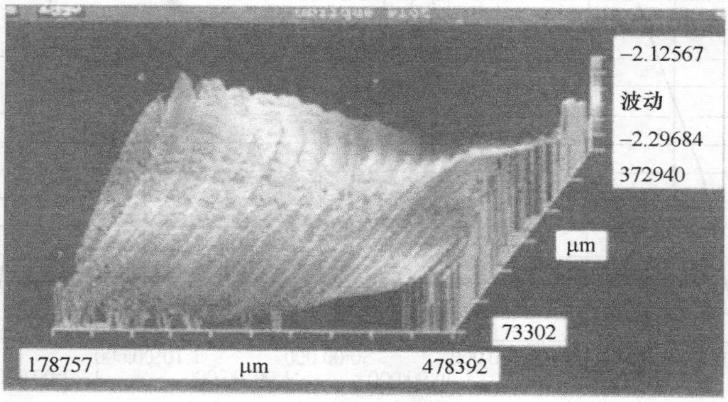

图 7-4 温度波动大

机床床身、导轨为花岗岩材料，平均线膨胀系数为 $4.61\times10^{-6}K^{-1}$；工作台和刀盘为铝材料，平均线膨胀系数为 $23.8\times10^{-6}K^{-1}$；气浮主轴为钢材料，平均线膨胀系数为 $12.2\times10^{-6}K^{-1}$；被加工零件为 KDP 晶体，平均线膨胀系数为 $24.9\times10^{-6}K^{-1}$。各种材料的平均热膨胀系数不同，所以在温度发生变化时变形量不同，使得最终加工成品面型产生周期性波纹而无法使用。

对精密加工间恒温设施进行改进后，环境温度变化控制精度提高，被加工零件表面的周期性波纹幅值很小，可以忽略不计，温度波动相对稳定，如图 7-5 所示。

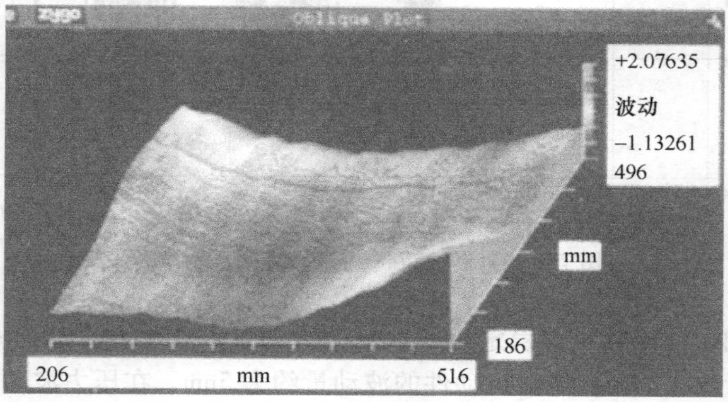

图 7-5 温度波动相对稳定

二、环境湿度变化的影响

在要求纳米级加工程度的超精密环境中，湿度也是基本要求的环境因素，因为湿度稍有变化对加工精度都会有极大的影响。湿度和温度有密切的关系，为了严格控制湿度，对温度也要进行严格控制。表 7-1 给出了美国 209B 标准温度和湿度的控制建议。一般性生产设施的温度、湿度条件见表 7-2。

表 7-1　美国 209B 标准温度和湿度的控制建议

美国 209B 标准	温度/℃			湿度（%）		
	范围	推荐值	波动值	最高	最低	波动值
	19.4~25	22.2	±2.8，特殊需要时为±0.28	45	30	±10，特殊需要时为±5
趋势			±0.1	45	30	±2

表 7-2　一般性生产设施的温、湿度条件

加工过程	温度/℃	湿度（%）
精密机械加工	（20~26）±0.5	50 以下
半导体加工	23±1	45±5
半导体装配	24±3	55±5

三、外界和自身振动的影响

振动使加工精度降低，表面粗糙度增大，无法保证加工质量要求。因为外界和自身的振动干扰会使加工工具和被加工零件之间产生多余的相对运动而无法达到需要的加工精度和表面质量。振动过大时，将造成精密机床中的螺钉松动、刀具和精密部件受损等现象。

外界振动主要包括：自然外力引起的振动（如地震、海浪及风）、交通振动、人走动时的振动及其他机床设备引起的振动等。自身振动主要包括：机床电机的振动、机床旋转件动不平衡量引起的振动、机床传动机构缺陷引起的振动、切削过程中的冲击引起的振动和切削厚度变化引起的振动等。

以上所述各种振动是通过不同途径（介质）传播到超精密加工区域而对其产生影响的，因此我们可采取相应措施，减小或消除振动对加工的影响。对于外界振动可以通过如下途径解决：自然振源如风产生的振动，可以通过封闭式精密间隔离其影响；精密间附近不应有铁路、交通流量大的公路等；在精密加工过程中严格控制加工场所内人员走动；设备应有独立地基，地基周围铺设吸振材料，并且在周围开设隔振沟。自身振动可以通过弹性联轴节降低电动机的振动；对机床回转件进行动平衡处理，使其不平衡量小于 0.2g；提高机床传动机构的精度；控制每刀的切削量，减小振动冲击；严格控制精密加工间的温度，避免机床和被加工件由于温度变化引起切削厚度变化而导致的振动。

在机床主轴转速较低的情况下，影响超精密加工精度的一般都为低频振动，测试机床铅垂方向和水平方向位移（放大 5 倍）与振动频率的关系（另一水平方向振动引起的位移变化量很小，忽略不计），如图 7-6 和图 7-7 所示。图 7-6 中振动频率为 16.6Hz 和 24.3Hz 的振动是外界振源对机床的影响；图 7-7 中振动频率为 4.4Hz、8.8Hz、17.6Hz 分别为主轴转速的基频、二倍频和四倍频。通过测试不同转速下，机床自身的振动情况和切削实验结果对比，如图 7-8 所示。机床主轴转速过高，引起自身振动过大，被加工零件表面粗糙度达不到使用要求。再以达到零件精度要求时机床自身的振动情况，改变其他参数，在振动允许的情况下，提高主轴转速，进而提高加工效率。

测试过程中，如果外界振源增大（如锻造气锤敲击），会激发 16.6Hz 的外界振动的振幅增大，使被加工件表面产生疵病，如图 7-9 所示。

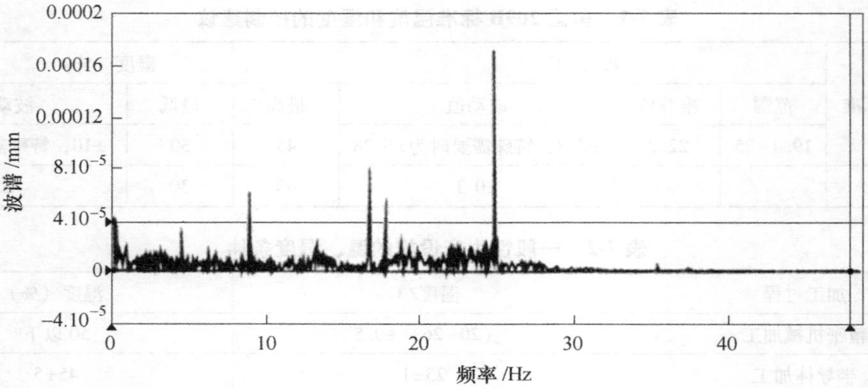

图 7-6 垂直方向位移与振动频率的关系

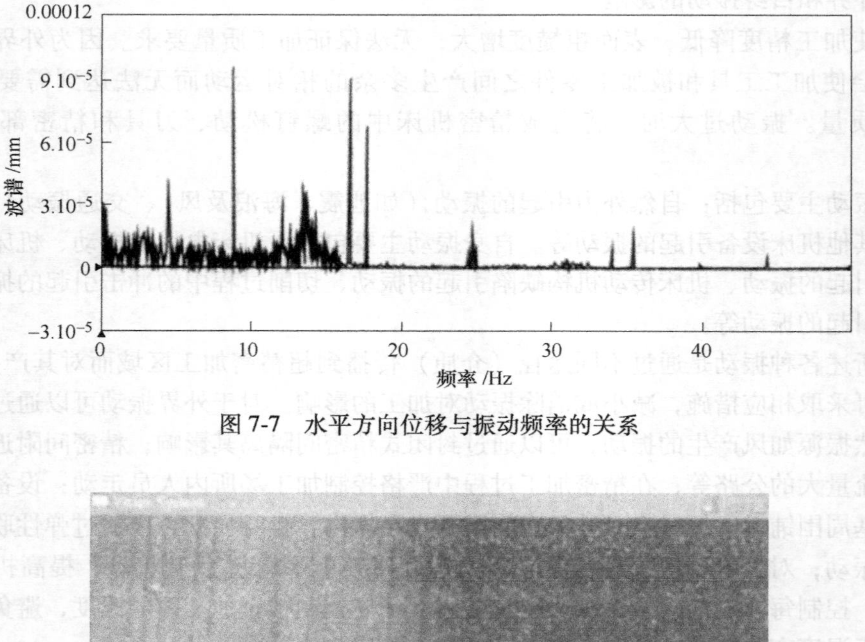

图 7-7 水平方向位移与振动频率的关系

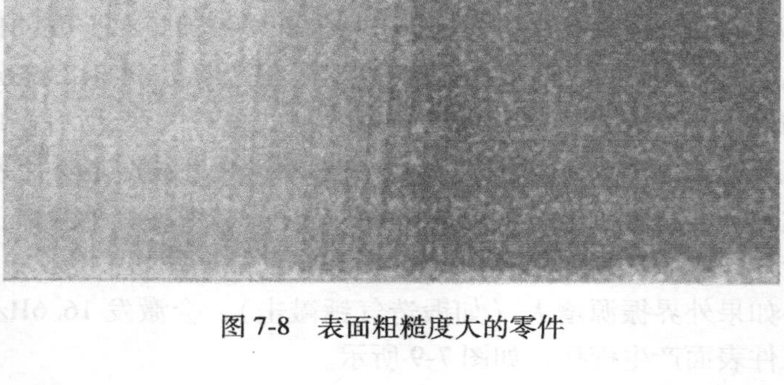

图 7-8 表面粗糙度大的零件

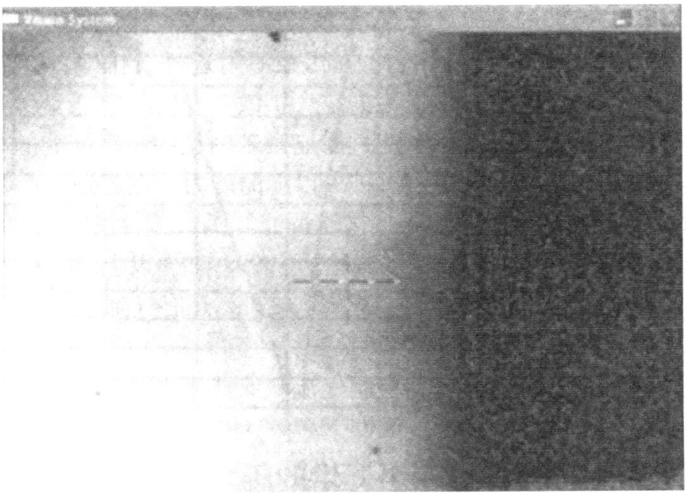

图 7-9　有表面疵病的零件

在超精密加工过程中，振动对被加工零件的面形精度、表面粗糙度均有较大的影响，且会降低金刚石刀具的使用寿命。由于上述原因，超精密加工要有独立加工间，机床应放置于独立地基和设置隔振沟。环境应净化、防振且恒温，提高机床传动机构的精度，降低转子的动不平衡量，选择合理的切削参数，使外界和自身振动降到最低，以保证被加工件的精度要求。

第三节　空气的影响

一、超精密加工环境基础设施——洁净室

据美国联邦标准，洁净室的定义为：将室内空气中尘埃、微粒、压力、温度、气流的分布和其形状与速度等控制在一定范围内而采用积极措施的空间。尘埃为肉眼不能看到的微小的灰尘，一般以 0.5μm 为基准，如果使用通用的空气过滤设备是不能消除如此小的灰尘的。洁净室要使用超高性能过滤器（HEPA）进行净化，产生几乎不含灰尘及微粒的洁净空气。

在大规模集成电路元件制造过程中，如果在硅片上混入了空气中的尘埃杂质，它就可能会在后续的工序中成为不可控制的扩散源而严重影响产品的质量。

因此，为了保证超精密加工产品的质量，必须净化周围的空气环境，减少空气中的尘埃含量，即控制空气的洁净度。空气洁净度是指空气中含尘埃量多少的程度。含尘浓度越低则空气洁净度越高，规定以空气洁净度级别来区分之。

洁净室的四原则为：

1）不带灰尘进入洁净室。①穿无尘工作服且经“风淋”后再进入洁净室；②持物进室前，物品需洗净，并经由传送箱送入室内；③防止不同压差的污染空气混入洁净室；④修建密封性极好的房屋。

2）不要产生微细灰尘。①缩短作业路线，不做无用的动作；②室内选用产生灰尘少的材料装修；③限制易产生灰尘的物品及装置进入。

3）不要使灰尘停留。①选用难以积存灰尘的材料进行容易清扫的内部装修；②采用不

易带电的材料，防止浮游微粒的黏附。

4）不使产生的微粒扩散并进行排气。①在污染源附近进行排气；②供给过滤器的空气尽量要净化；③使室内空气层流化，不让污染空气扩散并及时排除。

洁净室技术得以实现是由于开发出了能过滤亚微米细粒的超高性能的HEPA过滤器。它采用光散射法，具有过滤0.3μm微粒达99.97%以上的能力。在超级洁净室的环境中，使用了一种比上述过滤器更好的ULPA过滤器，它能过滤0.1μm微粒达99.999%以上。而现在正在开发的一种过滤器可对0.05μm微粒过滤达99.999.999%以上。

在空气环境中主要应控制的品质除了"洁净度"之外，还有气流速度、压力及有害气体等。

二、气流和压力的保持

为了持续地维持超精密加工的环境，控制气流和保持压力是重要的因素。

1. 气流的控制

根据洁净的气流流向可以把气流分为如下方式：

（1）非层流方式（常规的紊流方式） 将经过超高性能过滤器（HEPA）净化的空气，用普通的空调方式，由顶棚吹进室内，再从地面或接近地面的墙壁将空气吸出，用洁净的空气稀释室内灰尘的浓度，从而净化空气。由于空气的流向不一样，故叫作非层流方式，如图7-10所示。这种方式适用于洁净度低（1000~100000级）的洁净室，是建设费用及运转费用都很便宜的方式。

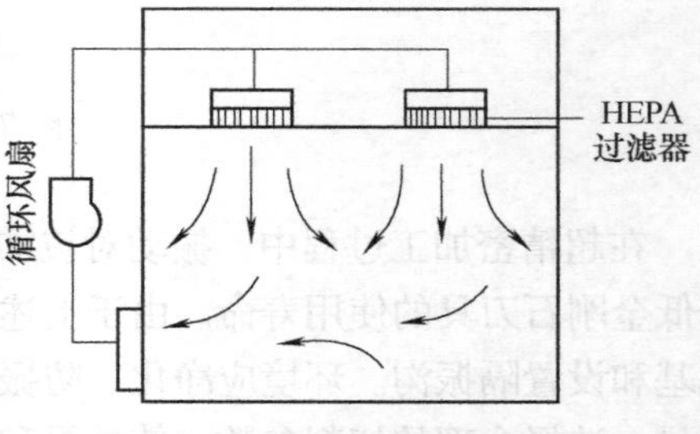

图7-10 非层流方式

（2）层流方式（单向气流方式） 使室内气流以均匀的速度向一个方向流动的方式，让洁净的空气直接流过作业区域，用洁净的空气冲洗灰尘，可得到很高的净化度。这种方式叫作层流方式（单向气流方式）。它适用于洁净度高（100级以上）的洁净室，但其建设费用和运转费用都很高。这种方式又分为使气流垂直流动的垂直层流方式和使气流水平流动的水平层流方式。垂直层流方式：整个顶棚装设过滤器，整个地面作为吸气口，使气流由顶棚流向地面，在洁净室的上部空间如果不产生灰尘，则整个洁净室就成为高度净化的环境。采用这种方式时，作业区和机床的布置要认真研究。另外，地板下应留有空间，形成高台（见图7-11）。水平层流方式：在一侧整面墙上安装HEPA过滤器并吹进空气，而将其相对面的墙壁作为排气口，空气以水平方式流过，室内上部分可获得高洁净度的空间。但由于底层的空气洁净度低，所以加工作业时人与机器的布置必须进行充分考虑（见图7-12）。

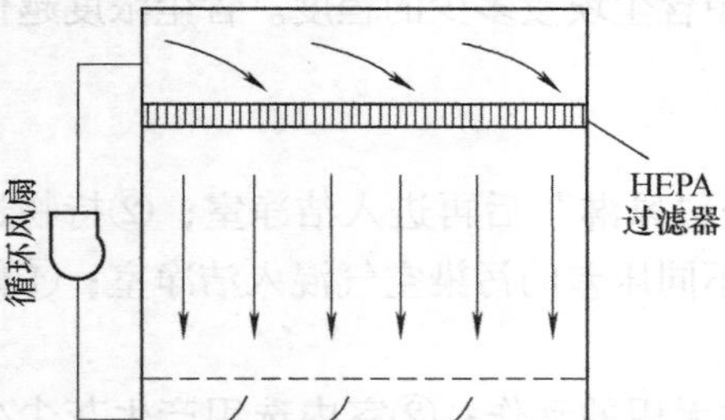

图7-11 垂直层流方式

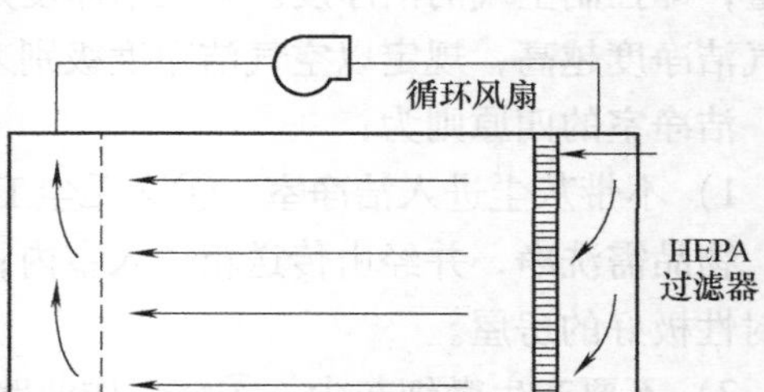

图7-12 水平层流方式

(3) 风洞式净化方式　这是一种将一个单元或洁净工作台连接组合的方式，是与制造设备生产线组合而成的风洞式的洁净室。它使用的风量少，整个装置比较小。其优点是容易维修，建设费、运转费及管理费都比层流方式便宜；其缺点是生产设备的尺寸和形状受到限制，人和物的活动路线也有限制（见图 7-13）。

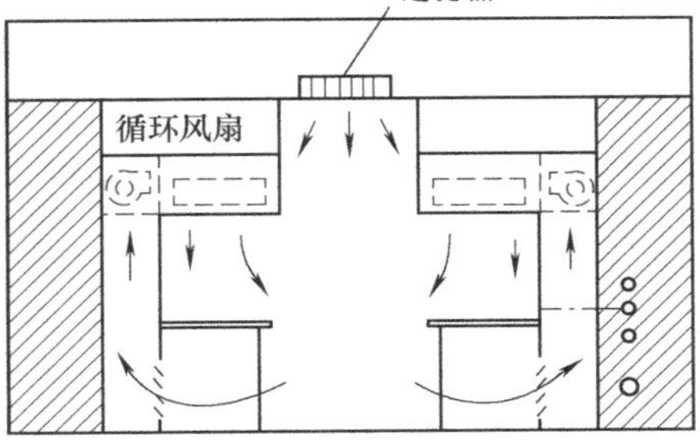

图 7-13　风洞式净化方式

2. 室内压力的保持

为保持超精密加工环境内的洁净度和温湿度，需要使室内的压力比室外高，即所谓正压，以防止外部环境的污染空气和不同温湿度的空气侵入室内。为保持室内压力为正压，空气的输入量必须比排出量大。为此，准确掌握从作业空间排出的气量很重要。为保持室内与室外的稳定压差，需要设置“平衡阻尼器”来调整压力。这个压差一般为 1.25mm 水柱，但现实设计时，采用如表 7-3 所示的压差值。

表 7-3　超精密加工室内外压力差

相应的场所	最低压力差（mm 水柱）
不同级别洁净室相互间	0.5
洁净室与准净化室	1.0
洁净室与一般工作室	1.5

第四节　噪声的影响

对超精密加工来说，操作者长时间在封闭的洁净室中工作，人的情绪受噪声的影响将更为严重，因此必须重视噪声的影响。洁净室噪声的判断指标：一般在动态时不超过 70dB(A)，最高不超过 75dB(A)；空态时，紊流洁净室不超过 60dB(A)、层流洁净室不超过 65dB(A)。

对噪声进行控制，首先应从噪声源入手，尽量减少噪声源或降低噪声辐射，其次就是在噪声传播的过程中采取控制措施，包括隔声、吸声及消声等方法。

第五节　其他因素的影响

1. 电磁波环境

超精密加工对来自测量机和加工机床以外的电磁波噪声，抗干扰性能极弱，会造成误动作及损坏。为此，要求修建能屏蔽电磁波的工作室。

2. 静电环境

由于静电会造成半导体元件损坏、胶片感光、出现气泡以及粘灰等造成生产故障，为此要采取措施，防止物体带电。

3. 光、声和放射线环境

为了适应现代技术的高速发展，设施环境必须要适应制造工艺不断变化的要求。某种超精密加工作业或方法，通常都会对几种支持环境提出要求，因此就出现了恒温洁净室、恒温防振洁净室及恒温防振无响洁净室等。随着超精密加工的不断发展，对洁净室的性能及要求将越来越高、越来越多。

思 考 题

1. 试述气源压力波动对超精密加工质量的影响。
2. 试述环境温度变化和振动对超精密加工质量的影响。
3. 简要叙述对洁净室的基本要求和实现洁净室的关键技术。
4. 简述环境温度和湿度对超精密加工质量的影响。
5. 洁净室中的温度、湿度和正压力是如何获得和控制的？
6. 如何控制噪声？隔声、吸声和消声等方法各有什么特点？

第八章　纳　米　技　术

第一节　概　　述

纳米系统是指在1~100nm尺度范围内的物质世界。纳米系统失去了宏观体系的统计平均性，而是以量子效应和随机或非周期性涨落为主要特性。纳米系统包含几百到几万个原子，介于微观和宏观系统之间，接近介观系统的范围。介观系统是指包含108~1011个微观粒子的体系。介观系统的尺度为微观尺度的100~1000倍，一方面介观系统是宏观的，可在实验室中制备，进行常规的物理测量；另一方面又显示出量子物理的特征，和宏观系统十分不同。由于微加工技术已经达到介观体系的尺度，随着尺寸的减小，加工过程以及被加工表面的性质已接近其物理极限。介观系统的物理性能类似于宏观系统的定义和测量，同时又反映出量子物理效应，即表现出强烈的非定域性和剧烈的起伏干扰。

纳米材料具有传统材料所不具有的宏观量子隧道效应、小尺寸效应、物质的局域性效应，以及由于表面和界面原子比例大大增加而表现出的表面效应等，使纳米级被加工表面和纳米加工过程的很多性能发生变化，呈现出既不同于宏观加工过程，也不同于单个孤立原子的性能。如金属纳米粒子中电子的能级不再是连续的，而在费米能级附近发生了离散现象；其力学性质不能再用连续介质力学来描述，磁性能也因纳米尺度而发生了变化，铁磁物质表现出超顺磁性、巨磁效应等。

当加工尺度达到纳米量级，系统的物理和化学性质受有限尺度的影响表现出完全不同的性质。这些在纳米尺度内才出现独特的新效应有量子相干效应（Quantum interference effect）、A-B效应（Aharonov-Bohm effect，即弹性散射不破坏电子的相位记忆的效应）、量子霍耳效应（Quantum Hall effect）、普适电导涨落特性（Universal conductance fluctuations）、库仑阻塞（Coulomb blockade）、振荡效应和弹道输运效应（Ballistic transport）等。纳米技术主要研究纳米尺度的物质和体系的运动规律、相互作用和在其应用中存在的技术问题。纳米体系的基本特性包括电子能级的不连续性、量子尺寸效应、小尺寸效应、表面效应和宏观量子隧道效应等。在纳米尺度上，粒子不能再被看成是处在外场中运动的经典粒子，粒子之间的相互作用机制已不能用原来宏观尺度上的经典理论来进行解释，必须依靠量子物理学等理论来研究加工过程中的相互作用。

第二节　纳米尺度的表征方法

扫描探针显微镜，如扫描隧道显微镜（STM）和原子力显微镜（AFM）等，因具有原子和纳米尺度的检测和加工能力，在纳米加工技术的发展中占有极其重要的地位。

一、扫描隧道显微镜的工作原理

扫描隧道显微镜（STM）的工作原理是基于量子力学的隧道效应。量子隧道效应是指微观粒子（如电子）穿过势垒的能力。STM 属于类似金属/绝缘层/金属（Metal/Insulator/Metal，MIM）隧道结。由于金属中电子的能量比真空（或空气）间隙中自由电子的能量低，真空（或空气）间隙起了隧道势垒的作用。金属表面存在着势垒，阻止内部的电子向外溢出。但是由于电子具有波粒二象性，遵从量子力学运动规律，在其总能量低于势垒壁高时，也有一定的概率穿越势垒，并且形成一层电子云。电子云的密度随远离表面而成指数衰减，衰减长度约为 1nm。若将原子尺度的极细的探针为一极，以被研究样品的表面为另一极，当探针与试件表面的距离达到 1nm 以内，在两极间施加一电压，那么在外加电场的作用下，电子就会穿过两个电极之间的绝缘层流向另一电极，形成隧道电流。隧道电流对于探针和试件表面的距离十分敏感，两者成指数关系，如果距离减小 0.1nm，则隧穿电流将增加约 10 倍。

隧道电流的大小 I 与探针-样品间距 S 和两者的平均功函数开方的乘积成指数关系，关系式由式（8-1）确定

$$I \propto V_{\text{Bias}} e^{-AS\sqrt{\Phi}} \tag{8-1}$$

式中，V_{Bias} 为探针与样品之间的电压；A 为常数，在真空中约为 1；Φ 为平均功函数，其大小约为 $(\Phi_1+\Phi_2)/2$；Φ_1 和 Φ_2 分别为探针和样品的功函数。

STM 的结构如图 8-1 所示。STM 扫描时，在探针或样品上接入 Z 向压电陶瓷微位移器件和反馈电路来控制样品和针尖的间距。隧道电流（10^{-10} ~ 10^{-8}A）先经前置放大器放大，再与计算机预置的隧道电流信号比较，并输出至反馈电压放大器，其输出用于 Z 向压电扫描器的驱动。计算机通过 X 和 Y 向的压电扫描器控制探针在样品表面做光栅式逐行扫描。Z 向压电陶瓷的驱动电压（恒流模式）或采集得到的隧道电流大小（恒高模式）就可反映样品表面的起伏。

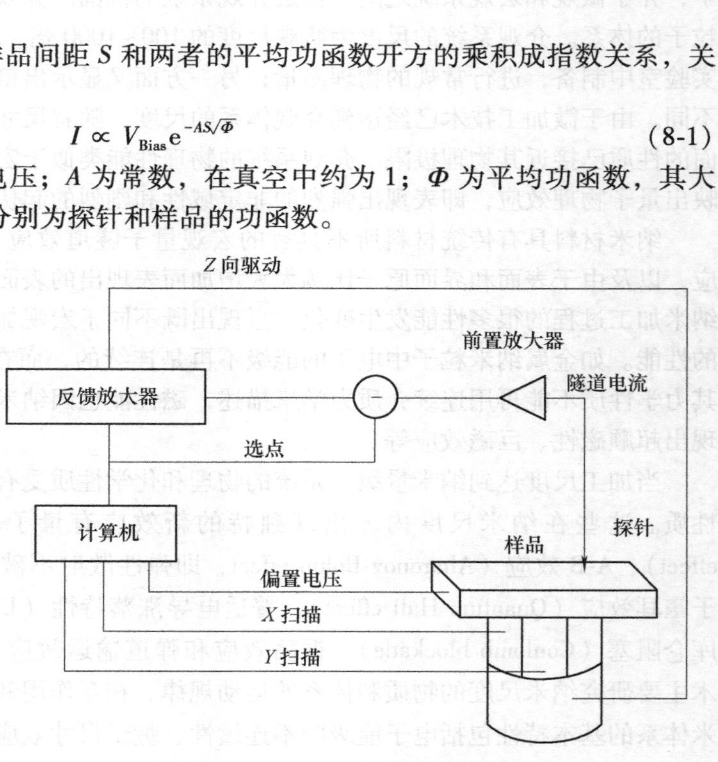

图 8-1 STM 结构示意图

STM 有两种工作模式：恒流和恒高模式。在恒流模式下，利用反馈电路使探针与样品的间距保持恒定，即隧道电流保持不变，反馈电路对 Z 向压电陶瓷的驱动电压反映表面的起伏；在恒高模式下，探针与样品的位置保持不变，隧道电流的变化反映表面的起伏。STM 工作模式的原理如图 8-2 所示。

扫描探针显微镜（STM）除了可对试样表面成像外，也已经成为单原子、单分子操纵和纳米尺度结构加工的重要工具。目前在 STM 纳米级加工的理论研究中已建立了场发射模型、点接触模型等模型。当金属处于外加电场时，其表面势垒发生变形，从而使电子穿过变形后

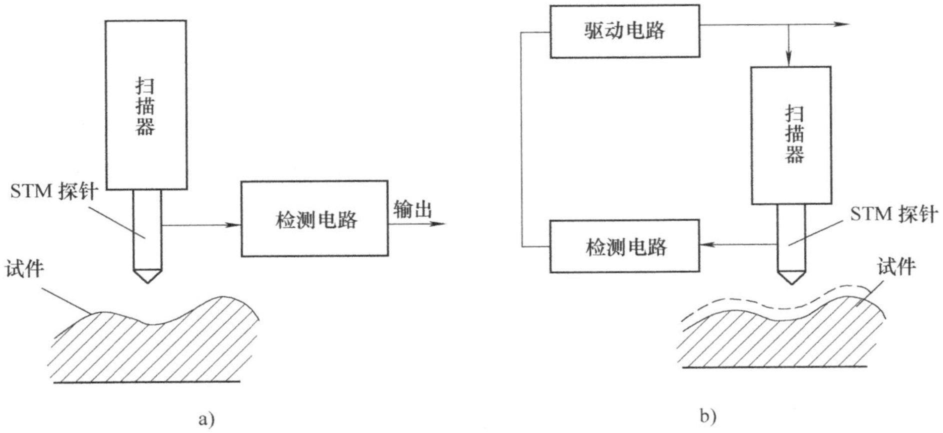

图 8-2　STM 工作模式原理图

的能量势垒的概率大为增加。场发射过程中，针尖原子位置的电场最强，电子离开针尖后以自聚焦的方式运动。在针尖足够接近样品时，会产生原子尺度的势垒通道，电流密度在此通道区域内较为集中。

二、原子力显微镜的工作原理

原子力显微镜（AFM）是在扫描隧道显微镜的基础上发展起来的。图 8-3 为原子力显微镜的结构示意图。AFM 使用一个一端固定、另一端装有针尖的微悬臂来检测样品表面形貌或者其他表面性质。通过与样品相连的 X、Y 压电陶瓷，控制试样（或探针）在 X、Y 方向进行扫描运动。针尖装在一个对微弱力非常敏感的“微悬臂”上，针尖和样品表面间的相互作用使悬臂发生变形。由于试样表面的高低变化，微悬臂自由端上的针尖也随之上下运动，通过激光束可检测出微悬臂自由端在试样表面垂直方向的变形和位移情况，从而得到试样表面的形貌图像。同时根据微悬臂的弹簧刚度可实现对探针尖端原子与试样表面原子之间作用力的测量。

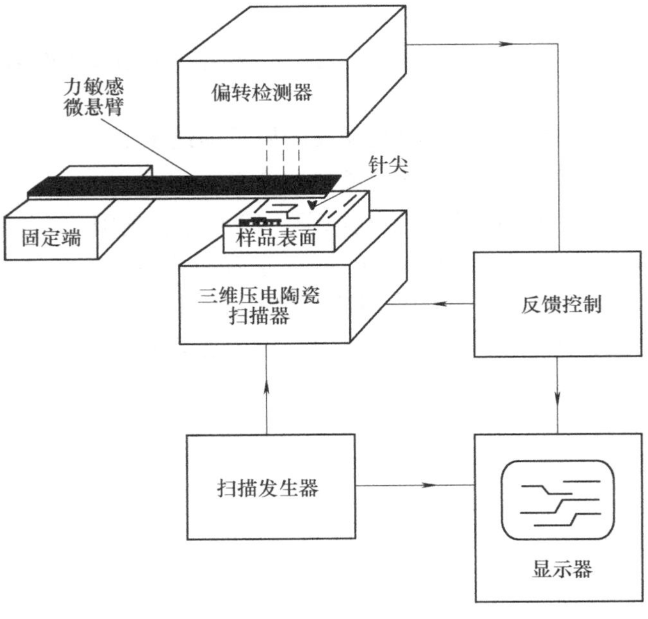

图 8-3　AFM 工作原理示意图

AFM 常用的成像模式有接触模式、非接触模式和轻敲模式。

1. 接触模式

接触模式中，针尖始终与样品接触并在其表面上移动。针尖与样品间的相互作用力是原子间的库仑排斥力。样品表面的形貌图像通常是采用这种斥力模式获得的。

采用接触模式可得到稳定的高分辨率的图像。

2. 非接触模式

非接触模式是控制针尖在样品表面上方 5~20nm 处扫描。针尖始终不与样品表面接触，因而针尖不会对样品造成污染或者破坏。在非接触模式中，针尖与样品间的作用力是较弱的长程力——范德华吸引力。针尖与样品间距通过保持微悬臂共振频率或振幅恒定来控制。

这种模式的缺点是操作困难，不适合在液体中成像。

3. 轻敲模式

轻敲模式介于接触模式和非接触模式之间，是一种新的成像技术。其特点是扫描过程中微悬臂同样振荡并具有较大振幅，针尖在振荡时，间断地与样品接触。由于针尖同样品接触，分辨率几乎同接触时一样好。针尖在接触样品表面时，有足够的振幅来克服针尖与样品间的黏附力，同时由于接触时间短，剪切力对样品和针尖的破坏几乎消失。

利用 AFM 观察材料的三维微观形貌可以达到纳米级的分辨率，其应用范围可以是导体、非导体、细胞生物等。AFM 还能够探测样品表面的纳米机械性能和其他的表面力，如样品的定域黏附力或弹力等。除了对材料表面性能的检测以外，AFM 还被应用于纳米级微结构的精密加工。

第三节 纳米级加工技术和原子操纵

一、基于扫描探针显微镜的原子搬迁技术

1. 用 STM 搬迁拖动原子和分子

（1）用 STM 搬迁拖动原子 1990 年，美国 IBM 公司的 D. Eigler 等在超真空和液氦温度（4.2K）的条件下，用 STM 将吸附在 Ni(110) 表面的惰性气体氙（Xe）原子，逐一拖动搬迁，用 35 个 Xe 原子排成“IBM”三个字母。每个字母高 5nm，原子间距离 1nm，如图 8-4 所示。该方法是将 STM 的探针靠近试件表面吸附的 Xe 原子，原子间的吸引力使 Xe 原子随探针的水平移动而拖动到要求的位置。这是人类首次实现单原子操纵，可控地移动 Xe 原子构成要求的图像。

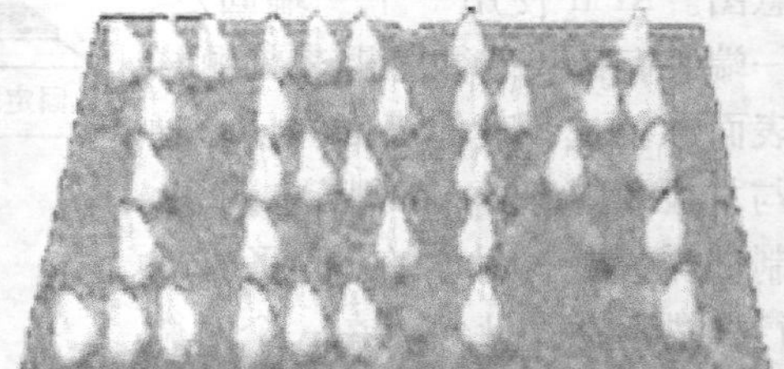

图 8-4 搬迁 Xe 原子写成 IBM 字母图像

使用 STM 可以搬迁移动表面吸附的气体原子，还可以搬迁移动吸附的金属原子。1993 年，D. Eigler 等又实现了在单晶铜 Cu(111) 表面上吸附的 Fe 原子的搬迁移动，将 48 个 Fe 原子移动围成一个直径 14.3nm 的圆圈，相邻两个铁原子间距离仅为 1nm。这是一种人工的围栏，被圈在围栏中心的电子受激发而形成了美丽的“电子波浪，”如图 8-5 所示。它使人们能直观地看到电子态密度的分布，证实了量子力学中微观粒子具有波动性的德布罗意波假设。

（2）用 STM 搬迁分子 1991 年，美国 D. Eigler 等人实现了使用 STM 移动在铂单晶表面上吸附的 CO 分子，将 CO 排列构成一个身高仅 5nm 的世界上最小的人形图像，如图 8-6 所

示。该图像中的 CO 分子间距离仅为 0.5nm，人们称它为“一氧化碳小人”。

用 STM 也可以移动吸附在试件表面上的大分子。1996 年，M. cuberes 成功地移动了吸附在 Cu(111) 表面上的 C_{60}大分子（直径 0.7nm），形成世界上最小的算盘。

图 8-5　搬迁 Fe 原子形成圆量子围栏

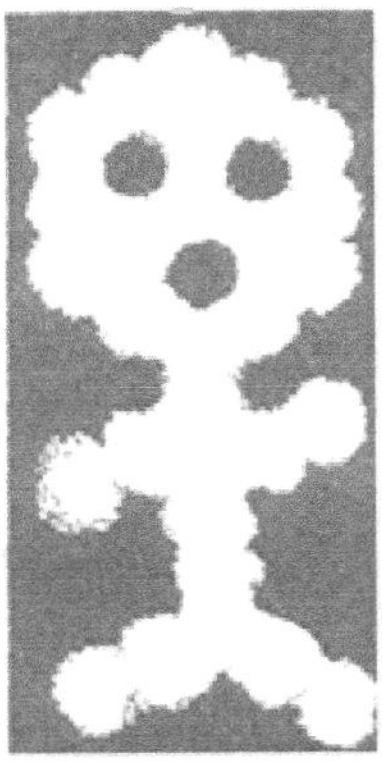

图 8-6　搬迁 CO 分子画成小人图像

2. 用 STM 提取和放置原子

（1）从试件表面去除原子　1991 年，日本日立公司中央研究实验室（HCRL）的 S. Hosoki 等人，成功地在 MoS_2 表面去除 S 原子，并用这种去除 S 原子留下空位的方法，在 MoS_2 表面上用空位写成“PEACE'91 HCRL”的字样，如图 8-7 所示。写成的字很小，每个字母的尺寸不到 1.5nm，至今仍保持着最小字的世界纪录。该方法是将 STM 的针尖对准试件表面某个 S 原子，施加电脉冲而形成强电场，使 S 原子电离成离子而逸飞，留下 S 原子的空位。

黄德欢还曾用 STM 加脉冲在 Si(111)-7×7 表面上去除预定的 Si 原子。

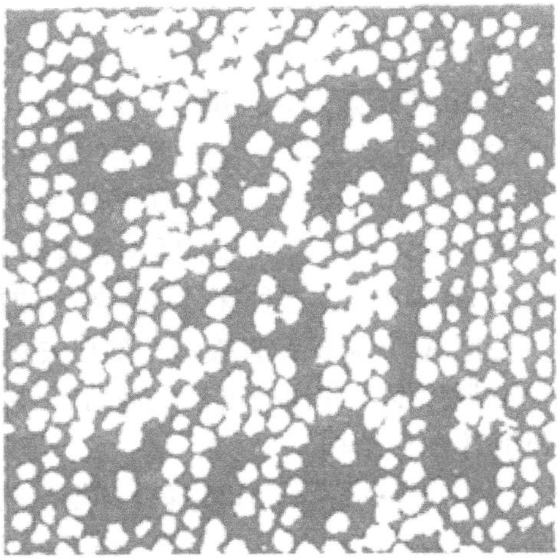

图 8-7　在 MoS_2 表面去除 S 原子用空位写成“PEACE'91 HCRL”的字样

（2）用 STM 在试件表面放置增添原子　1998 年，黄德欢成功地将 Pt 针尖原子放置到 Si(111)-7×7 试件表面，形成 Pt 的纳米点。先将 STM 的 Pt 针尖移到非常接近试件表面，施加一个 3.0V、10ms 的电脉冲，针尖试件间的电流急剧增加，使针顶尖温度迅速升高熔化，Pt 原子留在试件表面形成多原子的 Pt 纳米点，直径约为 1.5nm，如图 8-8 所示。

用 STM 还可向试件表面放置异质材料的原子。这种方法先用电脉冲将新原子吸附到针尖表面，再用电脉冲将针尖表面吸附的原子放置到试件表面。这个针尖表面吸附的新材料原子，可以是先吸附在针尖表面上的，也可以是在操纵过程中临时从周围环境（如周围的气体或液体）中摄取而吸附到针尖表面的。如图 8-9 所示是黄德欢用放置 H 原子法制成的微结构图形，STM 的钨探针从周围的氢气中提取氢原子，并吸附到针尖表面，再用电脉冲连续将 H 原子放置到 Si(111)-7×7 表面，Si 表面上的异质 H 原子绘成了图中黑色线条的三角形图形。

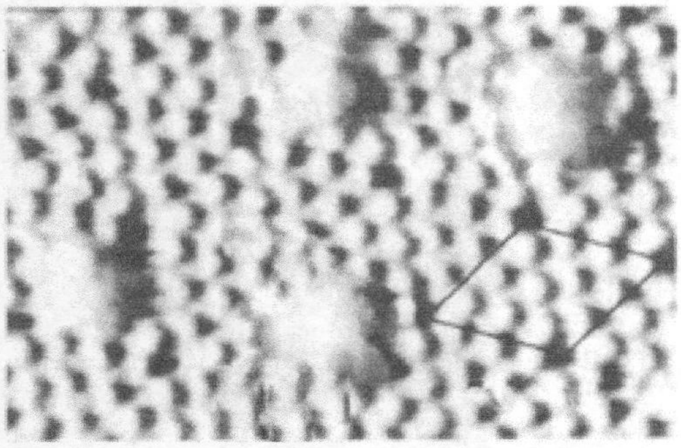

图 8-8　用 Pt 针尖在 Si(111)-7×7 表面放置 Pt 原子，形成 Pt 纳米点

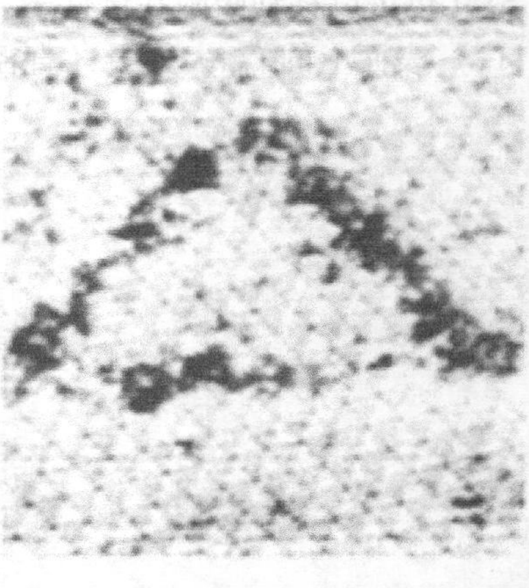

图 8-9　在 Si(111)-7×7 表面连续放置 H 原子

二、基于 SPM 的纳米加工技术

1. 使用 AFM 的探针尖直接进行刻划加工

使用 AFM 微探针直接进行刻划加工法是通过增加针尖与工件表面之间的作用力，使表面产生塑性变形去除。现在使用的有两种方式：①采用带有硅或者氮化硅悬臂的探针尖，其弹性常数为 10~100N/m，针尖半径为 10~30nm，这种探针可以在较软的金属、聚合物等材料表面加工；②采用带有不锈钢悬臂的金刚石探针尖，其弹性系数可达 100~300N/m，针尖半径为 30~50nm，这种探针可以加工的材料范围很广。

使用 AFM 微探针直接进行刻划去除，可加工点、线等，改变 AFM 针尖作用力的大小可控制刻划深度（深沟槽可数次刻划），按要求结构图形进行扫描，即可刻划出要求的极小的三维立体图形结构。

图 8-10 所示为用 AFM 探针刻划出的图形结构，从图中可看到，该方法雕刻出的沟槽较窄而深，侧壁陡峭，表面光滑。图 8-11 所示为刘忠范等用 AFM 在 Au-Pd 合金膜上加工出的一首微米尺度唐诗《春晓》的复杂二维图形。

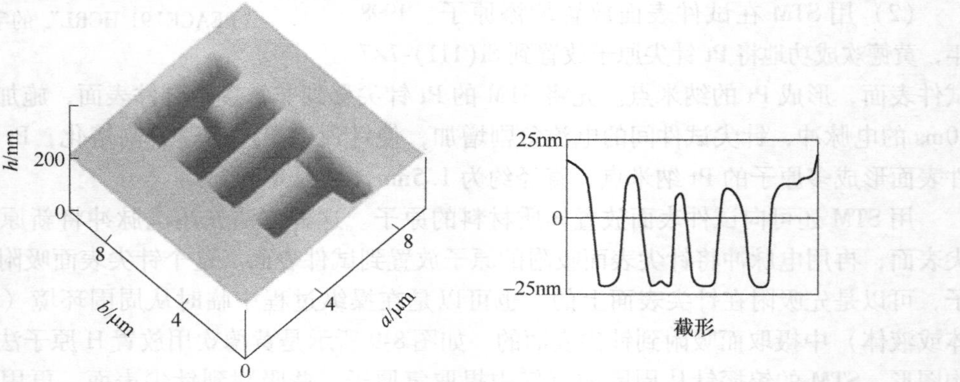

图 8-10　用 AFM 探针雕刻出的图形结构

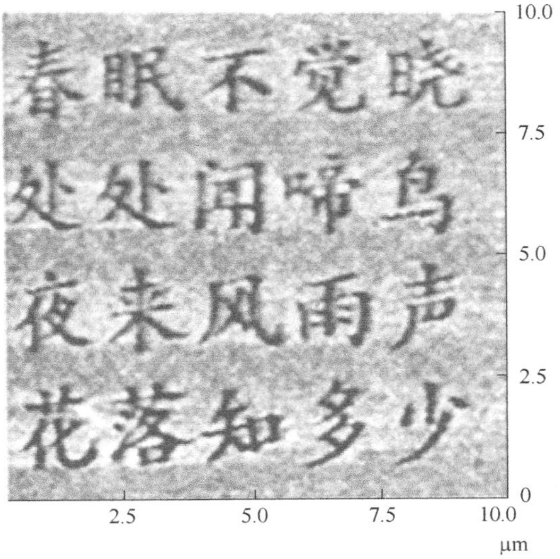

图 8-11　用 AFM 针尖雕刻的唐诗图形

作用在 AFM 针尖上的力不同时，针尖在试件表面刻划的深度也不同。用该原理可用 AFM 探针尖按灰度图形（灰度照片）雕刻三维立体浮雕微图形。图 8-12 所示为哈尔滨工业大学的闫永达等按人面的灰度照片，用 AFM 针尖按上述方法雕刻出的人面微浮雕图像。其中图 8-12a 为人面像原始灰度照片；图 8-12b 为 AFM 针尖雕刻出的三维人面微浮雕图像；图 8-12c 为该三维人面微浮雕图像的纵向 *B-B* 和横向 *A-A* 的剖面图，可看到各位置处的不同高度；图 8-12d 为该三维人面微浮雕的立体图像。这项技术可扩展应用到微小曲面的加工。

使用扫描热显微镜（STM）的探针可进行刻划加工。这种探针本身结构类似热电偶，可测知试件表面被测点的温度。这种探针本身也可通电加热尖端，用加热的探针尖进行刻划加工时，可使试件局部软化易于加工。目前商品探针材质为单晶硅加装金刚石，可耐温度为 400℃，如需承受更高温度时，需要定制钨探针（可耐温度为 1000℃）。

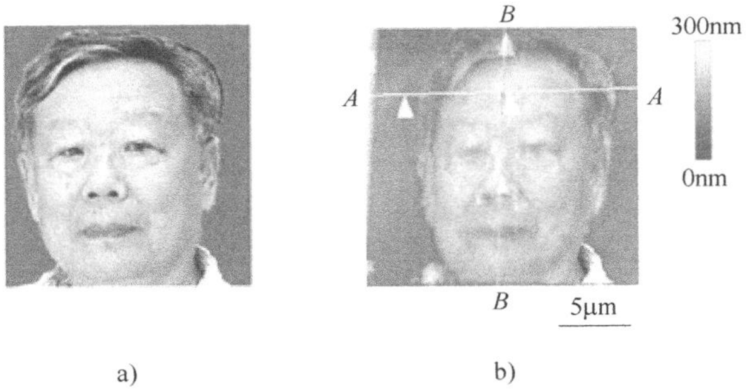

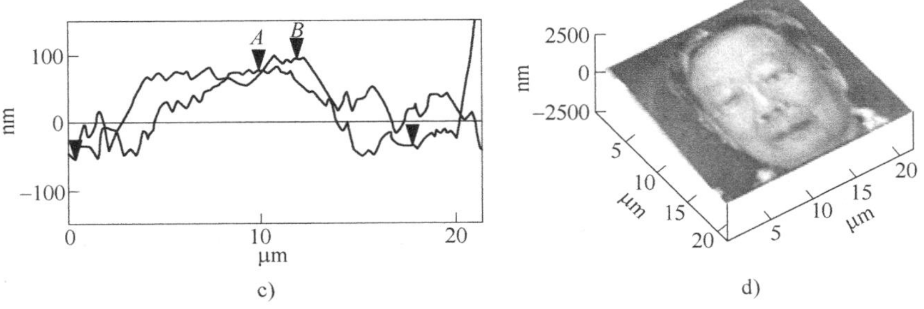

图 8-12　用 AFM 针尖按灰度照片在试件表面雕刻的三维微浮雕图像

2. 用 SPM 进行纳米点沉积加工微结构

在一定的脉冲电压作用下，SPM 针尖材料的原子可以迁移沉积到试件表面，形成纳米点。改变脉冲电压和脉冲次数，可以控制形成的纳米点的尺寸大小。H. Mamin 等用 Au 针尖的 STM，在针尖加-3.5～-4V 的电压脉冲，在黄金表面沉积加工出直径 10～20nm，高 1～2nm 的 Au 纳米点。用这些 Au 纳米点，描绘成直径约 1μm 的西半球地图，如图 8-13 所示。这是用贵金属黄金制成的最小的世界地图。

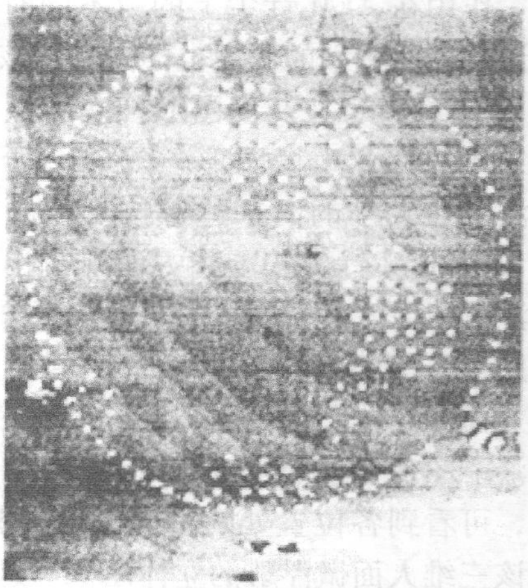

图 8-13 Au 纳米点在 Au 表面形成的西半球地图

3. 用 SPM 连续去除原子加工微结构

中国科学院北京真空物理实验室使用 STM，加大直流偏压，在 Si(111)-7×7 表面连续去除 Si 原子，获得原子级平直沟槽，沟宽 2.33nm，如图 8-14a 所示。但去除 Si 原子必须沿平行于晶体基矢方向进行，方能获得原子级平直沟槽，否则沟槽的边界粗糙，且不是稳定结构。

1994 年，中国科学院北京真空物理实验室的庞世谨等，为纪念毛泽东诞辰一百周年，在 Si(111)-7×7 表面用 STM 针尖连续加电脉冲，移走 Si 原子形成沟槽，写成“中国”字样（见图 8-14b），此外还写出“毛泽东”“100”等字的图形结构，为此新华社还发表了“搬动原子写中国”的报道。该项原子操纵技术成果，还被我国两院院士评为 1994 年我国十大科技进展之一。

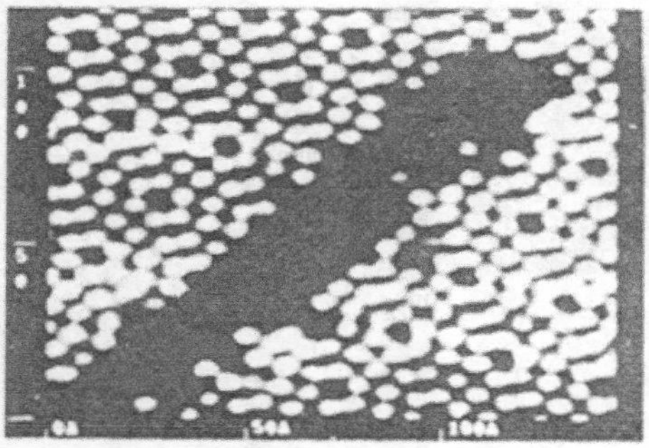

a) 获得原子级平直沟槽

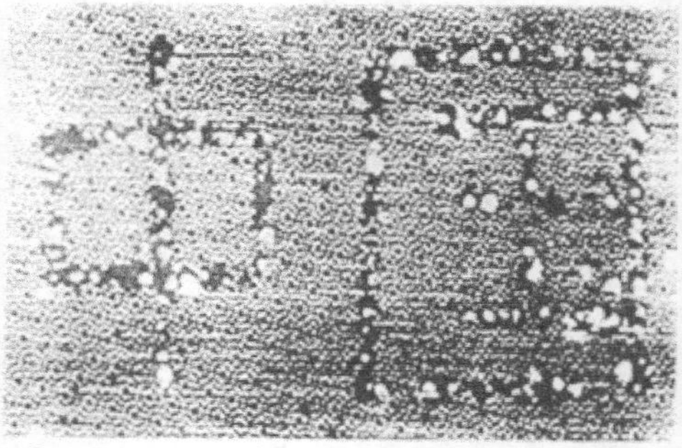

b) 写成“中国”字样

图 8-14 在 Si 表面连续去除 Si 原子形成微结构

4. 用 SPM 进行电子束光刻加工

用 SPM 可进行光刻加工。使用导电探针并在探针和试件间加一定的偏压（取消针尖和试件间距离的反馈控制）产生隧道电流（即电子束）。由于探针极尖锐，可以使针尖处的电子束聚焦到极细，该电子束使试件表面光刻胶局部感光，进行化学腐蚀，可获得极精微的光刻图形。图 8-15 所示为美国 C. Quate 等用 AFM 对 Si 表面进行光刻加工所获得的连续纳米细线微结构，获得的纳米细线宽度为 32nm，刻蚀深度为 320nm，高宽比达到 10：1。美国 McCord 等用 AFM 在 Si 表面进行光刻加工，获得线条宽仅为 10nm 的图形。但这方法加工效率极低，尚无实用价值。

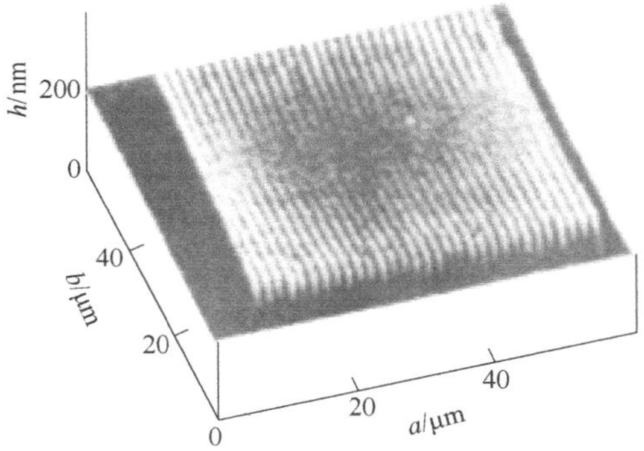

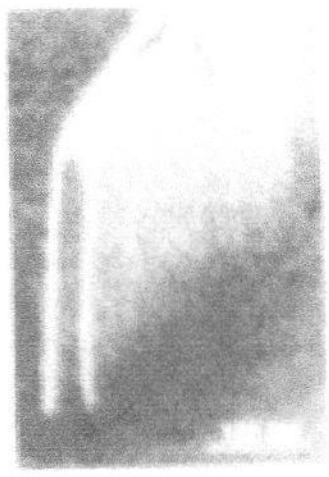
局部放大

图 8-15　在 Si 表面用 AFM 光刻得到的纳米细线结构

5. 用 SPM 进行局部阳极氧化法加工微结构

使用 SPM 对试件表面进行局部阳极氧化的原理如图 8-16 所示。在反应过程中，针尖和试件表面间存在隧道电流和电化学反应产生的法拉第电流。电化学阳极反应中针尖作为阴极，试件表面作为阳极，吸附在试件表面的水分子（H_2O）提供氧化反应中所需的 HO^- 离子。阳极氧化区的大小和深度，受到针尖的尖锐度、针尖和试件间偏压的大小、环境湿度以及扫描速度等因素的影响。控制上述因素，可以加工出很细致并且均匀的氧化结构。

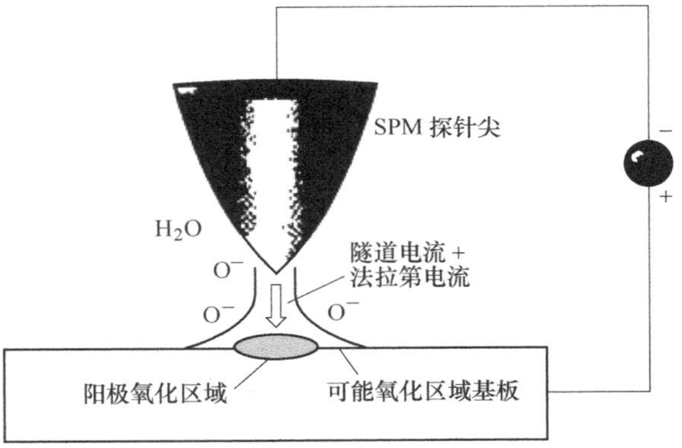

图 8-16　用 SPM 对试件局部阳极氧化原理图

图 8-17a 所示是 H. Dai 等用 STM 在氢钝化的 Si 表面，用阳极氧化法加工出的 SiO_2 细线微结构，实验中用的探针尖为多壁碳纳米管，针尖的负偏压为 −7 ~ −15V，得到的 SiO_2 细线宽度为 10nm，线间距离 100nm。图 8-17b 所示是用该方法加工成的由 SiO_2 细线组成的"NANO-TUBE"和"NANOPENCIL"等很小的英文字。中国科学院真空物理实验室用 STM 在 P 型 Si(111) 表面，用阳极氧化法制成 SiO_2 的中国科学院院徽图形的微结构，如图 8-17c 所示。

6. 纳米蘸水笔书写技术

美国 Mirkin 和 Piner 等开发了一种纳米蘸水笔书写（DPN）技术。选择能和基底牢固结合的墨水（或添加能相互亲和的中间层），用 SPM 针尖蘸这种墨水，在基底上按要求图形做二维扫描运动，其原理如图 8-18a 所示，"针尖笔"上墨水中的有用物质即粘固在基底表面，写成要求的精微图形。如图 8-18b 和图 8-18c 所示为用该方法写成的点阵列和英文字母。更换第二种墨水，SPM 针尖即可以在基底表面再加写第二种材料的新图形。这种技术，可以直接在试件表面"书"或"画"纳米尺度的图形，因技术简单方便而受欢迎。

此外，该方法的另一突出优点是可用于生物学领域，画成的生物材料图形仍能保持生物活性，这对将来制造生物芯片极为有用。

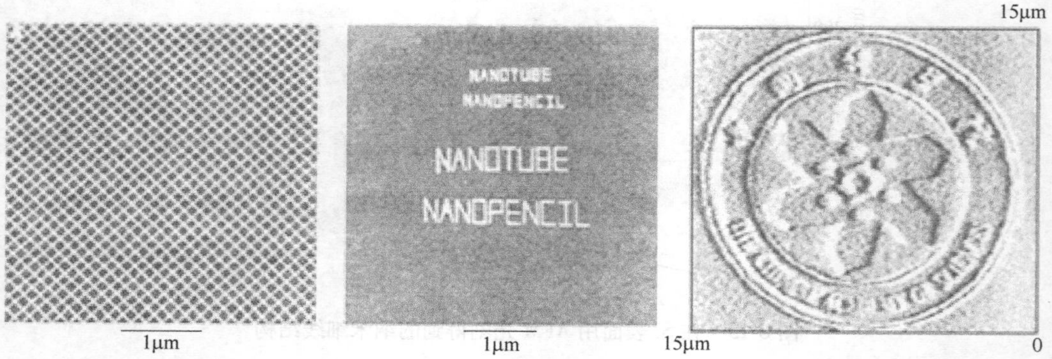

a) 细线微结构　　b) 英文字微结构　　c) 中科院院徽

图 8-17　Si 表面阳极氧化成 SiO_2 的微结构

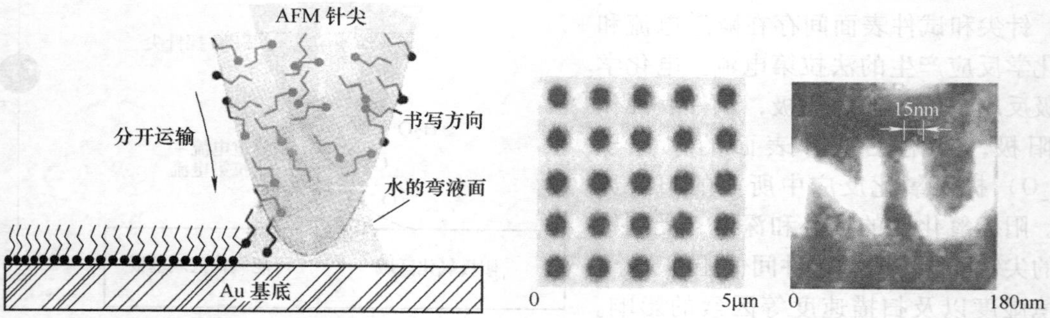

a) 纳米蘸水笔书写技术示意图　　b) 书写的点阵列　　c) 书写的英文字母

图 8-18　纳米蘸水笔书写技术

三、自组装的纳米制造技术

自组装技术正逐步成为构造纳米微结构的一种新方法，例如积层电路制造中的外延法、晶体的生长以及生物芯片的制造和应用，都是原子和分子的吸引力和排斥力的自组装技术的实际应用。

1. 基于 SPM 的原子自组装

在温度升高后，SPM 针尖下的强电场，可以将试件表面的原子聚集到针尖下方，聚集自组装成三维立体微结构。日本电子公司的 M. Iwatsuki 等通过增大 STM 针尖和试件 Si（111）表面之间的负偏压，并控制环境温度在 600℃高温条件下，试件表面的 Si 原子在针尖强电场的作用下，聚集到 STM 的针尖下，自组装而形成一个纳米尺度的六边形 Si 金字塔，如图 8-19 所示。此微型六边形金字塔底层的直径约为 80nm，高度约为 8nm。

美国惠普公司，利用 STM 将分布在 Si 基材表面上的锗（Ge）原子集中到针尖下，实现 Si 表面上的 Ge 原子的搬迁而形成三维立体结构。这些 Ge 原子自组装形成四边形金字塔形微结构，如图 8-20 所示。该 Ge 原子组成的微型金字塔，塔底宽约 10nm，高约 1. 5nm。

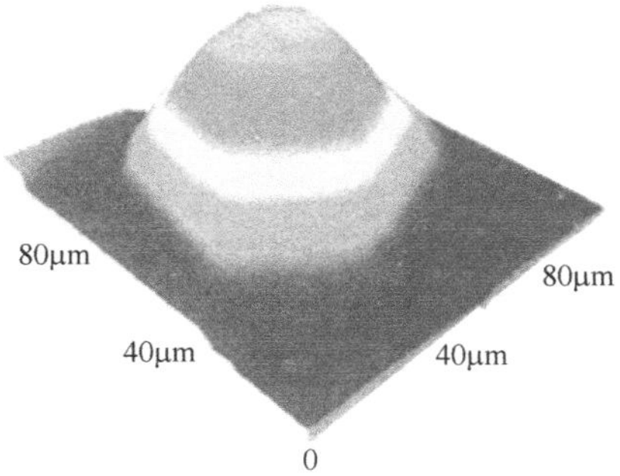

图 8-19 自组装形成的 Si 六边形金字塔
（直径 80nm，高 8nm）

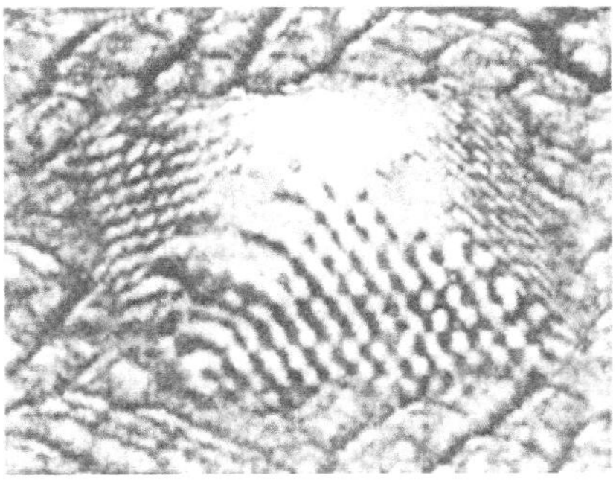

图 8-20 在 Si 基材表面自组装形成 Ge
原子的四边形金字塔

2. 分子的自组装

分子的自组装是分子间通过相互作用自发组合，形成具有某种特定功能或性能的分子聚集体或超分子结构。分子自组装技术已得到实际的应用。例如晶体制备中外延法，是通过引入带有几何形貌的基底结合外场的方法（相当于地势场和温度场及溶剂浓度场等多场共同作用），来限制纳米结构微区的嵌段共聚物取向并减少缺陷。再如应用 AFM 探针刻蚀技术等方法，在基片上精确地加工出图案丰富的微米级地形图案基底，浇注高分子自组装薄膜，结合外场调控技术来辅助该薄膜的自组装过程，实现自组装的图案多样、少缺陷又长程有序的纳米微结构排列。该技术把微米结构与纳米结构有机地组装起来，已生成对纳米电子器件有重大意义的有序微米/纳米复合结构，为发展纳米电子器件提供了新的工艺手段。

分子自组装技术是构成复杂生物结构的基础，近年来生物大分子的复制自组装、DNA 的复制自组装和遗传信息传递等的研究，已取得多项有实用意义的成果。

图 8-21 所示是在光刻的微圆孔基底上浇注嵌段共聚物的二甲苯溶液，在室温条件下快速自组装薄膜，薄膜厚度约为 48nm，圆孔深度约为 60nm。通过 AFM 可以看出薄膜微观形貌的自组装结构取向。

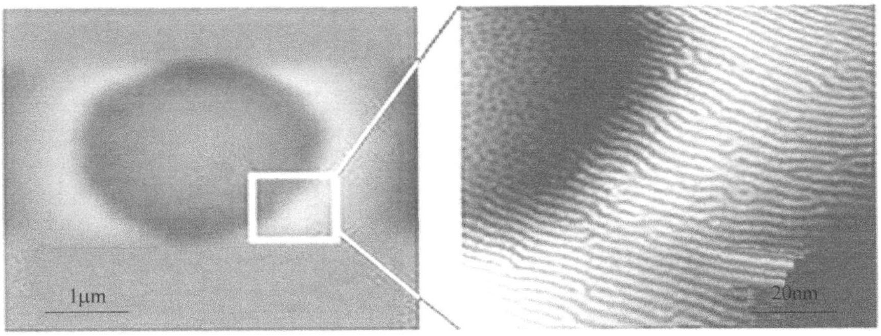

图 8-21 外延法结合外场调控嵌段共聚物自组装纳米微结构

思 考 题

1. 说明扫描隧道显微镜（STM）的工作原理。
2. 简述原子力显微镜（AFM）的工作原理。
3. 简述原子操纵中的“移动原子”和“提取去除原子”的原理和方法。
4. 简述使用 SPM 针尖进行雕刻加工微结构的方法。
5. 简述使用 SPM 进行光刻和局部阳极氧化法加工微结构的原理和方法。

参 考 文 献

[1] 郭隐彪，杨炜，王振忠，等．大口径光学元件超精密加工技术与应用水［J］．机械工程学报，2013，49（19）：171-178.

[2] 李敏，袁巨龙，吴喆，等．复杂曲面零件超精密加工方法的研究进展［J］．机械工程学报，2015（5）：178-191.

[3] 刘合，金旭，丁彬．纳米技术在石油勘探开发领域的应用［J］．石油勘探与开发，2016，43（6）：1014-1021.

[4] 王晓宇．纳米技术在钻采工具与设备中的应用前景展望［J］．石油机械，2016，44（8）：26-30.

[5] 陈斌，赵雄虎，李外，等．纳米技术在钻井液中的应用进展［J］．石油钻采工艺，2016，38（3）：315-321.

[6] 朱梦男，梁亮，何理烨．纳米技术在青光眼诊断和治疗中的应用［J］．眼科新进展，2016，36（10）：988-992.

[7] 张艳奇，朱友利．纳米技术在水处理中的应用研究［J］．材料导报，2012，26（20）：23-27.

[8] 杜红文，郁元正．金刚石超精密切削技术探讨［J］．轻工机械，2010，28（4）：1-3.

[9] 宋学锋．超精密切削积屑瘤问题的研究［J］．航空精密制造技术，2011，47（3）：20-22.

[10] 孙郅佶，安晨辉，杨旭等．超精密机床主轴回转误差在线测试与评价技术［J］．制造技术与机床，2015，（9）：118-123.

[11] 关佳亮，汪文昌，朱生根，等．KDP 晶体单点金刚石超精密切削加工的发展［J］．现代制造工程，2012，（8）：129-132.

[12] 王奔，刘东玺，王明海，等．单晶金刚石刀具切削各向同性热解石墨的磨损机理［J］．人工晶体学报，2015，44（10）：2862-2868.

[13] 夏欢，吉方，陶继忠，等．超精密零件加工的影响因素分析［J］．机械设计与制造，2012，（12）：134-136.

[14] 杨辉．高效、极致——精密超精密加工技术的发展与展望［J］．航空制造技术，2014，455(11)：26-31.

[15] 王先逵．精密复合加工技术［J］．现代制造工程，2012，（2）：1-6.

[16] 张建明，庞长涛．超精密加工机床系统研究与未来发展［J］．航空制造技术，2014，455(11)：47-51.

[17] 袁巨龙，张飞虎，戴一帆，等．超精密加工领域科学技术发展研究［J］．机械工程学报，2010，46（15）：161-177.

[18] 袁哲俊．国内外精密加工技术最新进展［J］．工具技术，2008，42（10）：5-13.

[19] 董吉洪．精密和超精密加工机床的现状及发展对策［J］．光机电信息，2010，27（10）：1-9.

[20] 杨辉．我国超精密加工设备的产业化进程［J］．航空制造技术，2016，501(6)：36-40.

[21] 张建明．现代超精密加工技术和装备的研究与发展［J］．航空精密制造技术，2008，44（1）：1-7.

[22] 荣烈润，魏传利．超精密加工的支持环境［J］．金属加工（冷加工），2014，（23）：41-44.

[23] 常艳艳，孙涛，李增强．金刚石刀具几何参数对已加工表面残余应力的影响［J］．工具技术，2015，49（9）：33-37.

[24] 关佳亮，汪文昌，朱生根，等．KDP 晶体单点金刚石超精密切削加工的发展［J］．现代制造工程，

2012，（8）：129-132.

[25] 王海龙，邹华兵．单晶金刚石刀具切削有色金属磨损机理研究［J］. 工具技术，2015，49（1）：7-10.

[26] 吴志芳．机械加工车间的温度影响与控制［J］. 科技创新与应用，2014，（19）：45-46.

[27] 朱岩，王天琪，付巍．精密机床振动检测试验系统测量结果的不确定度评定与分析［J］. 测试技术学报，2016，30（4）：347-352.

[28] 李强．精密恒温箱结构设计及环境控制［D］. 广州：广东工业大学，2014.

[29] 王森．金刚石精密研磨制品的研制［D］. 郑州：郑州大学，2009.

[30] 梁迎春，陈家轩，白清顿，等．纳米加工及纳构件力学特性的分子动力学模拟［J］. 金属学报，2008，8（44）：937-942.

[31] 王君锋．精密主动隔振台控制系统设计与研究［D］. 武汉：华中科技大学，2013.

[32] 侯玉斌．高精密扫描隧道显微镜及原子力显微镜研制［D］. 合肥：中国科学技术大学，2009.

[33] 丁志强．精密磨床工作环境振动测试与隔振分析研究［D］. 武汉：华中科技大学，2012.

[34] 宋学锋．超精密切削积屑瘤问题的研究［J］. 航空精密制造技术，2011，47（3）：20-22.

[35] 李迪，罗松保，张建明，等．基于 LODTM 的大口径太赫兹波束控元件确定性超精密加工［J］. 航空精密制造技术，2014（5）：1-5.

[36] 高栋，李强．超精密飞刀铣削加工工艺参数优化［J］. 机械工程与自动化，2015（1）：120-121.

[37] 杨萍，张晨贵，梁莹林，等．SPDT 加工对 KDP 晶体表面温度及应力的影响［J］. 人工晶体学报，2016，45（4）：896-900.

[38] 王贵林．KDP 光学零件超精密车削加工误差的频谱特性与控制［J］. 应用光学，2017，38（2）：159-164.

[39] 袁哲俊，王先逵．精密和超精密加工技术［M］. 北京：机械工业出版社，2016.

[40] 郑文虎．精密切削与光整加工技术［M］. 北京：国防工业出版社，2006.

[41] 王贵成，王振龙，任旭东，等．精密与特种加工［M］. 北京：机械工业出版社，2013.

[42] 文秀兰．超精密加工技术与设备［M］. 北京：化学工业出版社，2006.

[43] 安晨辉，王健，张飞虎，等．超精密飞刀切削加工表面中频微波纹产生机理［J］. 纳米技术与精密工程，2010，08（5）：439-446.

[44] 王毅，余景池．单点金刚石车削的工艺参数对表面粗糙度影响的实验研究［J］. 组合机床与自动化加工技术，2011（7）：83-86.

[45] 聂瑞．玻璃磨削中切削力和金刚石刀具磨破损的实验研究［D］. 济南：山东大学，2009.

[46] 张国锋．光学玻璃切削过程中金刚石刀具磨损规律的实验研究［D］. 哈尔滨：哈尔滨工业大学，2010.

[47] 谢军，黄燕华，赵利平，等．单点金刚石切削技术在 EOS 靶制备中的应用［J］. 核技术，2011，34（12）：949-953.

[48] 李增强，韩杰才，孙涛，等．评价金刚石刀具各向异性的周期键链模型［J］. 纳米技术与精密工程，2011，09（2）：174-179.

[49] 颜认，马改，陈小丹，等．单晶金刚石刀具机械刃磨技术进展［J］. 工具技术，2016，50（9）：8-11.

[50] 李杰，王金辉．金刚石刀具刃磨技术研究现状［J］. 工具技术，2012，46（12）：3-7.

[51] 王海龙，邹华兵．单晶金刚石刀具切削有色金属磨损机理研究［J］. 工具技术，2015，49（1）：7-10.

[52] 刘松，骆明涛，陈宁，等．金刚石刀具材料粒度、磨削砂轮粒度与刃口质量的关系［J］．工具技术，2014，48（12）：41-43.

[53] 陈浩锋，王建敏，戴一帆，等．超精密切削氟化钙单晶金刚石刀具磨损研究［J］．中国机械工程，2011，22（13）：1519-1522.

[54] 段战军，刘铁锋，毛康民．金刚石刀具超精密切削加工技术及应用［J］．国防制造技术，2010（1）：50-53.

[55] ESPINOSA J C. CATALA C，NAVALON S，et al. Iron oxide nanoparticles supported on diamond nanoparticles as efficient and stable catalyst for the visible light assisted Fenton reaction［J］. Applied Catalysis B Environmental，2018，226.

[56] WU M，GUO B，ZHAO Q，et al. The influence of the focus position on laser machining and laser micro-structuring monocrystalline diamond surface［J］. Optics & Lasers in Engineering，2018，105：60-67.

[57] TSUBOTA T，MORIOKA A，OSOEKAWA Y，et al. Direct Synthesis of Graphene Layer Covered Micro Channel on Diamond Surface Using Ni Wire［J］. Journal of Nanoscience & Nanotechnology，2018，18（6）：4418.

[58] KRZYZANOWSKA H，PAXTON W F，YILMAZ M，et al. Low temperature diamond growth arising from ultrafast pulsed-laser pretreatment［J］. Carbon，2018，131.

[59] WANG Y F，CHANG X，LIU Z，et al. Lateral overgrowth of diamond film on stripes patterned Ir/HPHT-diamond substrate［J］. Journal of Crystal Growth，2018，489：51-56.

[60] UMEZAWA H. Recent advances in diamond power semiconductor devices［J］. Materials Science in Semiconductor Processing，2018，78.

[61] TAN Z，XIONG D B，FAN G，et al. Enhanced thermal conductivity of diamond/aluminum composites through tuning diamond particle dispersion［J］. Journal of Materials Science，2018，53（9）：6602-6612.

[62] VIJAYBABU T R，ANIRUDH K，DHINAKARAN S. LBM simulation of unsteady flow and heat transfer from a diamond-shaped porous cylinder［J］. International Journal of Heat & Mass Transfer，2018，120：267-283.

[63] COTILLAS S，CLEMATIS D，CANIZARES P，et al. Degradation of dye Procion Red MX-5B by electrolytic and electro-irradiated technologies using diamond electrodes［J］. Chemosphere，2018，199：445.

[64] LOOS G，SCHEERS T，EYCK K V，et al. Electrochemical oxidation of key pharmaceuticals using a Boron Doped Diamond electrode［J］. Separation & Purification Technology，2018，195.

[65] LU L，YAN J，CHEN W，et al. Investigation of KDP crystal surface based on an improved bidimensional empirical mode decomposition method［J］. Applied Surface Science，2018，433.

[66] HU Z，LI M，YIN H，et al. Numerical simulation of the hydrodynamics and mass transfer in 3D spiral motion system for KDP crystal growth［J］. International Journal of Heat & Mass Transfer，2018，117：607-616.

[67] JAROSLAW B，KESHRA S，IGOR P，et al. Investigation of pop-in events and indentation size effect on the（001）and（100）faces of KDP crystals by nanoindentation deformation［J］. Materials Science \ s& \ s engineering：a，2017，708：1-10.

[68] YUAN Y，LIU Z，ZHANG K，et al. Nanoscale welding of multi-walled carbon nanotubes by 1064 nm fiber laser［J］. OPTICS AND LASER TECHNOLOGY，2018，103：327-329.

[69] HU Y B，LI X Y. Influence of a thin aluminum hydroxide coating layer on the suspension stability and reductive reactivity of nanoscale zero-valent iron［J］. Applied Catalysis B Environmental，2018，226.

[70] LV D，ZHOU X，ZHOU J，et al. Design and characterization of sulfide-modified nanoscale zerovalent iron for cadmium（II）removal from aqueous solutions［J］. Applied Surface Science，2018.

[71] XU J J, ZHANG Z Z, JI Z Q, et al. Short-term effects of nanoscale Zero-Valent Iron (nZVI) and hydraulic shock during high-rate anammox wastewater treatment [J]. Journal of Environmental Management, 2018, 215: 248.

[72] WANG W J, YUNG K C, CHOY H S, et al. Effects of laser polishing on surface microstructure and corrosion resistance of additive manufactured CoCr alloys [J]. Applied Surface Science, 2018, 443: 167-175.

[73] MA C, HAN E H, PENG Q, et al. Effect of Polishing Process on Corrosion Behavior of 308L Stainless Steel in High Temperature Water [J]. Applied Surface Science, 2018, 442.

[74] PYUN H J, PURUSHOTHAMAN M, CHO B J, et al. Fabrication of high performance copper-resin lapping plate for sapphire: Acombined 2-body and 3-body diamond abrasive wear on sapphire [J]. Tribology International, 2018, 120: 203-209.

图 8-8 《空山茗韵》茶席

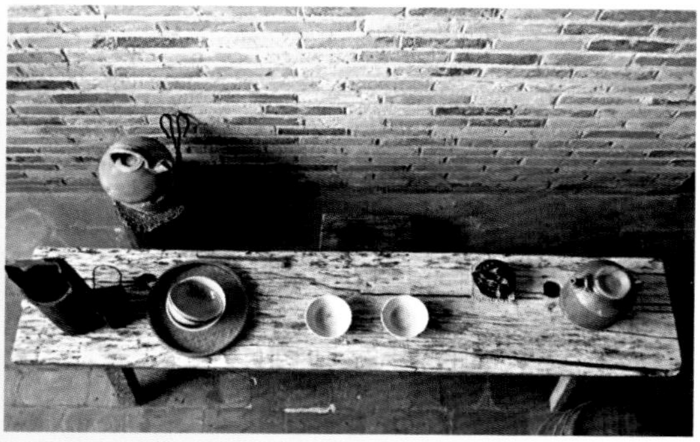
图 8-9 《时间的味道》茶席

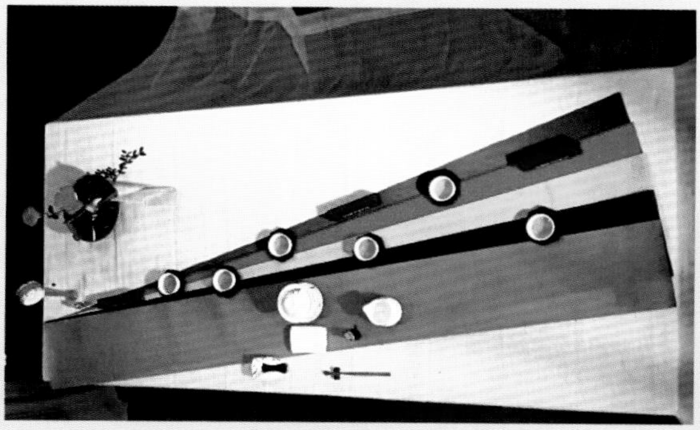
图 8-10 《从义乌出发》茶席

图 8-11 《红尘荷韵》茶席

图 8-12 《苗乡茶情》茶席

图 8-13 《漂洋过海来看你（我）》茶席

第九章　表演型茶艺选编

图 9-1 《双凤朝阳》红茶茶艺

图 9-2　花茶茶艺

图 8-1 《四季如歌》茶席

图 8-2 《宋都青韵》茶席

图 8-3 《昔路》茶席

图 8-4 《新生》茶席

图 8-5 《蝉悟人生》茶席

图 8-6 《欢颜》茶席

图 8-7 《芳菲》茶席

图 6-1　女性站姿

图 6-2　女性坐姿

图 6-3　女性交叉式蹲姿

图 6-4　女性行姿

图 6-5　女性站式鞠躬礼的真礼

图 6-6　女性站式鞠躬礼的行礼

图 6-7　女性站式鞠躬礼的草礼

第一章　茶艺基础

图 1-1　茶艺表演中的对称美

图 1-2　茶艺表演中的节奏美布具

图 1-3　茶艺表演中的对比与调和

第四章　茶艺品茶之具

图 4-1　吉祥如意提梁壶

图 4-2　供春树瘿壶